高等院校"十一五"规划教材

Access 数据库技术及应用

主　编　陈继锋　苏云凤

副主编　马　华　钱　哨　陈艳华　陈晓湘

中国水利水电出版社
www.waterpub.com.cn

内 容 提 要

本书系统地介绍了 Access 数据库管理系统的功能、使用方法，以及数据库应用程序开发技术等相关知识。·

全书内容通俗易懂，知识全面系统，主要内容包括：数据库基础知识和数据库、表的创建、维护与操作；如何建立查询和窗体；报表的创建和使用；如何创建数据访问页；宏、模块及 Access 的编程基础。每章以实例为主线，引导读者动手创建数据库、表、窗体、报表、查询和数据访问页等内容，使读者能轻松掌握 Access 数据库的应用。

本书结构严谨，可操作性和实用性强，既可以作为高等学校计算机专业的教材，也可以作为全国计算机等级考试考生的培训参考用书。

本书提供电子教案和实验源代码，读者可以从中国水利水电出版社网站和万水书苑免费下载，网址为：http://www.waterpub.com.cn/softdown/和 http://www.wsbookshow.com。

图书在版编目（CIP）数据

Access数据库技术及应用 / 陈继锋，苏云凤主编
. -- 北京：中国水利水电出版社，2009.10

高等院校"十一五"规划教材
ISBN 978-7-5084-6915-7

Ⅰ. ①A… Ⅱ. ①陈… ②苏… Ⅲ. ①关系数据库－数据库管理系统，Access－高等学校－教材 Ⅳ.
①TP311.138

中国版本图书馆CIP数据核字(2009)第191492号

策划编辑：石永峰　责任编辑：张玉玲　加工编辑：周益丹　封面设计：李佳

书　　名	高等院校"十一五"规划教材 Access 数据库技术及应用
作　　者	主　编　陈继锋　苏云凤 副主编　马　华　钱　哨　陈艳华　陈晓湘
出版发行	中国水利水电出版社 （北京市海淀区玉渊潭南路 1 号 D 座　100038） 网址：www.waterpub.com.cn E-mail：mchannel@263.net（万水） 　　　　sales@waterpub.com.cn 电话：(010) 68367658（营销中心）、82562819（万水）
经　　售	全国各地新华书店和相关出版物销售网点
排　　版	北京万水电子信息有限公司
印　　刷	北京市天竺颖华印刷厂
规　　格	184mm×260mm　16 开本　18.5 印张　451 千字
版　　次	2010 年 1 月第 1 版　2010 年 1 月第 1 次印刷
印　　数	0001—7000 册
定　　价	30.00 元

前　　言

　　随着计算机的发展与应用，数据库技术已经成为信息技术的重要组成部分，它是现代计算机信息系统和计算机应用系统的基础与核心。对于正在高校各专业学习的学生而言，学习一种数据库管理系统的应用方法，进而掌握相应的数据库应用系统开发技能是信息化技术发展的要求。作为 Microsoft 的 Office 套件产品之一，Access 已成为国际上非常流行的桌面数据库系统。Access 所具备的高效、可靠的数据管理方式，面向对象的操作理念，以及良好的可视化操作界面，都将使得学习者可以通过学用结合的方式比较直观地学习并掌握数据库技术，进而获得设计开发小型数据库应用系统的能力。

　　本书首先介绍 Access 的基本知识和基本操作，让读者能够对 Access 有一个基本的认识；接下来依次介绍了数据表、查询、窗体、报表和数据访问页的设计以及宏、VBA 的使用。在本书的最后一章编排了综合实验指导，针对前面每章所介绍的基础知识，对应安排了相应的实验，同时这些实验前后呼应，让读者对利用 Access 设计小型桌面数据库系统有很好的认识。

　　本书最突出的特点是通过大量的实例来体现本书的实战性，每一个实例都具有很强的应用背景。基本知识点部分，能够使读者明确实例操作的目的和知识要点，做到有的放矢；实例部分，讲述详细，语言生动，可操作性强，读者可以对照着进行练习，从而得到最佳的学习效果。

　　本书由陈继锋、苏云凤任主编，马华、钱哨、陈艳华、陈晓湘任副主编，金晶、李俊峰、代小华、高欣彦、郝春梅、何文、何丽艳、胡滕、李泽江、付子霞、任芳芳、戴威、庄东填、李鑫等同志在整理材料方面给予了作者很大的帮助，在此表示感谢。

　　尽管作者尽心尽力、精益求精，但书中难免会有遗漏，甚至不妥，恳请专家和广大读者不吝赐教，批评指正。

作　者

2009 年 11 月

目　　录

第1章 数据库和表

本章学习目标

- 了解 Access 的基本对象
- 了解数据库的设计步骤及基本操作
- 了解表的结构及相关概念
- 掌握表的设计方法
- 掌握表的维护及基本操作

1.1 Access 基本对象

1.1.1 表、查询与窗体

1. 表

在 Access 中收集来的信息都存储在表中,每一个表都由数据字段和数据记录(行和列)组成。严格地定义,表是一种有关特定实体的数据集合,例如合同中常见的产品名称和供应商;学生信息库中的学生姓名、班级和家庭地址等。对每种实体分别使用不同的表,这可以使用户对每种数据只需要存储一次,从而提高了数据库的效率,并且减少数据输入的错误。

如图 1-1 所示显示了一个合同中的供应商表,表中含有 6 个字段:供应商 ID、公司名称、联系人姓名、联系人头衔、地址和电话。Access 数据库就是采用了关系数据库理论,利用每条数据间的相似之处,通过表来记录数据。在图 1-1 中可以看到每一行被用来记录一条数据,每一列含有相同类型的信息(名称、地址和城市等)。

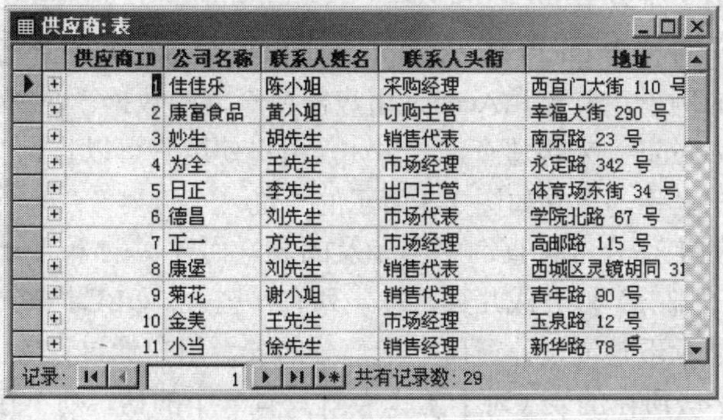

图 1-1 "供应商表"(典型的表)

看到图 1-1 所示的表后,使用过电子表的用户可能会提出"Access 数据库与电子表软件之间有什么差别?"的问题。的确,目前比较流行的电子表软件,如 Lotus 和 Microsoft Excel,都可以记录如图 1-1 所示表中所包含的信息,但是它与关系数据库之间的一个主要区别是,关系数据库管理程序能够在同一时刻对多个表进行操作,这种能力可以让用户将数据分别存放在合乎逻辑的和易于管理的不同的表中。

关系数据库常常由许多通过"关系"联系起来的表组成。像用 Access 所构造的关系数据库有时看起来比较复杂，而且与存储在简单的电子表软件中的数据相比更加容易混淆。但是如果用户仔细思考一下，会发觉图 1-2 中通过关系与"订单表"联系起来的"订单明细表"是相当有用的，因为"订单明细表"中的每个记录都通过"订单 ID"字段与"订单表"相关联，用户就可以为每个订单添加任意多个内容。

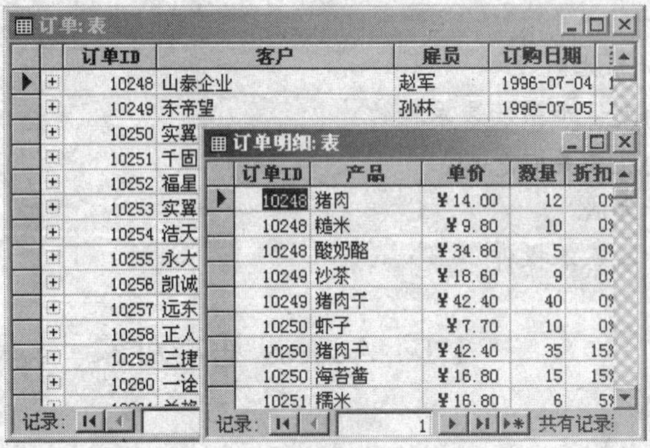

图 1-2　通过关系相联的表

在"数据表"视图中，用户根据需要可以添加、编辑或查看表中的数据。也可以进行拼写检查及打印表中的数据，可以筛选或排序记录，更改表的外观或通过添加或删除列来更改表的结构。

2. 查询

查询（Query）这个词来源于拉丁语的 quoerere，它的简单意思就是打听或询问。Access 数据库软件的查询是一种提问，它是对有关存储在 Access 表中的信息提出的问题。询问信息的方法就是使用查询工具。

查询是 Access 数据库软件中最强的功能之一，在使用查询时，用户可以选择字段、定义分类排序的顺序、建立计算表达式并输入判据来选择想要查询的记录。对于查询结果，可以在一个数据工作表、窗体或者报表中显示。另外，用户可以使用查询去更新表中的数据，删除记录或把一个表附加到另一个表上。

Access 使用的是一种称为 query by example（通过例子查询）的查询技术。这种技术通过指定一个返回的数据的例子，来告诉 Access 用户需要查询的数据。在 Access 中用户可以使用查询构造器（Query Designer）来构造查询。例如，用户使用它可以查询"客户"数据库中"国家"为"中国"的客户名称，建立如图 1-3 所示的查询。

查询构造器窗口的上部分含有查询中所涉及的表，而窗口的下部分包含查询（规范）。QBE 网格（在窗口的下部分）被分成几列，每一列有一些行。QBE 网格中的每一列含有一个字段，这个字段来自显示于查询设计窗口上半部分的表，用户通过设置字段来控制查询的结果；用户还可以选择字段所在的表（对于工作表就只有一个的话，则不存在选择的问题）；在准则中用户可以输入一定的表达式，Access 便可以在选定的表中查询满足表达式条件的字段，本例则需要输入"in（中国）"。执行查询后会显示出查询结果，如图 1-4 所示。

3. 窗体

窗体是用户和 Access 应用程序之间的主要接口。它既可以用来接收、显示和编辑数据，还可以作为开关面板来控制程序的执行流程。图 1-5 显示了一个由 Access 生成的典型的用于填写的订单窗体。

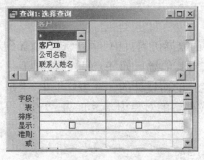

图 1-3　简单的选择查询应用

图 1-4　查询所得到的结果

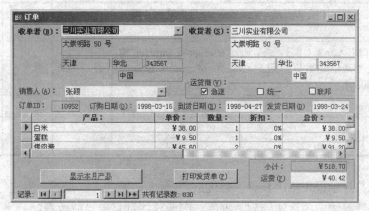

图 1-5　Access 中典型的窗体

　　根据窗体完成的功能不同，窗体的类型也不同，但是，无论类型怎么变化，窗体一般都是由页眉、主体和页脚三个部分组成的，只不过由于窗体完成的功能不同，每一部分可能包含不同的控件而已。

　　窗体的页眉和页脚分别位于窗体的上方和下方，一般用来显示在不同的记录中不需要改变的信息或控件，如窗体的标题、公司名称及标志图案等。

　　窗体的主体通常位于窗体的页眉和页脚之间，用于放置 Access 提供的各种控件，例如，结合文本框或结合列表框显示表或查询中随记录变化的信息。窗体的主体是窗体的核心部分，用户可以将各种控件有机地组合在一起，完成各种各样的功能。例如，在窗体中插入命令按钮，通过命令按钮打开另一个窗体或者修改特定的记录中的数据。

1.1.2　报表、页与宏

1．报表

　　报表为用户观看和打印概括性的信息提供了最灵活的方法。报表能够按照用户所希望的详细程度来显示信息，并且几乎可以用任何格式来观看和打印信息。用户还可以在报表中增加多级汇总、统计比较，以及添加图片和图形。与窗体不同，利用报表不仅可以创建计算字段，而且可以对记录进行分组，计算各组的汇总数据。

　　报表被用来呈现定制的数据视图。报表的输出可以在屏幕上观看或者打印出来。报表具有控制信息的概括性的能力。可以对数据分组，再按照所要求的任何次序对数据分类，然后按分组的次序来显示数据。可以建立数字相加的汇总、计算平均值或者进行其他的统计，甚至用图表来显示数据。可以打印图像和其他图表及在报表中的备注字段。可以说，凡是用户能想象出的报表，Access 都能建立。

2. 页

Access 发布的 Web 页，包含与数据库的连接。在数据访问页中，可查看、添加到、编辑以及操作数据库中存储的数据。这种页也可以包含来自其他源（如 Excel）的数据。

每个 Microsoft Access 数据库对象都是针对特定目的而设计的。在表 1-1 中，"是"表示是最适合完成特定任务的对象，"可能"表示可以完成任务的对象但不太理想，"否"表示根本不能完成任务的对象。

表 1-1　对象的任务/目的

任务/目的	窗体	报表	数据访问页
在Microsoft Access 数据库或 Microsoft Access 项目中输入、编辑和交互处理数据	是	否	是
在 Access 数据库或 Access 项目之外，通过 Internet 或 Intranet 输入、编辑和交互处理活动数据；用户必须有 Microsoft Internet Explorer 5 或更高版本	否	否	是
打印要分发的数据	可能	是	可能
通过电子邮件分发数据	否	否	是（活动数据或静态数据）

数据访问页与显示报表相比具有下列优点：

● 由于与数据绑定的页连接到数据库，因此这些页显示当前数据；
● 页是交互式的。用户可以只对自己所需的数据进行筛选、排序和查看；
● 页可以通过电子邮件以电子方式进行分发。每当收件人打开邮件时都可看到当前数据。

3. 宏

宏是由一个或多个操作组成的集合，其中每个操作都实现特定的功能，如打开某个窗体或打印某个报表。宏可以自动完成常规任务。例如，可执行一个宏，用于在用户单击某个命令按钮时打印报表。

宏可以是由一系列操作组成的一个宏，也可以是一个宏组。宏组是共同存储在一个宏名下的相关宏的集合。该集合通常只作为一个宏引用。

另外，使用条件表达式可以确定在某些情况下运行宏时，是否执行某个操作。条件表达式是指计算并与值进行比较的表达式，例如 If...Then 和 Select Case 语句。如果条件得到满足，则执行一项或多项操作。如果未满足条件，则跳过操作。

1.1.3　模块

模块基本上是由声明、语句和过程组成的集合，它们作为一个已命名的单元存储在一起，对 Microsoft Visual Basic 代码进行组织。

Microsoft Access 有以下两种类型的模块：

● 标准模块：在该模块中，可以放置希望供整个数据库的其他过程使用的Sub 和 Function过程。标准模块包含与任何其他对象都无关的常规过程，以及可以从数据库任何位置运行的经常使用的过程。标准模块和与某个特定对象无关的类模块的主要区别在于其范围和生命周期。在没有相关对象的类模块中，声明或存在的任何变量或常量的值都仅在该代码运行时、仅在该对象中是可用的。

● 类模块：可以包含新对象的定义的模块。一个类的每个实例都新建一个对象。在模块
中定义的过程成为该对象的属性和方法。类模块可以单独存在，也可以与窗体和报表
一起存在。窗体模块和报表模块都是类模块，它们各自与某一特定窗体或报表相关联。
窗体模块和报表模块通常都含有事件过程，而过程的运行用于响应窗体或报表上的事
件。可以使用事件过程来控制窗体或报表的行为，以及它们对用户操作的响应，如单
击某个命令按钮。为窗体或报表创建第一个事件过程时，Microsoft Access 将自动创
建与之关联的窗体模块或报表模块。

1.2　启动和退出 Access

1.2.1　Access 的启动

Access 安装完毕后，就可以运行 Access 了，启动的步骤如下：
● 单击任务栏的"开始"菜单命令。
● 选择"程序"中的 Access 菜单命令，启动 Access 应用程序。也可以在"资源管理器"
的 Access 安装目录下运行 Access.exe 或建立 Access 的快捷方式，然后双击启动 Access
应用程序，就会出现如图 1-6 所示的 Access 的操作环境。

图 1-6　Access 操作环境

1.2.2　Access 的退出

当要退出 Access 时，可以采用以下 4 种方法之一来退出：
● 单击 Access 窗口右上角的"关闭"按钮。
● 单击 Access 窗口左上角的图标，弹出如图 1-7 所示的
下拉菜单，单击其中的"关闭"命令。
● 单击 Access "文件"菜单中的"退出"命令。
● 直接使用快捷键 Alt+F4。

图 1-7　退出 Access

1.3　创建数据库

　　用户在真正使用 Microsoft Access 新建数据库的窗体和其他对象之前，花时间设计数据库
是很重要的。合理的设计是新建一个能够有效、准确与及时完成所需功能的数据库的基础。没
有好的设计，用户将会经常修改自己的表格，并且可能无法从数据库中抽取出想要的信息。下

面就介绍设计数据库的基本步骤。

1.3.1　数据库的设计步骤简介

设计数据库的基本步骤如下：

（1）确定新建数据库的所要完成的任务。

（2）规划该数据库中需要建立的表。

（3）确定表中需要的字段。

（4）明确有唯一值的字段。

（5）确定表之间的关系。

1．设计数据库的目的

设计 Microsoft Access 数据库的第一个步骤是确定数据库所要完成的任务及如何使用。用户需要明确将来希望从设计的数据库中得到什么信息，由此可以确定需要用什么主题来保存有关事件（对应于数据库户的表）和需要什么事件来保存每一个主题（对应于数据库中的字段）。

了解数据库就需要与将使用数据库的人员进行交流，集体讨论需要数据库解决的问题，并描述需要数据库生成的报表；同时收集当前用于记录数据的表格，然后参考某个设计得很好且与当前要设计的数据库相似的数据库。

2．规划数据库的表

规划表可能是数据库设计过程中最难处理的步骤。因为用户从第一步了解数据库任务的过程中所获得的结果，即打印输出的报表、使用的表格和所要解决的问题等，不一定能提供用于生成它们的表的结构线索。

实际上，先在纸上草拟并润色设计可能是较好的方法，而不必使用 Microsoft Access 来设计表。在设计表时，应该按以下设计原则对信息进行分类。

（1）表中不应该包含重复信息，并且信息不应该在表之间复制。

如果每条信息只保存在一个表中，只需在一处进行更新，这样效率更高，同时也消除了包含不同信息的重复项的可能性。例如，要在一个表中只保存一次每一个客户的地址和电话号码信息。

（2）每个表应该只包含关于一个主题的信息。

如果每个表只包含关于一个主题的事件，则可以独立于其他主题维护每个主题的信息。例如，将客户的地址与客户订单存在不同表中，这样就可以删除某个订单，但仍然保留客户的信息。

3．确定字段

每个表中都包含关于同一主题的信息，并且表中的每个字段应该包含关于该主题的各个事件。例如，Customer（客户表）可以包含公司的名称、地址、城市和电话号码的字段。在草拟每个表的字段时，用户需要注意下列内容：

● 　每个字段直接与表的主题相关。

● 　不包含指导或计算的数据（表达式的计算结果）。

● 　包含所需的所有信息。

● 　以最小的逻辑部分保存信息。

4．明确有唯一值的字段

如果要做到这一点，每一个表应该包含一个或一组字段，且该字段是表中所保存的每一条记录的唯一标识，此信息称作表的主关键字。为表设计了主关键字之后，为确保唯一性，Microsoft Access 将避免任何重复值或 Null 值进入主关键字字段。Microsoft Access 为了连接保存在不同表中的信息，如将某个客户与该客户的所有订单相连接，数据库中的每个表必须包含表中唯一确定每个记录的字段或者字段集。

5．确定表之间的关系

因为已经将信息分配到各个表中，并且已定义了主关键字字段，所以需要通过某种方式告知 Microsoft Access 如何以有意义的方法将相关信息重新结合到一起。用户如果进行上述操作，必须定义表之间的关系。

参考一个已有的且设计良好的数据库中的关系是很有帮助的。打开"成绩查询"数据库并且在"工具"菜单上单击"关系"命令，就会出现如图 1-8 所示的"关系"窗口。

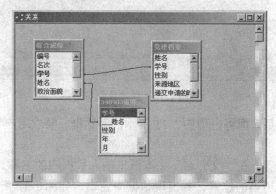

图 1-8　"关系"窗口

1.3.2　创建数据库

Access 的数据都是存储在表中，当一个数据库应用系统需要多个表时，不是每次创建新表时都要创建一个数据库，而是把组成一个应用程序的所有表放进一个数据库中。所以，在设计数据库应用系统的开始，就要先创建一个数据库，然后再根据实际情况向数据库中加入数据表。

1．创建空数据库

有两种方法创建新的数据库：

（1）进入 Access 时，在窗口右侧会出现一个对话框（如图 1-9 所示），选择"新建"栏下面的"空数据库"后即出现如图 1-10 所示的对话框。

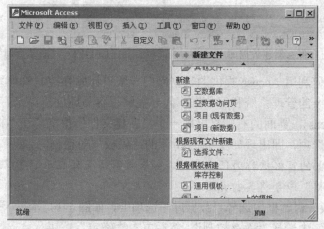

图 1-9　新建或打开数据库对话框

在进入 Access 以后，如图 1-9 所示在菜单栏选择"根据模板新建"栏下的"通用模板"，则出现图 1-10 的对话框。

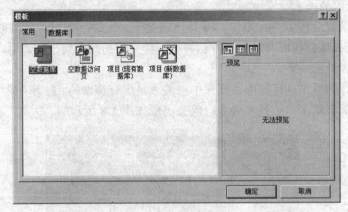

图 1-10　新建数据库

以上两种操作完成后，都将出现图 1-11 所示的对话框，要求用户输入数据库存放的位置，以及数据库名。

选择一个适当的位置，在"文件名"文本框里输入数据库的名称。单击"创建"按钮，创建数据库完毕，保存在适当的位置。并出现数据库窗口，如图 1-12 所示。

下面就可以开始为数据库创建数据表、查询等数据库对象了。

2．使用向导创建数据库

数据库向导中提供了一些基本的数据库模板，利用这些模板可以方便、快速地创建数据库。一般情况下，在使用数据库向导前，应先从数据库向导所提供的模板中找出与所建数据库相似的模板，如果所选的数据库模板不满足要求，可以在建立之后，在原来的基础上进行修改。

图 1-11　保存新建数据库

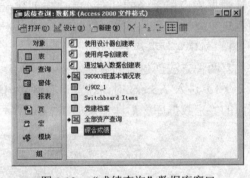

图 1-12　"成绩查询"数据库窗口

下面就介绍如何利用 Access 提供的数据库向导来设计库存控制管理系统，通过设计步骤可以了解到这个复杂的管理系统利用数据库向导能够很容易地创建出来。步骤如下：

（1）运行 Access，界面的右侧将出现一个"新建文件"窗格，在"根据模板新建"栏下单击"通用模板"选项，即出现如图 1-13 所示的"模板"对话框。

注意：界面右侧的窗格被称为任务窗格，如果该窗格没有显示，可以选择"视图"→"工具栏"→"任务窗格"命令将其打开。

（2）在"模板"对话框中选择"数据库"选项卡，如图 1-14 所示，单击以选中一个数据库类型模板，在本例中选择"库存控制"，然后单击"确定"按钮。

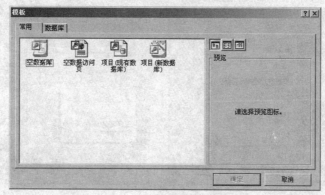

图 1-13　"模板"对话框

（3）进入如图 1-15 所示的"文件新建数据库"对话框，在对话框中指定数据库的名称和路径，然后单击"创建"按钮。

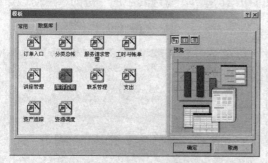

图 1-14　创建的数据库类型

图 1-15　指定数据文件名

（4）新建立的数据库文件就将被保存在指定的文件夹中，然后屏幕上将显示"数据库向导"对话框，如图 1-16 所示，提示用户接下来要进行几个方面的设置，如产品信息等，然后单击"下一步"按钮。

（5）"数据库向导"对话框要求用户设定数据库中的表及表中的字段，这里保持所有默认值，如图 1-17 所示，接着单击"下一步"按钮。

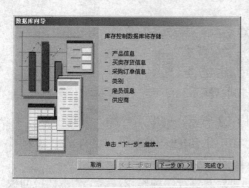

图 1-16　在这个对话框中单击"下一步"按钮

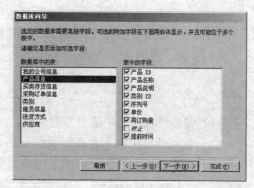

图 1-17　选择数据库中的表与字段

（6）"数据库向导"对话框要求用户选择屏幕的显示样式，这里选择默认的"标准"样式，如图 1-18 所示，然后单击"下一步"按钮。

（7）"数据库向导"对话框要求用户选择打印报表所用的样式，这里选择默认的"组织"样式，如图 1-19 所示，接着单击"下一步"按钮。

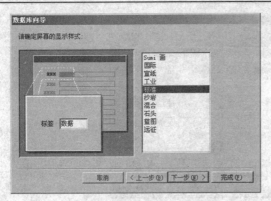 

图 1-18　选择屏幕显示样式　　　　　　图 1-19　选择打印样式

（8）"数据库向导"对话框要求输入数据库的标题，这里输入"库存控制管理系统"，如图 1-20 所示，接着单击"下一步"按钮。

（9）到达数据库创建向导的最后一步，如图 1-21 所示，勾选其中的"是的，启动该数据库"复选框，然后单击"完成"按钮。

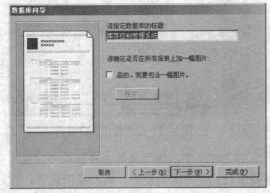 

图 1-20　输入标题　　　　　　　　　图 1-21　完成数据库构建

（10）经过一段时间的生成过程，Access 弹出如图 1-22 所示的提示对话框，单击"确定"按钮。

图 1-22　提示对话框

（11）弹出"我的公司信息"对话框，如图 1-23 所示，需要用户输入公司信息。

（12）在对话框中输入各条相关信息后，单击右上角的关闭按钮，该对话框被关闭，并同时将打开"库存控制"数据库的主切换面板，如图 1-24 所示。

这时一个数据库就创建好了，通过这个窗体即可对它进行各种操作。这个"主切换面板"窗口就是该"库存控制"系统的应用操作主界面。下面就来介绍一下如何使用这个"库存控制"系统。

注意："主切换面板"窗口在 Microsoft Access 的作用就是提供一个操作平台，让用户从中选择所要操作的对象，并执行相应的操作。

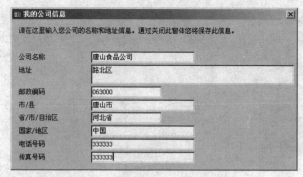

图 1-23　输入公司信息

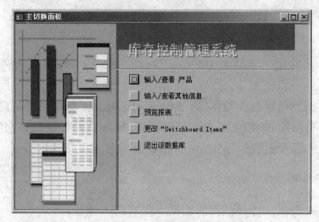

图 1-24　进入"主切换面板"窗口

（13）单击"主切换面板"窗口中"输入/查看 产品"前的 按钮，打开如图 1-25 所示的"产品"窗口。在此窗口中可以查看现有的库存产品的相关信息，也可以输入新入库的产品信息。

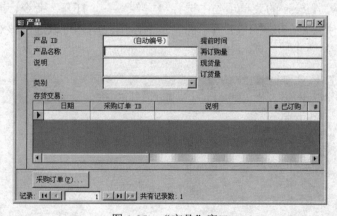

图 1-25　"产品"窗口

（14）单击图 1-24 中"输入/查看其他信息"前的 按钮，打开如图 1-26 所示的"窗体切换面板"窗口。在此窗口中可以进一步打开"雇员"、"供应商"、"类别"、"我的公司信息"及"送货方式"窗口，和图 1-25 一样，在这些窗口中可以查看已有信息或输入新信息。

　　注意： 因为前面自动生成的数据库中的表不包含数据，所以这里的窗口只能实现输入新信息的功能。读者如果想要了解"库存控制"数据库的功能，需要先为数据表输入数据，这里暂不作介绍，后面在学习了为数据表输入数据后读者可以仔细体会这个数据库的功能。

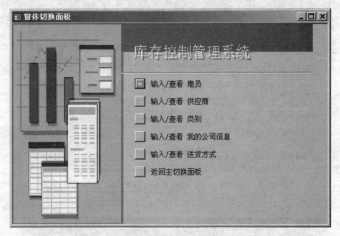

图 1-26   "窗体切换面板"窗口

（15）单击图 1-26 中的"返回主切换面板"前的■按钮，可以返回到图 1-24 的"主切换面板"窗口。

无论何时使用数据库向导新建数据库，Microsoft Access 都将自动新建一个切换面板，该面板对浏览数据库很有帮助。切换面板中有一些按钮，单击它们可以打开相应的窗口和报表（或打开其他窗体和报表的切换面板）、Microsoft Access 或自定义切换面板。

1.3.3   数据库的基本操作

同创建新的数据库类似，打开已有的数据库也有两个途径：

第一条途径是启动 Access 后，在右侧的"开始工作"任务窗格中，选择"打开"列表中想要打开的数据库，如果想要打开的文件没有在列表中显示，可以选择"其他"条目，会弹出图 1-27 所示的对话框，用户可以通过该对话框选择要打开的数据库。

第二条途径是从 Access 的菜单项当中选择"文件"→"打开"命令，或在工具栏当中单击对应的按钮，这时也会弹出图 1-27 所示的对话框，用户同样可以通过该对话框选择要打开的数据库。

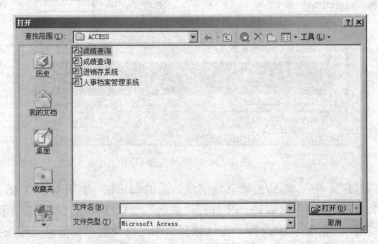

图 1-27   打开已有的数据库

打开已有的数据库后，Access 会弹出一个数据库窗口，用户可以通过它管理数据库对象。

1.4　建立表

表是整个数据库工作的基础，也是所有查询、窗体、报表的数据来源。表设计的好坏，直接关系到数据库的整体性能，也在很大程度上影响着实现数据库功能的各对象的复杂程度。

本节将详细介绍表的建立，包括 Access 数据类型，建立表结构，向表中输入数据，字段属性设置以及建立表与表之间的关系等内容。

1.4.1　Access 数据类型

字段是数据表中的基本概念，字段的输入和编辑是在表的设计视图的字段编辑区进行的。Access 允许有 10 种不同的数据类型，如表 1-2 所示。

表 1-2　字段数据类型

数据类型	用途	大小
文本	（默认值）文本或文本和数字的组合，或不需要计算的数字，如电话号码	最多为 255 个字符或长度小于属性的设置值。Microsoft Access 不会为文本字段中未使用的部分保留空间（"属性"是中文 Access 2000 用于控制操作与应用方式的系统变量，可以通过特定的途径访问它）
备注	长文本或文本和数字的组合	最多为 65535 个字符（如果 Memo 字段是通过 DAO 来操作并且只有文本和数字（非二进制数据）保存在其中，则 Memo 字段的大小受数据库大小的限制）
数字	用于数学计算的数值数据。有关如何设置特定 Number 类型的详细内容，请参阅 FieldSize 属性帮助主题	1、2、4 或 8 个字节（若 FieldSize 属性设置为 Replication ID，则为 16 个字节）
日期/时间	从 100 到 9999 年的日期与时间值	8 个字节
货币	货币值或用于数学计算的数值数据。这里的数学计算的对象是带有 1 到 4 位小数的数据。Access 2000 处理数值的功能非常强，能精确到小数点左边 15 位和小数点右边 4 位	8 个字节
自动编号	当向表中添加一条新记录时，由 Access 2000 指定一个唯一的顺序号（每次加 1）或随机数。AutoNumber 字段不能更新。有关详细内容，请参阅 NewValues 属性主题	4 个字节（如果 FieldSize 属性设置为 Replication ID 则为 16 个字节）
是/否	可以使用 Yes 和 No 值，以及只包含两者之一的字段（Yes/No、True/False 或 On/Off）	1 位
OLE 对象	中文 Access 2000 表中链接或嵌入的对象（如 Microsoft Excel 电子表格、Microsoft Word 文档、图形、声音或其他二进制数据）	最多为 1GB（受可用磁盘空间限制）

数据类型	用途	大小
超链接	文本或文本和数字的组合,以文本形式存储并用作超链接地址。超链接地址最多包含下列部分: (1)显示的文本——在字段或控件中显示的文本。 (2)地址——进入文件或网络的路径。 (3)子地址——位于文件或网络的地址。 (4)屏幕提示——作为工具提示显示的文本	Hyperlink 数据类型的三个部分的每一部分最多只能包含 2048 个字符。 注:在字段或控件中"插入"超链接地址最简易的方法就是在插入下拉菜单中单击"超级链接"命令。"超链接"用于使用来自网络的数据,初学者不必理会这一点。学会使用 Internet 后再说吧
查阅向导	创建字段,该字段可以使用列表框或组合框从另一个表或值列表中选择一个值。单击此选项将启动查阅向导,它用于创建一个"查阅"字段。在向导完成之后, 中文 Access 2000 将基于在向导中选择的值来设置数据类型	与用于执行查阅的主键字段大小相同,通常为 4 个字节

注意：如果在表中输入数据后需更改字段的数据类型，保存表时由于要进行大量的数据转换处理，等待时间会比较长。如果在字段中的数据类型与更改后的 DataType 属性设置发生冲突，则有可能会丢失其中的某些数据。

1.4.2　建立表的结构

创建或打开数据库以后，就可以开始创建和设计数据表。首先学习怎样创建数据表，创建表有三种主要的方法，将逐一地向大家介绍。这里要强调的是，以下的操作都是在数据库窗口中进行的。

1. 使用向导创建表

向导（Wizard）是 Access 提供的一个非常方便的工具，以后还会经常接触它，这里首先来看一下如何使用向导创建数据表。

下面要创建"综合成绩"表，步骤如下：

（1）打开前面已经创建好的"成绩查询"数据库的数据库窗口。

（2）在"对象"栏中选择"表"，并双击"使用向导创建表"选项，这样就进入了向导界面，用户可以按照 Access 提供的提示逐步完成创建表的操作。

（3）第一个看到的向导对话框如图 1-28 所示，选择"商务"单选按钮，在"示例表"列表框中选择"学生和课程"选项。

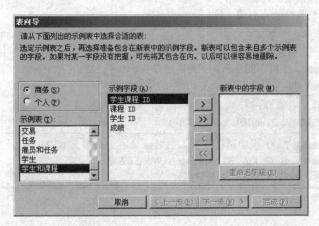

图 1-28　表向导

（4）在"示例字段"列表框中选择所需的字段名，选择的方法是使用列表右边的箭头按钮。选择了一个字段后，单击右箭头按钮，则该字段添加到了"新表中的字段"列表框中，这表示在新建的表中添加了这个字段；如果单击双右箭头按钮，则选中所有字段。而单击左箭头按钮将选中的字段从新表中移去；类似地，单击双左箭头按钮则把所有选中的字段移去。按照前面的方法，为新表添加字段：学生课程 ID、课程 ID、学生 ID、成绩。

（5）向导提供的字段名并不都符合要求，这时也可以修改这些选中的字段，方法是：

1）在"新表中的字段"列表框中选择要修改的字段名，单击"重命名字段"按钮。

2）可以看到一个对话框，如图 1-29 所示，可以重新对字段命名。

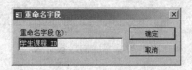

图 1-29　重命名字段

利用前面的方法把"学生 ID"改为"学号"、把"课程 ID"改为"德育成绩"。

（6）单击"下一步"按钮，出现如图 1-30 所示的对话框，在这里可以将新表命名为"综合成绩"。另外，还可以选择是否由系统自动确定主键。如果选择"自行设置主键"单选按钮，在接下来的对话框中可以设置主键。在这里接受系统自行设置的主键。

（7）单击"下一步"按钮，出现如图 1-31 所示的对话框，可以确定新表是否与数据库中其他的表相关。

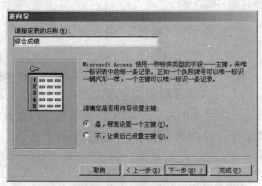

图 1-30　为表命名

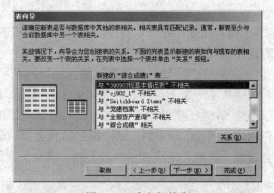

图 1-31　确定相关表

（8）单击"下一步"按钮，出现如图 1-32 所示的对话框，可以选择创建表之后的动作。如果选择"修改表设计"单选按钮，则转到表设计器；如果选择"直接向表中输入数据"单选按钮，则转到表数据输入窗口；如果选择"利用向导创建的窗体向表中输入数据"单选按钮，表向导会继续为你创建一个窗体，可以使输入数据变得更方便。这里选择"直接向表中输入数据"，并按照前面给的表格输入数据。

（9）单击"完成"则创建过程完成，出现如图 1-33 所示的窗口。

2.　使用设计视图创建表

用向导创建表是很方便的，但是有的表并不一定能用向导创建，或者用向导创建也不能带来什么方便，这个时候需要使用"表设计视图"来创建表。另外，用向导创建的表有时候还需要进行一些修改，这也需要用到表设计视图。

下面用表设计视图创建"综合成绩"表。步骤如下：

（1）先打开"成绩查询"数据库的数据库窗口，并在"对象"栏中选择"表"。

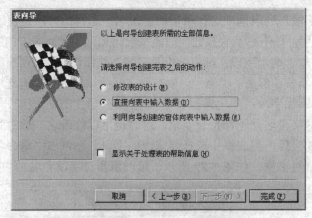

图 1-32 完成向导设计表

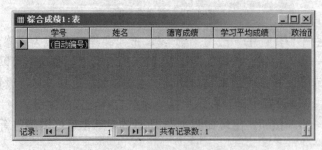

图 1-33 利用向导创建的书籍表窗口

（2）在数据库窗口右边的对象列表中双击"使用设计器创建表"，会看到如图 1-34 所示的设计视图。

（3）在"字段名称"栏中输入字段的名字。在"数据类型"栏中输入字段的类型，这里系统提供了一个下拉列表框（如图 1-35 所示），用户可以选择所需的字段类型。"说明"栏可以不输入，但是推荐用户在这里输入对字段的描述。这样不但可以帮助你维护数据库，而且当你创建了相关的表单时，这些描述信息会自动提示在表单的状态栏中。按照前面的表格为"综合成绩"表定义字段名和字段类型，以及对应的说明。

图 1-34 表设计视图

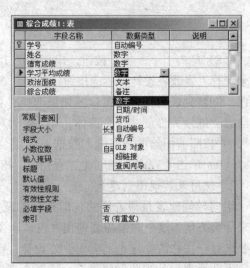

图 1-35 改变字段类型

（4）虽然已经定义了字段名和字段类型，但下面还要为每个字段定义其他的一些重要的属性。下面介绍"字段属性"窗格中的"常规"选项卡中的各项：

- 字段大小：对于"文本"类型，表示字段的长度，对于"数字"类型则表示数字的精度或范围。
- 格式：数据显示的格式。
- 输入掩码：使用原义字符来控制字段或控件的数据输入。
- 标题：在相关的表单上该字段的标签上显示的标题。如果该项不输入，则以字段名作为标题。
- 默认值：字段为空时的默认值。
- 有效性规则：字段值的限制范围。
- 有效性文本：字段值违反有效性规则时的提示信息。
- 必填字段：字段值是否可以为空。
- 允许空子符串：是否允许长度为零的字符串存储在该字段中。
- 索引：是否以该字段创建索引。
- Unicode：解码压缩。

（5）设计视图下方的"字段属性"窗格中还有一个"查阅"选项卡。这里主要是用来设置在相关的窗体中，用来显示该字段时所用的控件，如图 1-36 所示。

（6）创建表的过程中，还有一个关键的步骤是为表设置一个"主关键字"（Primary key）。方法是先选中要设置为关键字的那一行，在工具栏上单击"主键"按钮，这时在该行会出现一个钥匙状的图标，这表示该字段已经被设置为"主键"，如图 1-37 所示。

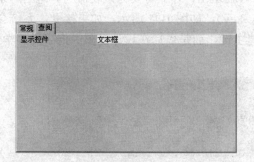

图 1-36　表的"查阅"栏

图 1-37　设置表的主键

3. 使用数据表视图创建表

在 Access 中还允许用户不用先建立表，而是直接输入一组数据，由系统根据输入数据的特点自动确定各个字段的类型及长度，从而建立一个新表。步骤如下：

（1）在数据库窗口中双击"通过输入数据创建表"项，将看到如图 1-38 所示的数据表视图窗口。

（2）在这个窗口中，可以把具有相同属性的一组数据相应地输入到各个字段中。

（3）如果不改变字段名称，则表中的字段被自动命名为：字段 1、字段 2、字段 3…。当然，也可以修改字段名。方法是：

- 将鼠标指针放在要修改的字段的名字（如字段 1）上，指针会变成黑色的下箭头，这时单击，可以看到该列全部变黑，再右击，出现如图 1-39 所示的快捷菜单。

图 1-38　数据表视图窗口

- 在这个快捷菜单上选择"重命名列"命令，这时的"字段 1"就变成可修改的状态了，只有输入新的字段名即可。
- 按照上面的方法修改两个字段名为"学号"和"姓名"（如图 1-40 所示）。

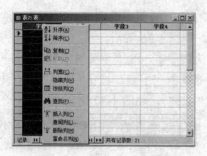

图 1-39　"字段"快捷菜单

图 1-40　职务表

（4）按照图 1-33 所示，输入数据完毕后，存盘退出，存盘时要为该表命名。退出时系统会提示你是否为该表创建"主关键字"（Primary key），如图 1-41 所示。如果接受，系统会自动为该表加上一个主关键字段。这里选择不创建主键，而是以后在设计视图中把字段"学号"设置为主键。

图 1-41　选择设置主键

（5）系统自动生成的表结构可能不完全符合要求，这时可以在设计视图中进一步修改它。

1.4.3　设置字段的属性

前面曾经提到过，在表的设计视图下面是字段属的设置性区域，用于定义字段数据如何存放或者显示。在任何字段中单击时，该字段的字段属性即显示在表的设计视图窗口的下半部分。

根据为字段选择的数据类型不同，属性的定义也有所不同。例如，文本数据类型的字段具有字段大小属性，它控制着字段所能输入的字符长度。对于许多类型的字段还可输入验证规则，使接收到表中之前的数据必须满足此条件。

总之，字段的属性一般包括字段大小、格式、标题、有效性规则、输入掩码等，如图 1-42 所示。

图 1-42 表字段属性

下面对这些属性一一进行介绍。

1. 字段大小

字段大小属性可以设置文本、数字或者自动编号类型的字段中可保存数据的最大容量。字段数据类型为文本，字段大小属性可设置为 0～255 之间的数字，默认值为 50。字段数据类型为自动编号，字段大小属性可设置为长整型和同步复制 ID。字段数据类型为数字，字段大小属性的设置如表 1-3 所示。

表 1-3 字段大小属性的设置

设置	数值范围	小数位	字节数
字节	0～255	0	1
整型	-32768～32767	0	2
长整型	-2147483648～2147483647	0	4
单精度	-3.4×10^{38}～3.4×10^{38}	7	4
双精度	-1.8×10^{308}～1.8×10^{308}	15	8
同步复制 ID	全局唯一标识符	0	16

2. 格式

格式属性用于自定义数字、日期、时间及文本等数据类型的字段的显示及打印的方式，它只影响数据的显示方式，不影响数据的保存方式。

具有不同数据类型的字段有着不同的格式属性。下面将简要介绍常用的字段属性。

（1）日期/时间型字段。Access 允许用户自定义日期/时间型字段的格式。自定义格式可由两部分组成，它们之间用分号分隔，第一部分用来说明日期、时间的格式，第二部分用来说明当日期/时间为空（Null）时的显示格式。日期/时间数据类型的自定义格式如表 1-4 所示。

表 1-4　日期/时间数据类型的自定义格式

格式字符	作用
;	设定小时、分、秒之间的分隔符
/	设定年、月、日之间的分隔符
c	按照一般日期格式显示
aaa	显示中文星期几
d	当日期是一位数时将日期显示成一位或两位数（1~31）
dd	当日期是一位数时将日期显示成两位数（01~31）
ddd	显示星期的英文缩写（Sun~Sat）
dddd	显示星期的完整英文名称（Sunday~Saturday）
ddddd	按照短日期格式显示（2002-10-14）
dddddd	按照长日期格式显示（2002 年 10 月 14 日）
w	用数字来显示星期几（1~7）
ww	显示是一年中的第几个星期（1~53）
m	当月份是一位数时将月份显示成一位或两位数（1~12）
mm	当月份是一位数时将月份显示成两位数（01~12）
mmm	显示月份的英文缩写（Jan~Dec）
mmmm	显示月份的英文完整名称（January~December）
g	显示季节（1~4）
Y	显示是一年中的第几天（1~366）
YY	用年的最后两位数显示年份（00~99）
YYYY	用四位数显示完整年份（0100~9999）
h	将小时以一位或两位数显示（0~23）
hh	将小时以两位数显示（00~23）
n	将分钟以一位或两位数显示（0~59）
nn	将分钟以两位数显示（00~59）
s	将秒钟以一位或两位数显示（0~59）
ss	将秒钟以两位数显示（00~59）
tttt	按照长时间格式显示（下午 5:30:25）
AM/PM	用适当的 AM/PM 显示 12 小时制时钟
am/pm	用适当的 am/pm 显示 12 小时制时钟
A/P	用适当的 A/P 显示 12 小时制时钟
a/p	用适当的 a/p 显示 12 小时制时钟
AMPM	按照 Windows 中所设定的格式显示
-+$()	这些字符可以直接用于显示

（2）数字和货币数据类型。数字和货币数据类型的自定义格式如表 1-5 所示。

（3）文本或注释数据类型。文本或备注数据类型的自定义格式如表 1-6 所示。

表 1-5　数字和货币数据类型的自定义格式

格式字符	作用
.	小数分隔符
,	千位分隔符
0	数字占位符。显示一个数字或 0
#	数字占位符。显示一个数字或不显示
$	显示原义字符$
%	百分比。数字将乘以 100，并附加一个百分比符号
E-或 e-	科学记数法，如 0.00E-00
E+或 e+	科学记数法，如 0.00E+00

表 1-6　文本或备注数据类型的自定义格式

格式字符	作用
@	在该位置可以显示任意可用的字符
&	在该位置可以显示任意可用的字符，不一定为文本字符
<	使所有字母变为小写显示
>	使所有字母变为大写显示

注意：若给一个值指定一个大写字母格式，如果字段是空的，则出现两个问号。在这种情况下，应当将其格式属性设置为>;??。

（4）是/否数据类型。是/否数据类型字段存放的是逻辑值，如是/否、真/假、开/关等。是、真、开是等效的，同理，否、假、关也是等效的。

如果在设置属性为是/否的文本框控件中输入了"真"或"开"，数值将自动转换为"是"。

Access 提供了为是/否数据类型的字段创建一个定制的格式属性。在 Access 内部把这种数据类型以两个值来存储：-1 代表"是"，0 代表"否"。

（5）通用自定义格式符号。当以上格式不能满足需要时，Access 允许创建自己的定制格式，并提供了一套通用符号，指定字段的显示值。通用自定义格式符号如表 1-7 所示。

表 1-7　通用自定义格式符号

格式字符	作用
空格	将空格显示为原义字符
"要显示的文字"	显示双引号之间的任何文本
\	显示跟随其后的那个字符
!	左对齐
*	用跟随其后的那个字符作为填充字符
[颜色]	在方括号内设定显示的颜色。可用的颜色有：Black、Blue、Green、Cyan、Red、Magenta、White

3. 标题

Access 标题出现在字段栏上面的标题栏中，它为每个字段设置一个标签。标题属性最多为 255 个字符。如果没有为字段设置标题属性，则 Access 会使用该字段名代替。

4．有效性规则和有效性文本

Access 允许用户通过设置有效性规则属性来指定对输入到记录、字段或控件中的数据的要求。当输入的数据不符合该规则时可定制出错信息提示，或使光标继续停留在该字段，直到输入正确的数据为止。

定制有效性规则时使用的操作符如表 1-8 所示。

表 1-8　定制有效性规则时使用的操作符

格式字符	作用	格式字符	作用
+	加	<=	小于等于
-	减	>=	大于等于
×	乘	<>	不等
/	除	Between	两值之间
Mod	模数除法（余数）	And	逻辑与
\	整数除法（全部数）	Eqv	逻辑相等
^	指数	Imp	逻辑隐含
=	等于	Not	逻辑非
>	大于	Or	逻辑或
<	小于	Xor	逻辑异或

有效性规则的建立有如下两种途径：

（1）直接输入有效性规则。利用直接输入的方式设置有效性规则，例如，在"借阅书籍人"表中选择"性别"字段，单击其有效性规则属性框，在其中输入"男"或"女"。

（2）利用表达式生成器建立有效性规则，步骤如下：

1）先选择要设置的字段，而后单击该字段的"有效性规则"属性框。

2）单击"有效性规则"属性框右边的"…"按钮。弹出"表达式生成器"对话框，如图 1-43 所示。

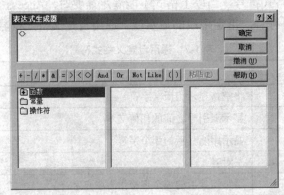

图 1-43　"表达式生成器"对话框

3）表达式生成器主要由三部分组成：表达式框、运算符按钮和表达式元素。

单击某个运算符按钮，即在表达式框中的插入点位置插入相应的运算符，还可以选择表达式元素插入到表达式框中，组成所需如计算、筛选记录的表达式。

5．输入掩码

输入掩码用于设定输入格式化的数据。除备注、OLE 对象、自动编号三种数据类型之外，都可以使用输入掩码来格式化输入数据。

输入掩码由三部分组成，各部分用分号分隔。第一部分用来定义数据的格式，格式字符如表 1-9 所示。第二部分设定数据的存放方式，如果等于 0，则按显示的格式进行存放；如果等于 1，则只存放数据。第三部分定义一个用来标明输入位置的符号，默认情况下使用下划线。

表 1-9　格式字符及意义

格式字符	作用
0	必须在该位置输入数字（0~9，不允许输+或-）
9	只允许输入数字及空格（可选，不允许输+或-）
#	只允许输入数字、+或-及空格，但在保存数据时，空白被删除
L	必须在该位置输入字母
A	必须在该位置输入字母或数字
&	必须在该位置输入字符或空格
?	只允许输入字母
a	只允许输入字母或数字
C	只允许输入字母或空格
!	字符从右向左填充
<	转化为小写字母
>	转化为大写字母
.	小数分隔符
,	千位分隔符
; /	日期时间分隔符
\	显示其后面所跟随的那个字符
"文本"	显示双引号括起来的文本

输入掩码设置如下：

（1）单击"输入掩码"框，会在该框的右边出现"…"按钮。单击该按钮，弹出"输入掩码向导"对话框，如图 1-44 所示。

（2）选择所需的一种输入掩码，这里选择"长日期"，单击"下一步"按钮，弹出如图 1-45 所示的对话框。

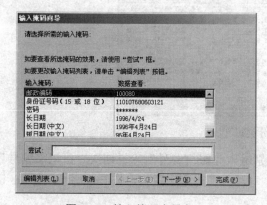

图 1-44　输入掩码向导之一

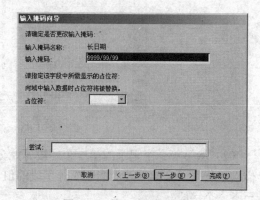

图 1-45　输入掩码向导之二

（3）单击"尝试"编辑框就可以显示所定义的输入格式，可试着输入数据。若不合适，可在输入掩码编辑框中进行更改。然后单击"下一步"按钮，弹出"输入掩码向导"对话框，如图 1-46 所示。

图 1-46　输入掩码向导之三

（4）单击"完成"按钮，返回表的设计视图。在"输入掩码"属性框中会显示所设置的掩码。如图 1-47 所示。

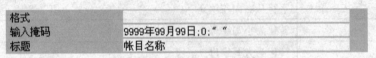

格式	
输入掩码	9999年99月99日;0;" "
标题	帐目名称

图 1-47　设置掩码结果

1.4.4　向表中输入数据

在建立了表结构之后，就可以向表中输入数据。在 Access 中可以利用数据表视图向表中输入数据，也可以利用已有的表。

1. 使用数据表视图直接输入数据

使用数据表视图直接输入数据的步骤如下：

（1）在"财务管理系统"数据库窗口中，单击"表"对象，并打开其中的"分类账"表。如图 1-48 所示。

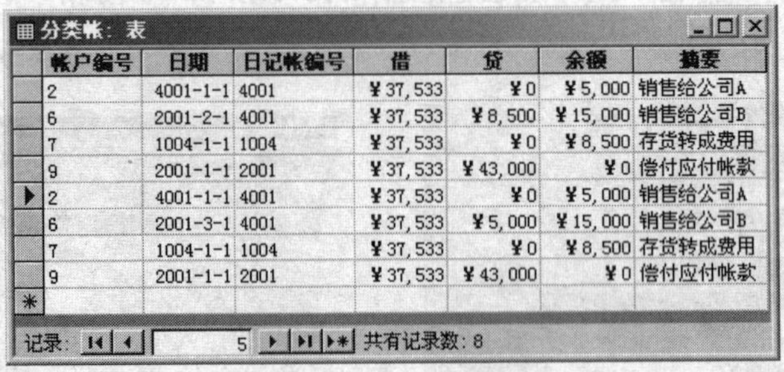

帐户编号	日期	日记帐编号	借	贷	余额	摘要
2	4001-1-1	4001	￥37,533	￥0	￥5,000	销售给公司A
6	2001-2-1	4001	￥37,533	￥8,500	￥15,000	销售给公司B
7	1004-1-1	1004	￥37,533	￥0	￥8,500	存货转成费用
9	2001-1-1	2001	￥37,533	￥43,000	￥0	借付应付帐款
2	4001-1-1	4001	￥37,533	￥0	￥5,000	销售给公司A
6	2001-3-1	4001	￥37,533	￥5,000	￥15,000	销售给公司B
7	1004-1-1	1004	￥37,533	￥0	￥8,500	存货转成费用
9	2001-1-1	2001	￥37,533	￥43,000	￥0	借付应付帐款

图 1-48　"分类账"表

（2）从第一个空记录的第一个字段开始分别输入"账户编号"、"日期"、"日记账编号"、"借"、"贷"、"余额"及"摘要"等字段的值，每输入完一个字段值，按 Enter 键或按 Tab 键转至下一个字段。

（3）输入完这条记录的最后一个字段后，按 Enter 键或 Tab 键转至下一条记录，接着输入第二条记录。

（4）输入完全部记录后，单击工具栏上的"保存"按钮 ，保存表中的数据。

2．获取外部数据

获取外部数据步骤如下：

（1）打开"财务管理系统"数据库，单击"文件"→"获取外部数据"→"链接表"命令，弹出如图 1-49 所示的对话框。

（2）这里为"财务管理系统"数据库导入一个 Excel 数据库文件。单击"文件类型"下拉箭头，弹出一个下拉列表框，如图 1-50 所示。

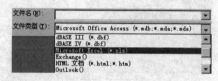

图 1-49　链接表　　　　　　　　　　　　　　　图 1-50　文件类型

这些文件类型链接的方法基本上是一样的，你只要选中相应的数据库类型，并且选中需要的数据库文件，就可以完成链接工作。

（3）将 Excel 文件"财务表"中的表链接到 Access 中来，只要先在"文件类型"下拉列表框中选中 Microsoft Excel，然后在"查找范围"下拉列表框中选中这个文件的所在目录，双击"财务表"项，如图 1-51 所示。

图 1-51　选择 Excel 文件

（4）单击"确定"按钮就会启动链接表向导，如图 1-52 所示。

（5）单击"下一步"按钮，进入链接数据表向导之二，选中复选框让表的第一行包含列标题。如图 1-53 所示。

（6）单击"下一步"按钮，进入链接数据表向导之三，在这一步为链接的数据表命名，如为其命名为"财务表"，如图 1-54 所示。

（7）单击"完成"按钮，会发现在数据库窗口的表对象中"已有的对象"列表中已经有了一个名字为"财务表"的表了，如图 1-55 所示。

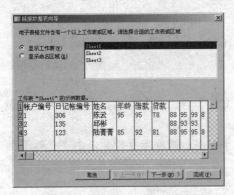

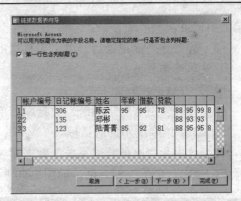

图 1-52　链接数据表向导之一　　　　　　　　图 1-53　链接数据表向导之二

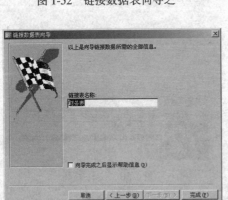

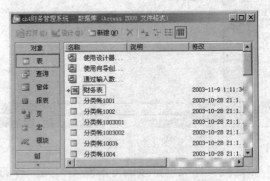

图 1-54　为链接表命名　　　　　　　　　　图 1-55　选择数据表

打开这个表看看，表中的数据和原来 Microsoft Excel 数据表中的数据是一致的。这样就能很方便地将原来的系统更新，不必担心数据转化的问题了。

1.4.5　表间关系操作

在表中定义主键除了可以保证每条记录可以被唯一识别外，更重要的作用在于多个表间的链接。当数据库中包含多个表时，需要通过主键的链接来建立表间的关系。使得各表能够协同工作。

要在两个表之间建立关系，必须在这两个表中拥有相同数据类型的字段。其设置步骤如下：

（1）打开表所在的数据库窗口。

（2）单击"工具"→"关系"命令，弹出"显示表"对话框。

（3）在"显示表"对话框中，选择要建立关系的表，然后单击"添加"按钮，依次添加所需的表后，单击"关闭"按钮。如图 1-56 所示。

（4）接着在"关系"窗口中选择其中一表中的主键，按下鼠标左键拖曳到另一表中相同的主键，释放鼠标键后，弹出"编辑关系"对话框。如图 1-57 所示。

（5）在"编辑关系"对话框中选中"实施参照完整性"和"级联更新相关字段"复选框。使当在更新主表中的主键字段的内容时，同步更新关系表中相关字段的内容。

（6）在"编辑关系"对话框中选中"实施参照完整性"和"级联删除相关字段"复选框。使在删除主表中记录的同时删除关系表中的相关记录。

（7）接着单击"联接类型"按钮，弹出"联接属性"对话框，在此选择连接的方式，并单击"确定"按钮,如图 1-58 所示。

图 1-56 选择建立关系的表

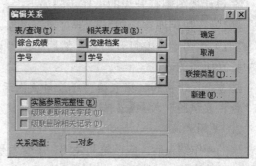

图 1-57 "编辑关系"对话框

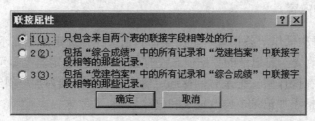

图 1-58 选择连接属性

(8)在"编辑关系"对话框中单击"创建"按钮,就可以在创建关系的表之间有一条线将其连接起来,表示已创建好表之间的关系。

(9)关闭"关系"窗口,这时会询问是否保存关系的设定,按需要回答。

编辑或者修改关联性的操作是直接用鼠标在这一条线上双击,然后在弹出的"编辑关系"对话框中进行修改。删除关联性的操作是先用鼠标在这一条线上单击,然后再按 Delete 键删除。

1.5 维护表

在创建数据库及表时,可能由于种种原因,使表结构的设计不合适,有些内容不能满足实际需要。而且随着数据库的不断使用,也需要增加一些内容和删除一些内容,这样表结构及表内容都会发生变化。

1.5.1 打开与关闭表

表建立好以后,如果需要,用户可以对表进行如修改表的结构、编辑表中的数据、浏览表中记录等操作,在进行这些操作之前,首先要打开相应的表,完成这些操作后,要关闭。

1. 打开表

在 Access 中,可以在数据表视图中打开表,也可以在设计视图中打开表。

在数据表视图中打开表的操作步骤如下:

(1)在数据库窗口中,单击"表"对象。

(2)单击选中要打开的表,然后单击"打开"按钮 打开⑩;或直接双击要打开的表。此时便打开了所需的表。

在数据表视图下打开表以后,用户可以在该表中输入新的数据,修改已有的数据或删除不需要的数据。

在设计视图中打开表的操作步骤如下：

（1）在数据库窗口中，单击"表"对象。

（2）单击选中要打开的表，然后单击"设计"按钮 设计 ⑴，此时 Access 就会在设计视图中打开所需的表。

注意：打开表的数据表视图或设计视图后，可以通过单击工具栏上的"设计视图"按钮 或 "数据表视图"按钮 来切换视图显示。

2．关闭表

表的操作结束后，应该将其关闭。不管表是处于设计视图状态，还是处于数据表视图状态，都可以通过单击"文件"菜单中的"关闭"命令或单击窗口的"关闭"按钮将打开的表关闭。

1.5.2 编辑表的内容

Access 只允许每次操作一条记录，正在操作的记录在行选定器上显示一个三角图标，用于标记当前记录。当改变当前记录的数据但又没有保存时，行选定器上显示一个笔型图标，当另一用户通过网络也在操作同一记录时，行选定器上显示一个圆内加一斜线的锁定图标。

编辑表的操作包括添加记录、修改记录和删除记录。

1．添加记录

打开表的数据视图画面时，表的最末端有一条空白的记录，在记录的行选定器上显示一个星号图标，表示可以从这里开始增加新的记录。

单击"插入"→"新记录"命令，插入点光标即跳至最末端空白记录的第一个字段。输入完数据后，移到另一个记录时会自动保存该记录。

2．修改记录

（1）修正数据。直接按 Tab 键，移到要修改的字段。

用鼠标光标移到要修改的单元格的左边框，此刻鼠标光标变成一个空心的十字光标。单击，整个字段会以反白显示，表示已经选中整个字段。只要一打字，整个字段就被清成空白，之后输入的任何数据都会取代旧数据，这时行选择器的符号也会由当前记录三角图标变成笔型图标，表示数据已被改变，但未存盘。

如果更正几个拼错的字母，可以按下 F2 键，来切换单一字母和整个字段的选择，屏幕上反白部分消失，文本光标停在该字段的最后，再按下 F2 键，整个字段又会以反白显示。可以单击要修改的文字，文本光标停留在该字母的左边，可以进行修改。如果改错了，按 Esc 键可恢复到原来状态。

（2）复制数据。复制数据的步骤如下：

1）选择记录，在行选择器上单击，则选择一条记录。按住 Shift 键，再单击最后一条记录的行选定器，则选择连续记录。

2）单击"编辑"→"复制"命令，或按 Ctrl+C 组合键。

3）移动记录光标到最后一条空记录或新位置。

4）单击"编辑"→"粘贴"命令，或按 Ctrl+V 组合键。

在新位置即复制出所需的记录，可以在此基础上进行更改。

3．删除记录

删除记录的操作步骤如下：

（1）单击行选定器，整条记录呈反白状态，表示已选择该条记录。

（2）若选择多条记录，则按 Shift+↑（↓）键，或直接用鼠标移到最后一条记录再同时按下鼠标左键和 Shift 键，被选择区字段成反白显示。

（3）按 Delete 键删除所有选中的记录。

1.5.3　调整表的外观

创建完数据表后，你也许会发现数据表虽然能够完成一些基本功能，但是却不能尽如人意。如果你不满意呆板无变化的数据表，则可以替他"换换装"，下面我们来讲述如何将数据表"改头换面"。

我们来对如图 1-59 所示的 Department 数据表进行外观修改。

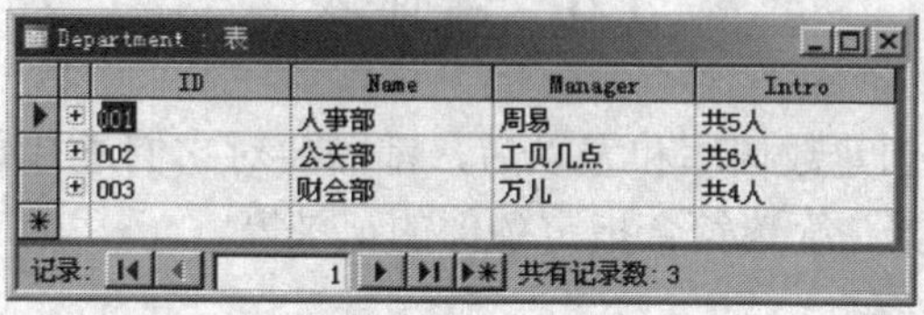

图 1-59　Department 数据表

1. 改变数据表格式

在菜单栏中单击"格式"→"数据表"命令，即可打开"设置数据表格式"对话框，如图 1-60 所示。

在"设置数据表格式"对话框中可以：

- 设置是否显示水平或垂直网格线；
- 选择单元格的效果设置后可在下方的"示例"栏中预览结果；
- 设置背景颜色；
- 设置边框和线条样式；
- 改变网格线颜色。

在中间的"示例"栏内可以预览设置的效果，设置好后单击"确定"按钮即可生效。

2. 改变数据表文本的字体及颜色

数据表和一般的文本编辑器一样，当然也可以对它进行诸如字体、颜色等方面的设置，同样对以上的 Department 数据表进行字体和颜色的设置。

在菜单栏中单击"格式"→"字体"命令，即可打开数据表字体设置对话框，如图 1-61 所示。

图 1-60　设置数据表格式

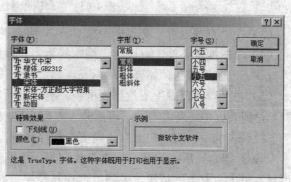

图 1-61　字体设置

如图 1-62 所示就是我们将字体设为"楷体_GB2312"并放大，然后将颜色改为蓝色后的效果（字体变大后，单元格的宽度及高度也需自行调整）。

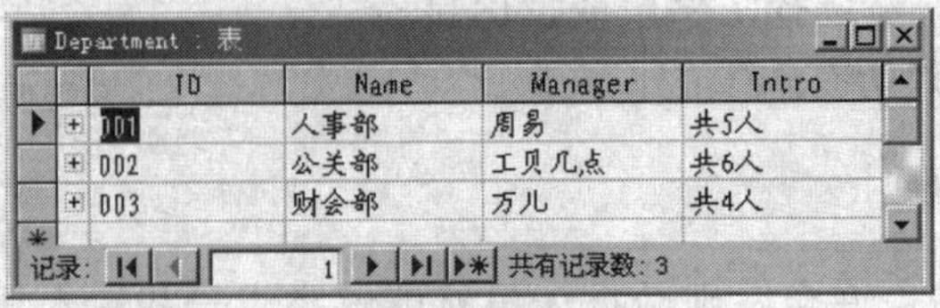

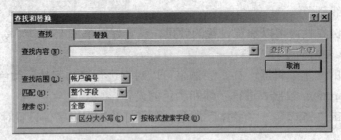

图 1-62　设置字体效果

从图 1-62 中可以看出列选取器中的字体会跟着改变，但颜色则不变。

1.6　操作表

一般情况下，在用户创建数据库和表以后，都需要对它们进行必要的修改。例如查找和替换文本、排列表中的数据、筛选符合指定条件的记录等。

1.6.1　查找数据和替换数据

1. 查找数据

Access 除了允许对记录进行一些增加、删除和修改的基本操作外，还可以进行记录的查找。

处理数据时，有时需要从表的成百上千条记录中挑选出某条记录进行专门的编辑。Access 提供了用查找命令实现快速查找记录的方法。

查找记录的操作步骤如下：

（1）光标移动到 Access 需要搜索的字段，选中该字段，按下 **Ctrl+C** 组合键复制。

（2）单击工具栏中的"查找"按钮，或单击"编辑"菜单中的"查找"命令，弹出"查找和替换"对话框，如图 1-63 所示。

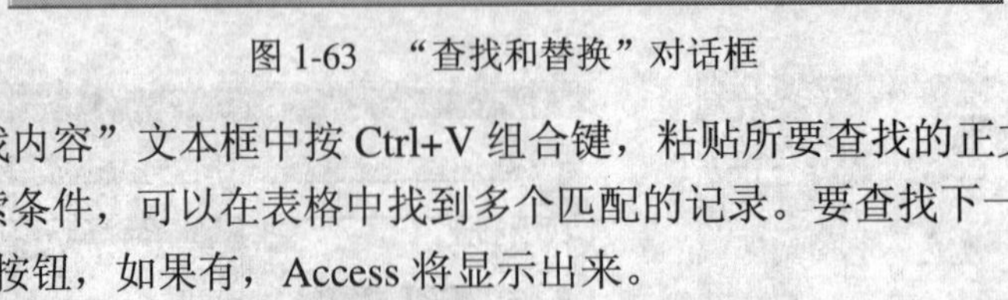

图 1-63　"查找和替换"对话框

（3）在"查找内容"文本框中按 Ctrl+V 组合键，粘贴所要查找的正文字段。

（4）根据搜索条件，可以在表格中找到多个匹配的记录。要查找下一个匹配记录，则单击"查找下一个"按钮，如果有，Access 将显示出来。

（5）在"查找范围"下拉列表框中，有当前所在的字段和整个表两项可供选择；在"匹配"下拉列表框中，有"字段任何部分"、"整个字段"和"字段开头"三项可供选择；在"搜索"下拉列表框中，有"向上"、"向下"和"全部"三项可供选择，可任意设置搜索方式。

Access 搜索完所有记录，如果未找到另一个匹配的记录，它会显示一条已完成搜索记录的消息，单击"取消"按钮，关闭"查找和替换"对话框。

2. 替换数据

当需要批量修改表的内容时，可以使用替换功能加快修改速度。替换记录的操作步骤类似查找记录的操作步骤，具体如下：

（1）将光标移到 Access 需搜索的字段，选中该字段，按 Ctrl+C 组合键复制。

（2）单击工具栏中的"查找"按钮，或单击"编辑"→"查找"命令，弹出"查找和替换"对话框。单击"替换"选项卡，其页面如图 1-64 所示。

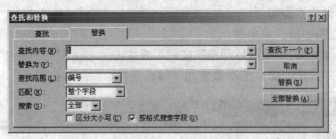

图 1-64　"查找和替换"对话框

（3）在"查找内容"下拉列表框中按 Ctrl+V 组合键，粘贴所要查找的正文字段。

（4）在"替换为"下拉列表框中输入要替换的值。

（5）单击"全部替换"按钮，弹出确认对话框，单击"是"按钮，则全部替换，单击"否"按钮则撤消全部替换操作。

1.6.2　筛选记录

使用 Access 筛选，就是在表的众多记录中，让符合条件的所需记录显示出来。将不需要的记录隐藏起来。Access 在筛选的同时还可以对数据视图中的表进行排序。

Access 提供了多种筛选途径：按选定内容筛选、按窗体筛选及高级筛选/排序。

1. 按选定内容筛选

按选定内容筛选的方法只能选择与选定内容相同的记录，其操作步骤如下：

（1）将光标移到要筛选的字段，选中该字段值。如图 1-65 所示。

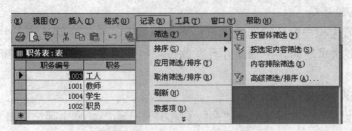

图 1-65　"筛选"操作

（2）单击工具栏中的"按选定内容筛选"按钮，或单击"记录"→"筛选"→"按选定内容筛选"命令，即可筛选记录。如图 1-66 所示。

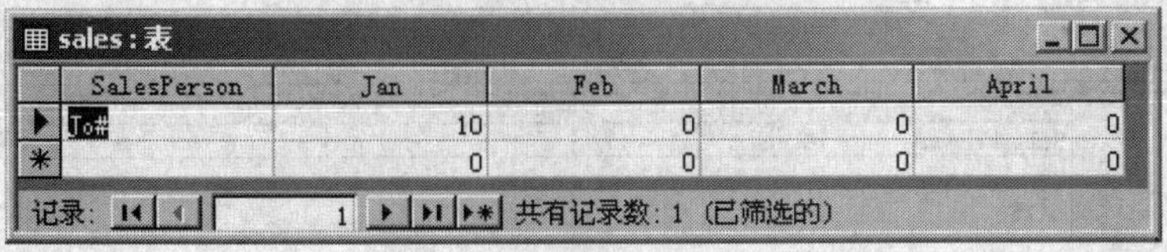

sales : 表				
SalesPerson	Jan	Feb	March	April
To##	10	0	0	0
	0	0	0	0

记录：14　4　　　1　▶ ▶| ▶* 共有记录数：1（已筛选的）

图 1-66　按选定内容筛选

在表的状态栏显示"共有记录数"为符合选定内容的记录数目。如果要取消筛选，重新显示全部记录，则单击工具栏中的"删除筛选"按钮，或单击"记录"→"取消筛选/排序"

命令即可。

2. 按窗体筛选

按选定内容筛选必须从表中找到一个所需的值并且一次只能指定一个筛选准则。如果要一次指定多个筛选准则，就需要使用"按窗体筛选"。

按窗体筛选的操作步骤如下：

（1）在数据视图中打开某个表。

（2）单击工具栏中的"按窗体筛选"按钮，或单击"记录"→"筛选"→"按窗体筛选"命令，弹出筛选条件设置画面。依次设置几个筛选条件，如图1-67所示。

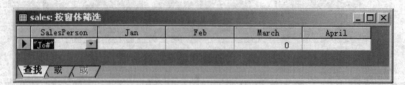

图1-67　按窗体筛选

（3）单击工具栏中的"应用筛选"按钮，或单击"筛选"→"应用筛选/排序"命令，这时Access立即按设定的筛选条件对记录进行过滤，将符合条件的记录显示出来。如图1-68所示。

图1-68　应用筛选

3. 高级筛选/排序

按选定内容筛选和按窗体筛选虽然已经实现了按照一定规则筛选记录的功能，但当筛选准则较多时必须多次重复同一步骤，并且在此过程中无法实现排序。高级筛选/排序的操作步骤如下：

（1）在数据视图中打开某个表。

（2）单击"记录"→"筛选"→"高级筛选/排序"命令，弹出筛选窗口。如图1-69所示。

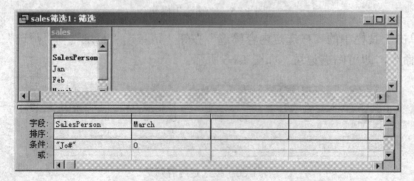

图1-69　高级筛选

（3）在"字段"文本框中指定要添加筛选条件的字段，可把表中的字段直接拖到其中。

（4）在"排序"文本框中指定该字段的排序方式，如降序、升序或不进行排序。

（5）在"条件"文本框中设定筛选的条件。

（6）重复步骤（3）～（5），设定好其他字段的排序方式及筛选条件。

（7）单击工具栏中的"应用筛选"按钮，或单击"记录"→"排序"→"应用筛选/排序"命令，这时 Access 立即按设定的筛选条件对记录进行过滤，将符合条件的记录显示出来，如图 1-70 所示。

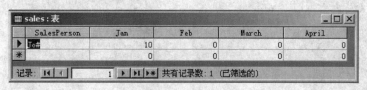

图 1-70 高级筛选结果

1.7 定制与管理 Access

Microsoft Access 提供很多工具来构造、管理和优化数据库，由于数据库内保存大量数据，所以需要考虑数据库的安全性问题。Microsoft Access 提供了管理数据库安全的以下两种传统方法：

● 为打开的数据库设置密码。最简单的安全管理方法是为打开的数据库设置密码。设置密码后，打开数据库时将显示要求输入密码的对话框。只有输入正确密码的用户才可以打开数据库。这个方法是安全的，但只用于打开数据库。在数据库打开之后，数据库中的所有对象对用户都将是可用的。

● 设置用户级安全。以限制用户访问或者更改数据库的数据。设置数据库安全的最灵活和广泛的方法是设置用户级安全。这种安全类似于很多网络中使用的方法，它要求用户在启动 Microsoft Access 时确认自己的身份并键入密码。管理员可以为组和用户授予权限，规定他们使用数据库中的对象的权限。

1.7.1 分析优化数据库

通过前面章节的介绍，您可能已经掌握了数据库的基本操作，但有时候建立的数据库用起来很慢，那是因为数据库在建立的时候，没有对它进行过优化分析。现在就讲讲数据库的优化分析。

先打开一个要进行分析的数据库，然后单击"工具"菜单上的"分析"选项，弹出的菜单上有"表"、"性能"和"文档管理器"3 个命令，如图 1-71 所示。这 3 个命令可以对相应的内容进行优化。

1. 优化表

（1）首先要对表进行优化，单击"表"这个命令。Access 开始准备这个表分析器向导，在这个向导的第一页中，提供了建立表时常见的一个问题。如图 1-72 所示。那就是表或查询中多次存储了相同的信息，而且重复的信息将会带来很多问题。看完了这些，就可以单击"下一步"按钮。

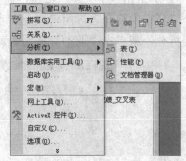

图 1-71 "分析"菜单

（2）第二步告诉这个分析器怎样解决第一步中遇到的问题。解决的办法是将原来的表拆分成几个新的表，使新表中的数据只被存储一遍。如图 1-73 所示。

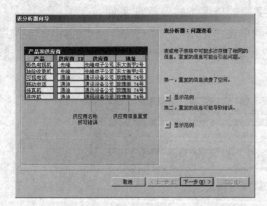
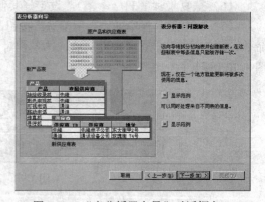

图 1-72　"表分析器向导"对话框之一　　　　　图 1-73　"表分析器向导"对话框之二

（3）单击"下一步"按钮，在这一步中的列表框中选择需要做分析的表，如图 1-74 所示。虽然 Access 提示只要选择有重复信息的表，但最好对所有的表都做一个分析，这样能使工作更加规范。

（4）当选择好要分析的表以后，单击"下一步"按钮，在这一步中选择"是，让向导决定"单选按钮，这样就可以让 Access 自动完成对这个表的分析，如图 1-75 所示。

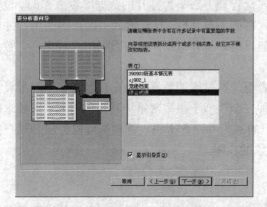
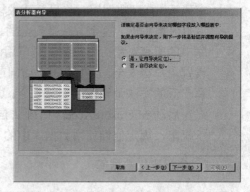

图 1-74　"表分析器向导"对话框之三　　　　　图 1-75　"表分析器向导"对话框之四

（5）单击"下一步"按钮，通过分析就会在屏幕上弹出一个对话框，如图 1-76 所示，在这个对话框中将会告诉用户在上一步中所选的表是否需要进行拆分来达到优化的目的。如果不需要拆分，就单击"取消"按钮，就可以退出这个分析向导，建立的表就不用再优化了。

图 1-76　"表分析器向导"对话框之五

如果单击了"下一步"按钮后，并没有弹出这样一个对话框，而是出现了另外一个窗口。这就说明你所建立的表需要拆分才能将这些数据合理地进行存储。现在 Access 的分析向导已经将你的表拆分成了几个表，并且在各个表之间建立起了一个关系。只要为这几个表分别取名就可以了。这时你只要将鼠标移动到一个表的字段列表框上，双击这个列表框的标题栏，这时在屏幕上会弹出一个对话框,在这个对话框中就可以输入这个表的名字。输入完以后,单击"确定"按钮就行了。

现在再单击"下一步"按钮。就到了这个向导的最后一步。在这一步中问是否自动创建一个具有原来表名字的新查询,并且将原来的表改名。这样做,首先可以使基于初始表的窗体、报表或页能继续工作。这样既能优化初始表,又不会使原来所做的工作因为初始表的变更而作废。所以在这儿通常都是选择"是,创建查询"单选按钮,并且不选"显示关于处理新表和查询的帮助信息"复选框。当这一切都完成以后,单击"完成"按钮,这样一个表的优化分析就完成了。

2. 性能分析

前面对表进行了分析,在此进行性能分析。

(1)首先单击"工具"→"分析"→"性能"命令。现在就开始对整个数据库进行性能分析了。为了使用的方便,常常选择"全部对象类型"选项卡,如图 1-77 所示。

(2)单击这个选项卡上的"全部选定"按钮,这样虽然会使多花一些时间进行性能分析,但却是非常值得的。完成这些后,单击这个选项卡上的"确定"按钮,现在 Access 就开始为数据库进行优化分析了。分析结果出来了,如图 1-78 所示。

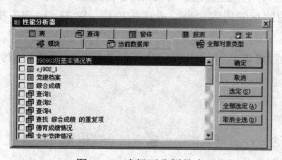

图 1-77　选择要分析的表

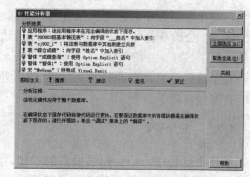

图 1-78　性能分析器

列表框中每一项前面都有一个符号,每个符号都代表一个意思,在这个对话框中都有介绍,现在如果在列表框中有"推荐"和"建议"图标,单击"全部选定"按钮上,这时在列表框中的每个选项都被选中了。

(3)单击"优化"按钮,等一会儿,会发现原来的"推荐"和"建议"图标都变成了"更正"图标,说明已经将这些问题都解决了,如图 1-79 所示。

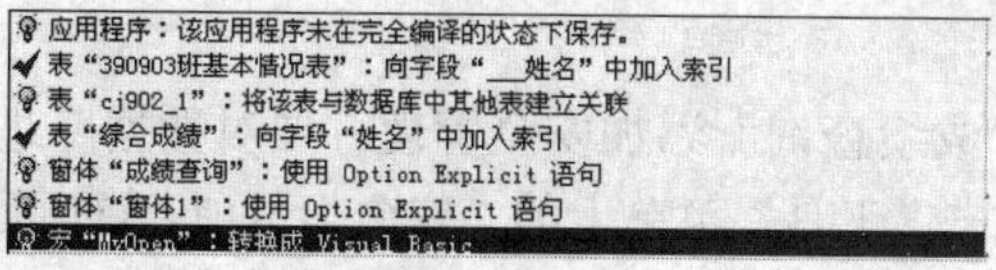

图 1-79　提示栏

带"灯泡"符号的"主意"项没有变化。当选中其中一个"主意"选项时,就会发现在这个对话框中的"分析注释"中会详细列出 Access 为解决这个问题所出的主意。

只要记住这些方法,单击"关闭"按钮,然后一步步按照它提示的方法操作就可以了。

3. 使用文档管理器

使用"分析"菜单中的"文档管理器"命令可以打印出所建数据库各对象的全部信息,将鼠标移动到这个命令上,单击,这时就会在屏幕中弹出一个对话框,如图 1-80 所示。

在这个对话框中也有选项卡，选中"查询"选项卡，然后在相应的列表框中选择需要的对象名，选好以后，单击"确定"按钮就可以将这些选项的各种内容显示出来，如果需要可以将这些内容打印出来。

在这个对话框上有一个"选项"按钮，这个按钮是用来确定打印表的含义，单击这个按钮，这时会弹出一个对话框，如图 1-81 所示。

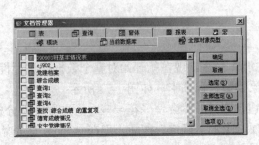

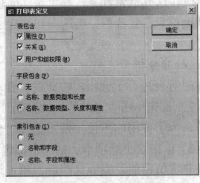

图 1-80　文档管理器   图 1-81　打印设置

在这个对话框中包含"表包含"、"字段包含"、"索引包含"这 3 个含义组，选择组中不同的选项，会改变打印表，也就是将要显示的信息的内容。当完成这些工作，单击"确定"按钮就可以了。

有了这些信息，有经验的 Access 使用者就可以从打印出的信息资料上分析出所建立的数据库有哪些问题了。

1.7.2　安全管理

在使用过程中，还会积累很多的经验，这些经验可以帮助大家更加合理地使用数据库。现在就来讲讲 Access 数据库的安全管理。

通常建立的数据库并不希望所有的人都能使用，或是修改数据库中的内容。这就要求数据库实行更加安全的管理，就是限制一些人的访问，限制修改数据库中的内容。访问者必须输入相应的密码才能对数据库进行操作，而且输入不同密码的人所能进行的操作也是有限制的。除了这些，数据库的安全还包括对数据库中的数据进行加密和解密工作。这样建立的需要保密的数据库就不能被别人轻易攻破。起到了安全保密的作用。

要进行安全管理就需要实现刚才所说的那几个目标，在 Access 中提供了几个命令，它们就能帮助实现这些目标。

现在就来为数据库"成绩查询"添加安全管理。要对数据库进行安全管理，首先需要将这个数据库打开，然后单击"工具"菜单上的"安全"选项。这时还会在"安全"选项右边弹出一个小菜单，在这个菜单上有 5 个选项，每个选项都能执行一定的功能。

1. 设置和取消数据库密码

设置和取消数据库密码的步骤如下：

（1）单击 Access 菜单栏上的"工具"→"安全"→"设置数据库密码"命令，如图 1-82 所示，就会弹出一个"设置数据库密码"对话框。

（2）在这个对话框的第一个文本框中要输入数据库密码，并在第二个文本框中再输入一遍刚才输入的密码，以保证输入的密码不会因为误输入而造成以后无法打开自己的数据库。将这些完成以后，单击"确定"按钮。如图 1-83 所示。

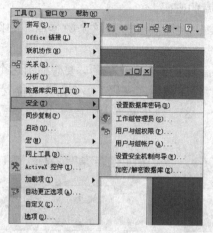

图 1-82　设置数据库密码

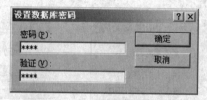

图 1-83　"设置数据库密码"对话框

（3）这时候弹出一个提示对话框，它提示要用独占方式打开数据库才能设置或撤消数据库密码，如图 1-84 所示。

图 1-84　设置密码提示框

（4）记住要设置数据库的密码时，必须要保证这个数据库的打开方式是独占打开方式。好在这个提示框中告诉怎样以独占方式打开一个数据库。那现在就单击这个提示框上的"确定"按钮，然后单击"设置数据库密码"对话框上的"取消"按钮。再单击数据库窗口上的"关闭"按钮来关闭这个数据库，然后再将鼠标移动到 Access 工具栏上的"打开"按钮上，单击，这时会弹出一个"打开"对话框，如图 1-85 所示。

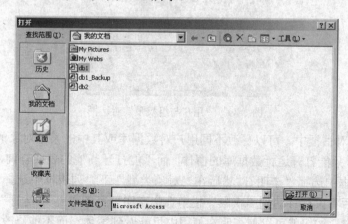

图 1-85　"打开"对话框

（5）在这个对话框中选择需要打开的数据库，然后将鼠标移动到这个对话框中"打开"按钮右面的向下按钮。在弹出的菜单中单击"以独占方式打开"，如图 1-86 所示。

（6）现在打开的数据库就可以设置它的密码了。按照刚才输入密码的过程再来一遍，这样就可以给这个数据库设置密码了。当下次打开这个数据库的时候，就会发现在打开数据库之前在屏幕上出现一个对话框，要求你输入这个数据库的密码。

　　只有你输入正确的密码才能打开这个数据库，否则就不能打开这个数据库。如图 1-87 所示。

　　（7）撤消密码也很简单，当你给一个数据库已经设置了一个密码后，要想撤消这个密码，就再用独占方式打开这个数据库，然后单击原来是"设置数据库密码"那个命令的位置，现在已经是"撤消数据库密码"命令了，单击这个命令，这时会在屏幕上弹出一个对话框，如图 1-88 所示。

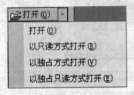

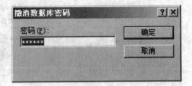

图 1-86　打开方式列表　　　　图 1-87　要求输入密码　　　　图 1-88　撤消数据库密码

　　这次只要再输入一次正确的密码，就可以将这个数据库密码撤消了。

　　2. 设置用户与组的权限和账号

　　单纯的密码只能起到不能打开这个数据库的作用，要使数据库的使用者拥有不同的权限，即有的人可以修改数据库中的内容，而有的人只能看看数据库的内容而不能修改。这就需要为不同的用户或某群用户组设置权限了。设置用户与组的权限和账号的步骤如下：

　　（1）单击"工具"→"安全"→"用户与组权限"命令，这样会在屏幕上弹出一个对话框，如图 1-89 所示。

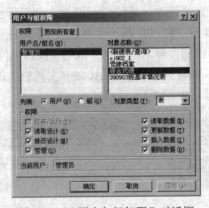

图 1-89　"用户与组权限"对话框

　　（2）在这个对话框中，可以更改不同用户对数据库或其中的某个对象的访问权限。假如想使用户"李明"只能打开运行数据库的窗体，而不能打开其他的表或查询，只需要先在"用户名|组名"列表框中选择"李明"，然后在"对象类型"下拉列表框中选择"窗体"，现在选择一个窗体，完后将鼠标移动到"权限"栏中选中李明可有的"打开/运行"复选框，完成这些后，单击"确定"按钮就可以使李明在使用中只能看到窗体，而不能修改其他的数据内容，也不能看到表或查询了。

　　上面只讲了怎样设置用户或组的权限，但怎样才能将所需要的人都有一定的权限，当然还必须要给每个用户或组一个账号，这样才能进行管理，以便分配权限。

　　要实现这个功能，就像刚才一样，单击"工具"→"安全"→"用户与组账户"，随后弹出的也是"用户与组账号"对话框。如图 1-90 所示。

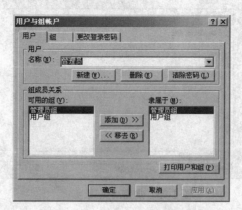

图 1-90 设置用户与组权限

·还要在这个对话框中管理用户或组。在这个对话框中有三个选项卡,第一个用来在现有的组中管理用户的名称。在这个选项卡上,可以单击"新建"按钮在用户组或其他组中添加新的用户,也可以单击"删除"按钮将组中的这个用户删去。单击"清除密码"按钮就可以取消原来这个用户的密码。

下面两个列表框中,左面的是现在所有的组,而右面的则是在上面文本框中的这个用户所在的组。通过中间的选择按钮就可以控制用户所在的组了。不同的组可以有不同的权限,所有这样管理以后,处于同一组中的用户就有了同样的权限了。

而"组"选项卡则是用来管理组的,如图 1-91 所示。

可以单击"新建"按钮添加组,也可以单击"删除"按钮删除一个组。

"更改登录密码"选项卡,如图 1-92 所示。

图 1-91 "组"选项卡

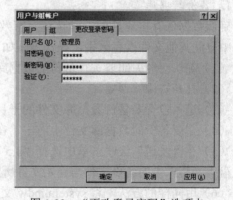

图 1-92 "更改登录密码"选项卡

当一个用户用他原来的密码登陆到 Access 中以后,为了安全原因,可以修改自己的访问密码。当设置好这些以后,单击"确定"按钮就可以了。

3. 加密/解密数据库

对于一个普通的 Access 数据库文件,由于可以使用一些工具绕过它的密码,直接读取里面的数据表,所以必须有一种方法将这种数据库文件进行加密编码,以杜绝非法的访问情况,这样这个数据库才能算是安全的。

如果要对某个数据库文件进行加密,只要单击"工具"→"安全"→"加密/解密数据库"命令,就会弹出一个"数据库加密后另存为"对话框,如图 1-93 所示。

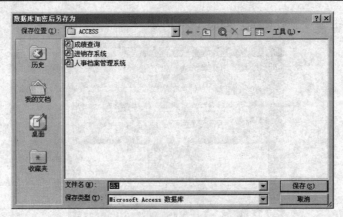

图 1-93　加密/解密数据库

在这个对话框输入加密以后保存的数据库文件名。完成好后单击"保存"按钮就可以将这个数据库加密了。

如果要解密这个数据库，只要按照这个步骤再做一次，只是选取的是加密的数据库文件，新生成的是解密以后的文件罢了。

1.7.3　保护数据库

Access 在单个文件中存放与一个数据库有关的所有内容的方法既有优点也有缺点。优点是突出的，一个系统只有一个文件，在硬盘上没有大量的文件，无须记住哪个程序与哪个数据库有关；缺点是若该文件损坏，则失去数据库的可能性就很大，原因是与一个数据库关联的所有内容都存放在单个文件中，如果该文件因为某些原因而损坏，则数据库就不能正常运行，因此放置丢失数据的最保险的方法是进行定期的备份。

1. 备份数据库

确保数据保存可靠性的一种传统、有效的方法是对数据库进行备份。备份的方法与在计算机中复制其他文件没有区别，操作步骤如下：

（1）确认已经关闭要进行备份的数据库。

（2）打开资源管理器。

（3）进入包含要备份数据库文件的子目录。

（4）在要备份的数据库文件上右击，在弹出快捷菜单中选择"发送"命令。

（5）在"发送"级联菜单中选择"3.5 英寸软盘"。操作系统将自动复制数据库文件到备份软盘上，其产生的备份文件与原始文件所占存储控件相同。

（6）用同样的方法，将 system.mdw 文件进行备份。该文件保存着在 Access 中登记的用户信息，如果备份的是加密的数据库系统，丢失该文件将无法再打开该系统。

2. 修复数据库

当数据库文件发生问题时，就需要对被破坏的数据进行修复，上节讲到对数据库进行备份的目的就是为了在出现问题后能够采取补救措施。使用备份文件进行修复虽然不能恢复备份后的工作，但是已经最大限度地减小了损失，只需重做上次备份后的工作即可。

另外在 Access 中提供了一种修复数据库的工具。当打开数据库时，如果该数据库出现问题，就会弹出提示对话框，可以单击"是"按钮来进行修复。如果修复成功将弹出提示修复成稿的对话框。

在使用数据库时如果出现问题，可以选择"工具"→"数据库实用工具"→"压缩和修复数据库"命令来修复数据库。

3．压缩数据库

在对数据库中的一个或多个表删除或修改记录时，数据库文件可能会分成很多碎片。使数据库在硬盘上占据比其所需空间更大的磁盘空间，并且由于碎片是指数据库文件存放在硬盘上许多分散的簇中，使响应时间也变长了。虽然有些软件可以用来清除磁盘碎片，但是如果所需的只是对 Access 的一个数据库去碎片，就没有必要借助于软件。Access 系统本身提供了使用菜单命令压缩数据库的功能，可以实现数据库文件的高效存储。

压缩数据库的操作步骤如下：

（1）启动 Access，但不要打开任何数据库。

（2）单击"工具"→"数据库实用工具"→"压缩和修复数据库"命令，弹出"压缩数据库来源"对话框，如图 1-94 所示。

（3）选择要压缩的数据库文件，然后单击"压缩"按钮，系统将弹出"将数据库压缩为"对话框，如图 1-95 所示。

图 1-94　　"压缩数据库来源"对话框

图 1-95　　"将数据库压缩为"对话框

（4）输入压缩后的数据库文件的文件名，如 db1，然后单击"保存"按钮，Access 立即开始压缩所选数据库并显示进度条。

注意：在执行压缩数据库之前，要确保硬盘上有足够的存储空间存放原数据库和压缩后的数据库文件，原因是压缩数据库和原数据库都要保存在磁盘上。因此在操作执行时大约需要原数据库两倍的空间。另外，为了安全起见，必须给压缩数据库起不同的名字，在这种情况下，Access 不删除原文件，而让数据库新老版本并存在硬盘上。

另外，这里所说的压缩数据库并不等同于利用文件压缩工具对数据库文件进行压缩，这种压缩后的数据库可以直接被 Access 打开，从而不需要对压缩后的数据库文件进行解压。

习题一

一、选择题

1．有关键字段的数据类型不包括（　　）。

　　A．字段大小可用于设置文本、数字或自动编号等类型字段的最大容量

　　B．可对任意类型的字段设置默认值属性

　　C．有效性规则属性是用于限制此字段输入值的表达式

　　D．不同的字段类型，其字段属性有所不同

2．在 Access 数据库系统中，不能建立索引的数据类型是（　　）。

    A．文本型   B．备注型   C．数值型   D．日期/时间型

3．在表设计视图中，如果要限定数据的输入格式，应修改字段的（　　）属性。

    A．格式   B．有效性规则   C．输入格式   D．字段大小

4．下面有关主键的叙述正确的是（　　）。

    A．不同的记录可以具有重复的主键值或空值

    B．一个表中的主键可以是一个或多个字段

    C．在一个表中主键只可以是一个字段

    D．表中的主键的数据类型必须定义为自动编号或文本

5．下面有关表的叙述错误的是（　　）。

    A．表是 Access 数据库中的要素之一

    B．表设计的主要工作是设计表的结构

    C．Access 数据库的各表之间相互独立

    D．可以将其他数据库的表导入到当前数据库中

二、填空题

1．Access 中货币型数据最长为＿＿＿＿＿＿＿个字节，自动编号型数据最长为＿＿＿＿＿＿＿个字节。

2．Access 数据库系统中，定义表中字段就是确定表的结构，即确定表中字段的＿＿＿＿＿＿＿、＿＿＿＿＿＿＿、属性和说明等。

3．在 Access 的表中修改字段的名字并不会影响该字段的＿＿＿＿＿＿＿，但是会影响其他基于该表所创建的＿＿＿＿＿＿＿。

4．Access 数据库系统中字段的"格式"属性是用来决定数据的＿＿＿＿＿＿＿和在屏幕上的＿＿＿＿＿＿＿。

5．Access 数据库中，表与表之间的关系分为＿＿＿＿＿＿＿、＿＿＿＿＿＿＿和＿＿＿＿＿＿＿3 种。

第 2 章 查询

本章学习目标

- 了解查询的基础知识
- 掌握创建选择查询的方法
- 认识查询中的计算
- 掌握创建交叉表查询的方法
- 掌握参数、操作与 SQL 查询的方法
- 掌握查询的操作

2.1 查询基础

查询（Query）这个词来源于拉丁语的 quoerere，原意是打听或询问。可以认为查询就是对数据库提出的关于在数据表中找到信息的问题或询问。

Access 的查询也是一种询问，是对有关存储在 Access 表中的信息提出问题。利用查询工具可以提供相应的询问信息的方法。在 Access 中，可以对单个表中的数据记录提出问题，也可以解决对存储于多个表中信息的复杂询问。当建立和运行了一个查询以后，Access 可以返回并显示用户在数据表中所希望得到的记录集，这个集被称作动态集（Dynaset）。

利用查询，可以简单地从单个数据表中提取所有符合一定条件的记录，例如，从"罗斯文商贸"数据库的"雇员"表中，列出所有 1960 年以后出生的雇员。可以从多个数据表中提取满足一定联系条件的记录，并按照一定的顺序列出数据。可以将单个或多个数据表中某些字段中的数据按照一定的计算式计算列出。也可以对数据进行求和、计数或其他类型的总计运算，并将结果按两类信息进行分组，一类信息显示在数据表的左列，另一类则显示在数据表的首列。

Access 可以支持许多不同类型的查询，如图 2-1 所示，Access 中的查询可以分为 5 种基本类型：选择查询、交叉表查询、操作查询、SQL 查询和参数查询。

图 2-1 Access 中的"查询"菜单

2.1.1 查询的功能

大多数数据库系统都在不断发展，使其具有功能更加强大的查询工具，以便执行特定 Ad hoc 网络（在 Ad hoc 网络中，结点具有报文转发能力，结点间的通信可能要经过多个中间结点的转发）的查询，即按照预期方式的不同方法来查看数据。在第 1 章中我们已经对 Access 的查询有所了解，Access 的查询功能是非常强大的，而且提供的方式又是非常灵活的，我们可以使用多种方法来实现不同查看数据的要求。下面列出了有关查询的功能：

- 选择表：可以从单个表或一些通过公用数据相联系的多个表中获取信息。并能够在使用多个表时，将数据返回到已组合的单个数据表中。
- 选择字段：可以从每个表中指定想在结果动态集中看到的字段。
- 选择记录：通过指定的规则可以选择要在动态集中显示的记录。
- 排序记录：可以按照某一特定的顺序查看动态集的信息。
- 执行计算：可以使用查询来执行对数据的计算。执行如对某个字段求平均值、求总和或简单地统计字段数等计算。
- 建立表：可以从查询合成的组合数据中形成其他的数据表。查询可以建立这种基于动态集的新的表。
- 建立基于查询的报表和窗体：报表或窗体中所需要的字段和数据可以是来自于从查询中建立的动态集。使用基于查询的报表或窗体时，每一次打印该报表或使用窗体时，查询将对表中的当前信息进行及时的检索。
- 建立基于查询的图表：可以使用查询所得到的数据建立图表，然后用于窗体或报表中。
- 使用查询作为子查询：可以建立辅助查询，它是基于先前查询中所选择的动态集，根据需要缩小检索的范围，从而查看更为直接具体的内容。
- 修改表：Access 的查询可以从广泛的信息源中获取信息。可以从存储在 dBASE、Paradox、Btrieve 及 Microsoft SQL 服务器等的数据库中提取数据。

前面列出了关于 Access 中查询的主要功能，掌握这些功能将有助于我们对数据库中数据的使用，加快检索的效率，准确地提取数据表中包含的信息。下一节将介绍如何利用 Access 提供的向导快速地创建查询。

2.1.2　查询的分类

Access 数据库中的查询有很多种，每种方式在执行上有所不同，查询分为选择查询、交叉表查询、参数查询、操作查询和 SQL 查询几种。上面提到的查询功能可以通过这些查询来实现。

1.　选择查询

选择查询是最常见的查询类型，顾名思义，它是从一个或多个表中检索数据，并且在可以更新记录（带有一些限制条件）的数据表中显示结果。也可以使用选择查询来对记录进行分组，并且对记录作总计、计数、平均及其他类型的总和的计算。

利用选择查询可以方便地查看一个数据表中的一部分数据。选择查询能够满足用户查看自己所想查看的记录。执行一个选择查询时，需要从指定的数据库资源中去查找数据，数据库资源可以是一个表或是其他的查询。定义的选择规则限制了检索出的数据记录总量。查询的结果是一组数据记录，即动态集。

动态集是查询所需要信息的一个集合，以视图方式来显示数据记录。视图这个词描述了从一个数据表中将一组记录独立出来，放在一起，并且这些记录符合一定的查询条件。

例如，图 2-2 所示的是一个简单的查询设计视图，该查询的目的是建立一个检索"产品"表中所有产品记录中单价最贵的前十种产品，在设计视图中列出查询的资源——"产品"表，当执行该查询时，系统就会将"产品"表中的产品单价进行排序，并将前十种产品的有关信息在动态集中列出，如图 2-3 所示。

作为查询的结果，可以对动态集内的记录进行删除、修改，并且可以增加新的记录。当修改动态集内的数据时，这种改动也同时被写入了与动态集相关联的数据表中。如图 2-3 所示的是查询后所生成的动态集，如果修改查询表中某个产品的单价后，这个新的信息将会被回写到该数据的来源处。

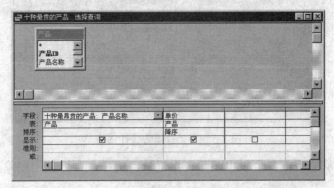

图 2-2　一个选择查询的"设计"视图

图 2-3　查询所生成的动态集

2. 交叉表查询

交叉表查询显示来源于表中某个字段的总结值，可以是一个合计、计数以及平均等，并将它们分组，一组列在数据表的左侧，一组列在数据表的上部。换句话说交叉查询是利用表的行和列来统计数据，结果动态集中的每个单元都是根据一定运算求解过的表值。

例如，图 2-4 所示的结果就是对"罗斯文商贸"数据库中的"产品"、"订单"和"订单明细"等表的一种交叉查询的统计结果。此交叉表查询的设计网格如图 2-5 所示。

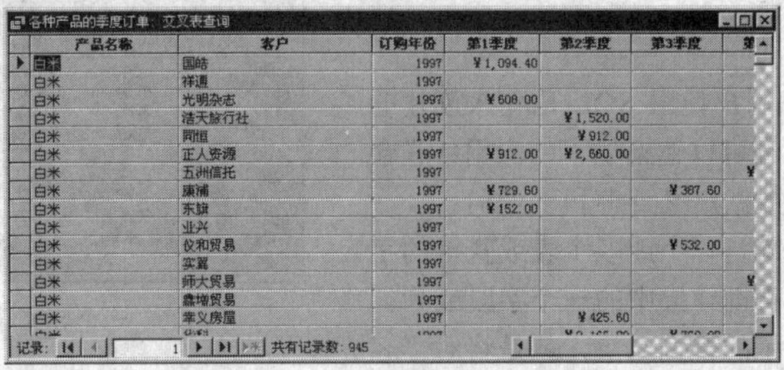

图 2-4　交叉查询的结果显示

3. 操作查询

选择查询用于检查符合特定条件的一组记录，而操作查询是在一个操作中对查询所生成的动态集进行更改的查询。操作查询和选择查询有点相似，它们都是由用户指定所要选出的记录的条件，但是操作查询可以同时对多个记录进行修改。可以把操作查询分为 4 种类型：删除查询、更新查询、追加查询和生成表查询。

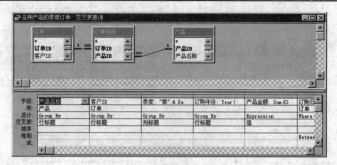

图 2-5　交叉查询的设计网格

　　删除查询可以从一个或多个表中删除一组记录。例如，可以使用删除查询来删除不连续或没有订单的产品。

　　更新查询可以对一个或多个表中的一组记录作全局的更改，使用更新查询，可以更改已存在表中的数据。例如，可以将某种产品的价格提高 10 个百分点，或将公司雇员的工资提高 5%。

　　追加查询可以从一个或多个表中将一组记录追加到一个或多个表的尾部。例如，假设获得了某些新客户和包含这些客户信息表的数据库，为了避免键入所有这些内容，最好将它追加到"客户"表。同时还可以基于一定的准则追加字段。例如，可以仅追加大量订单客户的姓名和地址信息。或者可以是当表中的某些字段在其他表中不存在时才追加记录。例如，在"罗斯文商贸"数据库中，"客户"表有 11 个字段。假设要从另一个表来追加记录，我们可以要求这些记录必须满足一定的条件，才能进行追加，如匹配"客户"表中 11 个字段中的 9 个字段。追加查询将追加匹配字段中的数据，而忽略其他不匹配的数据。

　　生成表查询则是针对一个或多个表中的全部或部分数据新建表。生成表查询可以应用在以下方面：

- 创建用于导出到其他 Access 数据库的表。
- 创建从特定时间点显示数据的报表。
- 创建表的副本。
- 创建包含旧记录的历史表。
- 提高基于表查询或 SQL 语句的窗体和
  报表的性能。

　　4．SQL 查询

　　SQL 查询就是用户使用 SQL 语句来创建的一种查询。SQL 查询可以包括如下的应用：联合查询、传递查询、数据定义查询和子查询。

　　联合查询是将来自一个或多个表或查询的字段（列）组合作为查询结果中的一个字段或列。例如，如图 2-6 所示的查询结果，就是将对"客

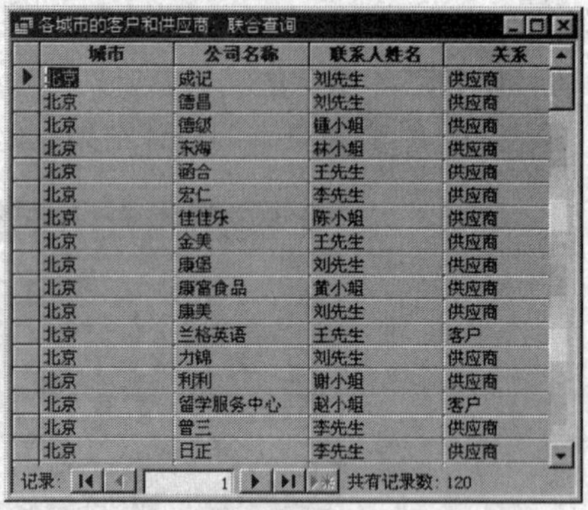

图 2-6　一个 SQL 查询的例子

户"和"供应商"两个表的查询联合在了一起，使用联合查询将这两个列表合并为一个结果集，然后基于这个联合查询创建生成表查询来生成新表。

　　传递查询是直接将命令发送到 ODBC 数据库，它使用服务器能接受的命令。例如，可以使用传递查询来检索记录或更改数据。

　　提示：数据定义查询可以创建或更改数据库对象，如 Access 数据表。

　　子查询是包含在另一个选择查询或操作查询中的 SQL SELECT 语句。可以在查询设计网

格的"字段"行输入这些语句来定义新字段，或在"准则"行来定义字段的准则。在以下的几个方面可以使用子查询：测试子查询的某些结果是否存在；在主查询中查找任何等于、大于或小于由子查询返回的值；在子查询中使用嵌套子查询来创建子查询。

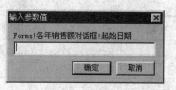

图 2-7　参数查询的参数输入界面

5. 参数查询

参数查询是一种在执行时显示的对话框（如图 2-7 所示）以提示输入信息的查询。例如，在对话框中输入一定的准则，用它来检索要插入到字段中的记录或值。可以设计此查询来提示更多的内容。例如，可以设计它来提示输入两个日期，然后 Access 检索在这两个日期之间的所有数据表中的记录。

将参数查询作为窗体和报表的基础也是很方便的。例如，可以用参数查询为基础来创建月盈利报表。在打印报表时，Access 显示对话框来询问所需报表的月份。在输入月份后，Access 便打印相应的报表。也可以创建自定义窗体或对话框来代替使用参数查询对话框提示输入查询的参数。

2.1.3　查询准则

通常在使用查询时只是对数据库中的一部分数据记录进行查询和计算。而如何在 Access 数据库中将满足用户条件的数据记录挑选出来，这就要设置一定的准则。准则为用户提供了一个选择条件，满足条件的记录才会被查询。例如，在统计发货时间在 2001 年 1 月到 2 月间的公司订单总数时，就需要利用准则来检索所有的订单，从中挑选出符合条件的订单，再进行统计计算。

在查询的设计视图以及"高级筛选/排序"窗口中，都可以在"准则"单元格内通过使用准则表达式来体现查询条件，从而限定查询的范围。

1. 文本值

在 Access 表中的字段进行查询时最经常采用到的就是以文本值的准则而设定的查询条件。使用文本值作为准则表达式可以方便地限定查询的范围，实现一些相对简单的查询，如表 2-1 所示。

表 2-1　使用文本值作为准则的示例

字段	准则	说明
产品类别	"饮料"	显示产品类别为饮料的产品
产品类别	"饮料"Or"香料"	使用 Or 运算符显示产品类别为饮料或香料的产品
产品类别	In("饮料","香料")	使用 In 运算符显示产品类别为饮料或香料的产品
产品类别	Not"饮料"	使用 Not 运算符以显示除了饮料以外的其他产品
生产日期	#1/1/99#	显示在 1999 年 1 月 1 日生产的产品
产品 ID	Right([产品 ID],1)="1"	使用 Right 函数以显示产品 ID 值结尾数字为 1 的产品
产品名称	Len([产品名称])<Val(10)	使用 Len 和 Val 函数以显示产品名称小于 10 个字符的产品

2. 处理日期结果

在 Access 表中的字段进行查询时，有时还要采用以计算或处理日期所得到的结果作为准则而设定的查询条件。使用计算或处理日期结果作为准则表达式，可以方便地限定查询的时间范围，如表 2-2 所示。

表 2-2   使用处理日期结果作为准则的示例

字段	准则	说明
生产日期	Between Date() And DateAdd ("m",1,Date())	用 Between…And 运算符和 DateAdd 和 Date 函数，以显示在当天日期之后的一个月内所生产的产品
生产日期	<Date()-30	使用 Date 函数以显示 30 天之前所生产的产品
生产日期	Year([生产日期])=1998	使用 Year 函数以显示 1998 年所生产的产品
生产日期	DatePart("q", [生产日期])=1	使用 DatePart 函数以显示第一季度所生产的产品
生产日期	DateSerial(Year([生产日期]), Month([生产日期])+1, 1)-1	使用 DateSerial、Year 和 Month 函数以显示每个月最后一天所生产的产品
生产日期	Year([生产日期])=Year(Now())And Month([生产日期])= Month(Now())	使用 Year、Month 函数和 And 运算符以显示当前年、月所生产的产品

3. 空字段值

空字段值分为 Null 值和空字符串，在查询时常常会用到它来查看数据库中的某些记录，如表 2-3 所示。

表 2-3   使用空字段值作为准则的示例

字段	准则	说明
客户地区	Is Null	显示"客户地区"字段为 Null（空白）的客户信息
客户地区	Is Not Null	显示"客户地区"字段包含有值的客户信息
传真	" "	显示没有传真机的客户信息，用"传真"字段中的零长度字符串值而不是使用 Null 值来指出

4. 字段的部分值

在 Access 表中的字段进行查询时，有可能需要只对字段中包含一定条件的记录进行查询。使用字段的部分值作为准则表达式，可以方便地限定查询的范围，实现一些相对简单的查询，如表 2-4 所示。

表 2-4   使用字段的部分值作为准则的示例

字段	准则	说明
供应商	Like "A*"	显示供应商名称以字母 A 开头的产品信息
供应商	Like "*Ltd."	显示供应商名称以 "Ltd." 结尾的产品信息
供应商	Like "[A-D]*"	显示供应商名称以字母 A～D 开头的产品信息
供应商	Like "* Orleans *"	显示供应商名称包含字符串 Orleans 的产品信息
供应商	Like "Exotic Liqui??"	显示供应商名称以 Exotic 作为名称的第一部分，并具有一个 7 个字母长的第二名称，且其前 5 个字母是 Liqui，而最后的 2 个字母为未知的产品信息

5. 域合计函数的结果

在 Access 表中的字段进行查询时，也可以利用合计函数的计算结果进行查询，如表 2-5 所示。

表 2-5　使用合计函数的结果作为准则的示例

字段	准则	说明
运货费	>(DStDev("[Freight]", "订单") + DAvg("[Freight]","订单"))	使用 DAvg 和 DStDev 函数以显示货运成本高于平均值加上货运成本的标准偏差的所有订单
单位数量	>DAvg("[单位数量]", "订单明细")	使用 DAvg 函数以显示订购数量高于平均订购数量的产品

在上面我们介绍了几种建立准则的方法，利用这些方法可以根据具体需要对查询提出相应的准则。除了所介绍的 5 种方法之外，还可以利用子查询来建立一个查询的准则。

2.2　创建选择查询

在实际应用中，需要创建的选择查询多种多样。有些是带条件的检索，如教授的基本情况；而有些不带有任何条件，只是简单地将表中的记录全部或部分字段内容检索出来，例如，只查看"教师"表中的"姓名"、"性别"、"工作时间"和"系别"等字段内容。本节将介绍选择查询的创建方法。

2.2.1　利用简单查询向导创建选择查询

对于数据库应用系统的普通用户来说，数据库是不可见的。用户要查看数据库当中的数据都要通过查询操作，所以查询是数据库应用程序当中非常重要的一个部分。查询不仅可以对一个表进行简单的查询操作，还可以把多个表的数据连接到一起，做一个整体的查询。

我们已经学习了使用向导创建数据表，对向导工具的方便性有了体会。同样的，使用向导创建查询也是很简便易学的。步骤如下：

（1）在数据库窗口左边的列表框中选择"查询"，并双击"使用向导创建查询"选项，我们会看到图 2-8 所示的对话框。

（2）在"表/查询"下拉列表框中选择一个表或查询作查询的对象。如果选择一个查询，表示对一个查询的结果进一步查询。这里选择"表：综合成绩"。

（3）在"可用字段"列表框中选择要查询的字段，选择的方法和我们前面用向导创建表的操作类似。这里单击向右的双箭头按钮，表示全选。单击"下一步"按钮，出现图 2-9 所示的对话框。

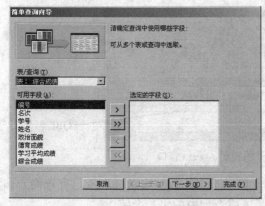

图 2-8　确定要查询的表和字段

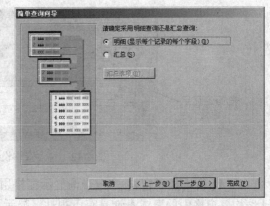

图 2-9　确定查询类型

（4）在这个窗口中要求用户选择"明细"还是"汇总"单选按钮。

● "明细"是指在查询中显示每条记录的每个被选字段，不作其他处理。

● "汇总"是指在查询中对记录中的某些字段进行求和、求平均值等处理，并把处理的结果显示出来。

注意：这一步的对话框并不总是出现的，只有当被选的字段中有"数字"类型才会出现这个对话框，否则会跳过这一步。

这里我们暂时不使用"汇总"，而选择"明细"单选按钮。单击"下一步"按钮，会出现如图 2-10 所示的对话框。

（5）在这个对话框中要求用户输入查询的标题，并且选择创建结束后的下一步动作。我们选择"打开查询查看信息"单选按钮，单击"完成"按钮，我们就可以看到查询的结果了，如图 2-11 所示。

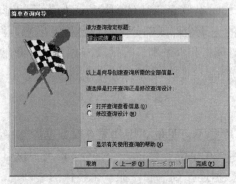

图 2-10　为查询指定标题

图 2-11　"综合成绩查询"窗口

2.2.2　使用设计视图创建查询

1．查询设计视图窗口简介

利用向导可以节省设计查询的时间，但是，在真正的数据库使用中，向导所创建的查询往往不能满足需要，可以利用设计视图创建或设计更复杂的查询。

查询设计视图窗口主要包括两部分：浏览视图界面和工具栏按钮，下面分别进行介绍。

（1）浏览视图界面。浏览视图界面如图 2-12 所示，在设计视图中一个查询主要包括两个窗格：

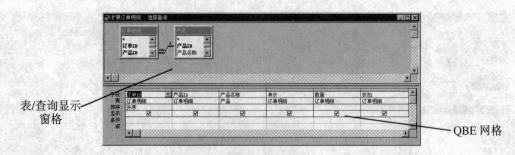

图 2-12　包含查询设计的视图 Access 窗口

1）表/查询显示窗格。表/查询显示窗格用于显示查询的数据来源（表或已有查询）和设计结构。窗格中的表或查询具有可视性，显示了表或查询中的每一个字段。

2）查询设计窗格（也称 QBE 网格）。查询设计窗格用来在查询结果中显示查询字段和查询准则，在它的每一列包含表/查询显示窗格的表或查询中选择的字段信息。

在图 2-12 所示设计视图中，可以看到查询设计窗格是由一些字段列和已命名的行所组成的窗格。其中已命名的行共有 6 个，它们的作用如表 2-6 所示。

表 2-6　查询设计窗格中行的功能

行的名称	作用
字段	可以在此输入或加入字段名
表	字段所在的表或查询的名称
排序	可以选择查询所采用的排序方向
显示	利用复选框确定字段是否在数据表中显示
条件	可以输入准则的第一行来限定记录的选择
或	用于增加多个值的若干行的第一行，这多个值用于准则的选择

（2）工具栏按钮。在查询的设计视图中，还经常会用到系统提供的工具栏上的按钮，这些按钮都很常见，这里不再赘述。

2. 创建简单查询

本节介绍如何使用设计视图来设计查询，设计的查询示例以"雇员"表为基础，能够将头衔为"销售专员"的员工筛选出来。

（1）打开数据库窗口，然后单击"查询"选项，如图 2-13 所示。双击"在设计视图中创建查询"选项。

（2）系统弹出如图 2-14 所示的界面。其中，"显示表"对话框中列出了可供查询设计使用的表或查询（由此可知，基于查询也可以创建查询）。

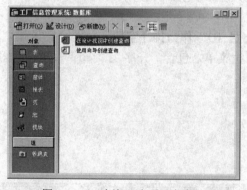
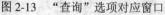

图 2-13　"查询"选项对应窗口

图 2-14　查询设计视图

注意：单击工具栏中的"新建"按钮，弹出如图 2-15 所示的"新建查询"对话框，选中"设计视图"，再单击"确定"按钮也可以弹出如图 2-14 所示的查询设计视图。

（3）单击图 2-14 所示的"表"选项卡，选中"雇员"表，单击"添加"按钮，在查询设计视图中单击"关闭"按钮关闭"显示表"对话框，结果如图 2-16 所示。

注意：选择了数据表之后要选择字段。如果查询结果要显示"雇员"中所有字段信息，可以在表/查询窗格的字段列表框中双击"*"，就会看到设计视图下方字段栏中显示"雇员.*"，表示选择了数据表中的所有字段，如图 2-17 所示。

以上是为查询选择表中所有字段的方法，还可以为查询选择部分字段，共有 3 种方法：

● 在表/查询窗格中上双击要选择的字段，可以看到 QBE 网格中显示出刚才选择的字段名。

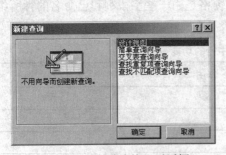

图 2-15　"新建查询"对话框

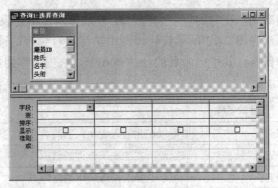

图 2-16　查询设计视图

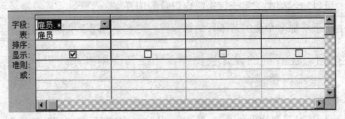

图 2-17　选中表中所有字段

- 把要选择的字段直接从表/查询窗格中直接拖到 QBE 网格中。
- 单击 QBE 网格中的"字段"一行的任意一格，这时会发现它变成了一个下拉列表框，单击下拉箭头，会出现"雇员"表中的所有字段名，从中选择需要的字段。

（4）在图 2-16 所示的表/查询窗格中依次双击"雇员 ID"、"姓氏"、"名字"、"头衔"、"出生日期"和"地址"等 6 个字段（用鼠标将这些字段拖到表格中，或单击字段任一格，选中相应字段），结果如图 2-18 所示。

（5）为查询设置排序的准则，这里选择"雇员 ID"作为排序字段。单击"雇员 ID"字段和排序对应的单元格，弹出如图 2-19 所示的下拉菜单，包含"升序"、"降序"和（不排序）3 种方式，选择"升序"，默认情况下为不排序。

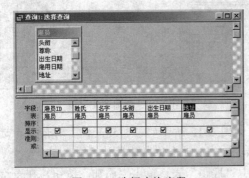

图 2-18　选择查询字段

图 2-19　设置排序

（6）设置查询的条件。查询的目的是找出工厂中头衔为"销售专员"的人员信息，因此在"头衔"字段的"准则"栏中输入"销售专员"，如图 2-20 所示。

（7）单击工具栏的"保存"按钮，在弹出的"保存"对话框中为该查询命名，单击"保存"按钮保存查询。单击工具栏中的"运行"按钮！，即可弹出如图 2-21 所示的查询结果。

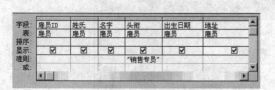

字段:	雇员ID	姓氏	名字	头衔	出生日期	地址
表:	雇员	雇员	雇员	雇员	雇员	雇员
排序:						
显示:	☑	☑	☑	☑	☑	☑
准则:				"销售专员"		
或:						

图 2-20　设置查询条件

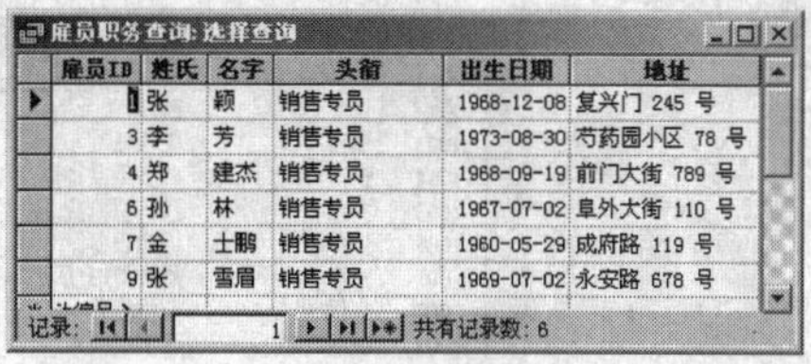

雇员职务查询: 选择查询

雇员ID	姓氏	名字	头衔	出生日期	地址
1	张	颖	销售专员	1968-12-08	复兴门 245 号
3	李	芳	销售专员	1973-08-30	芍药园小区 78 号
4	郑	建杰	销售专员	1968-09-19	前门大街 789 号
6	孙	林	销售专员	1967-07-02	阜外大街 110 号
7	金	士鹏	销售专员	1960-05-29	成府路 119 号
9	张	雪眉	销售专员	1969-07-02	永安路 678 号

记录: 1 共有记录数: 6

图 2-21　查询结果

注意：从查询结果中可以看到名次是按照升序排列的，在头衔一栏中均为“销售专员”，这显得有些多余。可以在图 2-20 中对应“头衔”字段下面，不选中显示该字段，设置结果如图 2-22 所示。重新运行后结果如图 2-23 所示，查询结果中不再含有“头衔”字段。

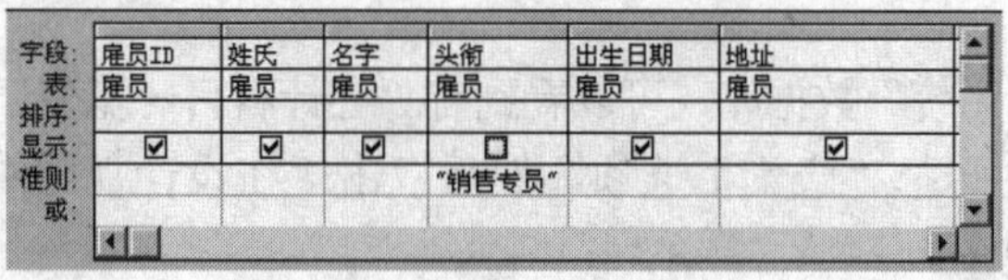

字段:	雇员ID	姓氏	名字	头衔	出生日期	地址
表:	雇员	雇员	雇员	雇员	雇员	雇员
排序:						
显示:	☑	☑	☑	☐	☑	☑
准则:				"销售专员"		
或:						

图 2-22　取消显示“头衔”

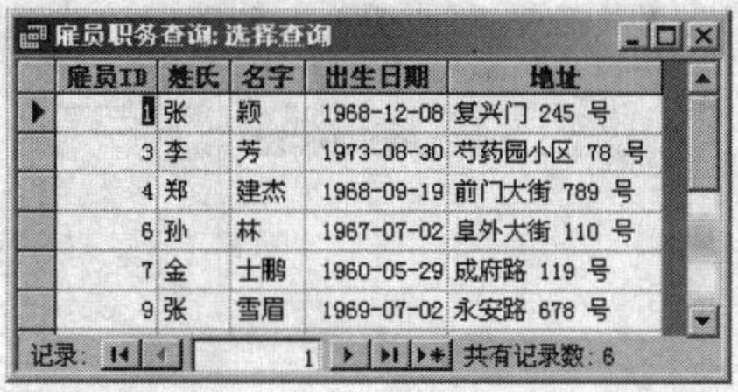

雇员职务查询: 选择查询

雇员ID	姓氏	名字	出生日期	地址
1	张	颖	1968-12-08	复兴门 245 号
3	李	芳	1973-08-30	芍药园小区 78 号
4	郑	建杰	1968-09-19	前门大街 789 号
6	孙	林	1967-07-02	阜外大街 110 号
7	金	士鹏	1960-05-29	成府路 119 号
9	张	雪眉	1969-07-02	永安路 678 号

记录: 1 共有记录数: 6

图 2-23　取消显示“头衔”的查询结果

3. 创建多表查询

在 Access 实际应用中，通常会基于多个表来设计查询，而且多个表之间常常存在联系，有关创建表间关系的内容请参见 1.4.5 节的相关内容。

本节介绍如何创建基于多个表的查询。其中查询的对象是“会计管理系统”数据库中的“会计科目一览表”和“日记簿”，内容分别如图 2-24 和图 2-25 所示。

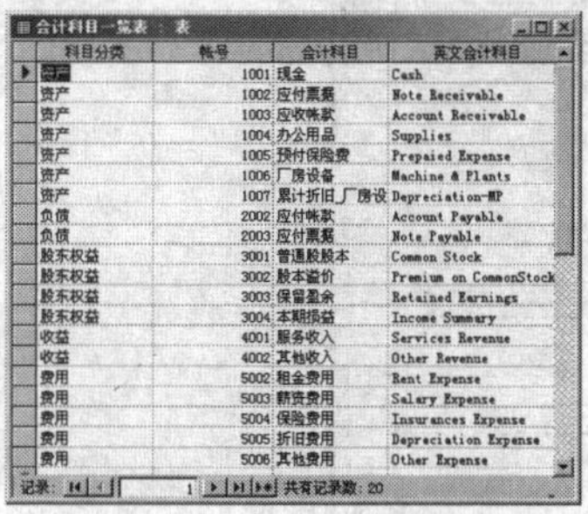

会计科目一览表 : 表

科目分类	帐号	会计科目	英文会计科目
资产	1001	现金	Cash
资产	1002	应付票据	Note Receivable
资产	1003	应收帐款	Account Receivable
资产	1004	办公用品	Supplies
资产	1005	预付保险费	Prepaied Expense
资产	1006	厂房设备	Machine & Plants
资产	1007	累计折旧_厂房设	Depreciation-MP
负债	2002	应付帐款	Account Payable
负债	2003	应付票据	Note Payable
股东权益	3001	普通股股本	Common Stock
股东权益	3002	股本溢价	Premium on CommonStock
股东权益	3003	保留盈余	Retained Earnings
股东权益	3004	本期损益	Income Summary
收益	4001	服务收入	Services Revenue
收益	4002	其他收入	Other Revenue
费用	5002	租金费用	Rent Expense
费用	5003	薪资费用	Salary Expense
费用	5004	保险费用	Insurances Expense
费用	5005	折旧费用	Depreciation Expense
费用	5006	其他费用	Other Expense

记录: 1 共有记录数: 20

图 2-24　会计科目一览表

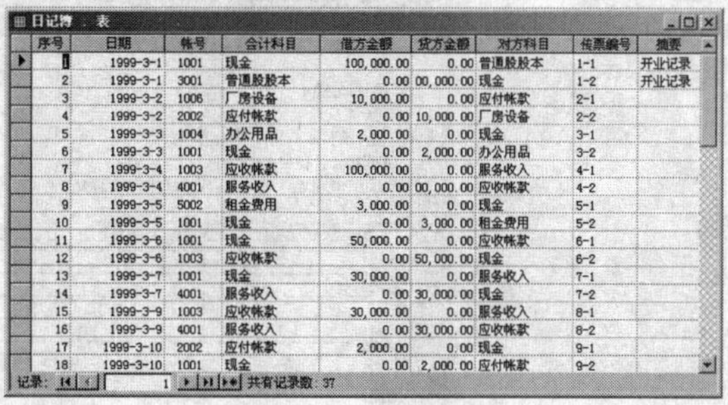

日记簿 : 表

序号	日期	帐号	会计科目	借方金额	贷方金额	对方科目	传票编号	摘要
1	1999-3-1	1001	现金	100,000.00	0.00	普通股股本	1-1	开业记录
2	1999-3-1	3001	普通股股本	0.00	00,000.00	现金	1-2	开业记录
3	1999-3-2	1006	厂房设备	10,000.00	0.00	应付帐款	2-1	
4	1999-3-2	2002	应付帐款	0.00	10,000.00	厂房设备	2-2	
5	1999-3-3	1004	办公用品	2,000.00	0.00	现金	3-1	
6	1999-3-3	1001	现金	0.00	2,000.00	办公用品	3-2	
7	1999-3-4	1003	应收帐款	100,000.00	0.00	服务收入	4-1	
8	1999-3-4	4001	服务收入	0.00	00,000.00	应收帐款	4-2	
9	1999-3-5	5002	租金费用	3,000.00	0.00	现金	5-1	
10	1999-3-5	1001	现金	0.00	3,000.00	租金费用	5-2	
11	1999-3-6	1001	现金	50,000.00	0.00	应收帐款	6-1	
12	1999-3-6	1003	应收帐款	0.00	50,000.00	现金	6-2	
13	1999-3-7	1001	现金	30,000.00	0.00	服务收入	7-1	
14	1999-3-7	4001	服务收入	0.00	30,000.00	现金	7-2	
15	1999-3-9	1003	应收帐款	30,000.00	0.00	服务收入	8-1	
16	1999-3-9	4001	服务收入	0.00	30,000.00	应收帐款	8-2	
17	1999-3-10	2002	应付帐款	2,000.00	0.00	现金	9-1	
18	1999-3-10	1001	现金	0.00	2,000.00	应付帐款	9-2	

记录: 1 共有记录数: 37

图 2-25　日记簿

“日记簿”中记录一段时间以来所有资金往来信息，如收入的现金、支付的租金等，每一笔记录都对应一个“会计科目”；“会计科目一览表”中对“会计科目”进行了分类，如“服务收入”和“其他收入”两个课目都属于“受益”这一个类别。

本例的任务是对“日记簿”中所有记录进行查询，并根据“会计科目一览表”中的分类对各科目进行汇总，计算出合计金额，统计的结果如图 2-26 所示。

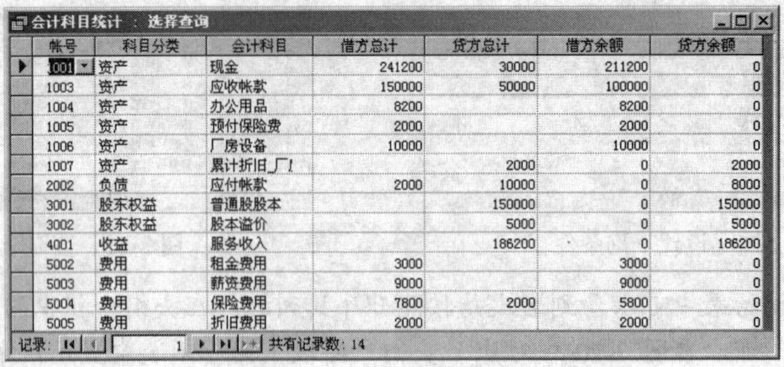

帐号	科目分类	会计科目	借方总计	贷方总计	借方余额	贷方余额
1001	资产	现金	241200	30000	211200	0
1003	资产	应收帐款	150000	50000	100000	0
1004	资产	办公用品	8200		8200	0
1005	资产	预付保险费	2000		2000	0
1006	资产	厂房设备	10000		10000	0
1007	资产	累计折旧		2000	0	2000
2002	负债	应付帐款	2000	10000	0	8000
3001	股东权益	普通股股本		150000	0	150000
3002	股东权益	股本溢价		5000	0	5000
4001	收益	服务收入		186200	0	186200
5002	费用	租金费用	3000		3000	0
5003	费用	薪资费用	9000		9000	0
5004	费用	保险费用	7800	2000	5800	0
5005	费用	折旧费用	2000		2000	0

记录：14 共有记录数：14

图 2-26　会计科目统计

（1）连接数据表。

1）打开"会计管理系统"数据库，可以看到有"会计科目一览表"和"日记簿"这两个表。

2）在"对象"栏中选择"查询"选项，然后双击"在设计视图中创建查询"选项，打开如图 2-27 所示的设计视图。

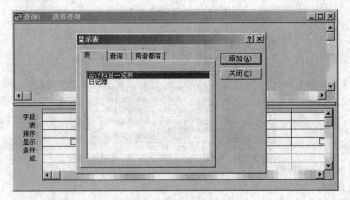

图 2-27　查询设计视图

3）在"表"选项卡中选中"会计科目一览表"，再单击"添加"按钮，然后选中"日记簿"数据表，再次单击"添加"按钮，最后单击"关闭"按钮，结果如图 2-28 所示。

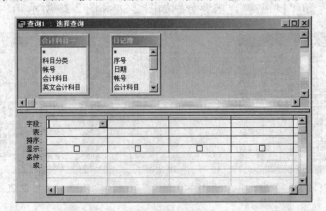

图 2-28　查询设计视图初始状态

4）在"会计科目一览表"和"日记簿"中相互对应的字段是"账号"，通过账号可以将两个表连接起来。在如图 2-28 所示的设计视图中单击"会计科目一览表"字段列表中的"账号"字段，然后按住鼠标左键不放将其拖曳至"日记簿"字段列表框中的"账号"字段位置，此时鼠标显示成形状，如图 2-29 所示。

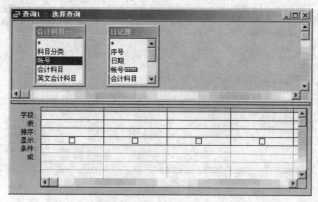

图 2-29　连接两个表的字段

5）放开鼠标左键，则在两个表的"账号"字段之间显示一条黑线，说明两个表的连接已经建立，如图 2-30 所示。

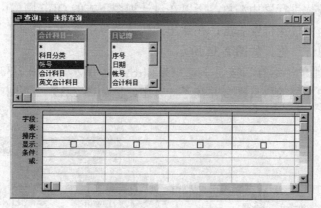

图 2-30　设置关系结束

6）单击图 2-30 中的连接线（连接线变粗），然后右击，选择"联接属性"选项，如图 2-31 所示。

7）弹出如图 2-32 所示的"联接属性"对话框。在此对话框中显示了"联接属性"的设计结果，选中第一个单选按钮"只包含两个表中联接字段相等的行"。

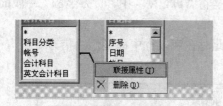

图 2-31　连接线右键菜单

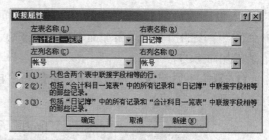

图 2-32　"联接属性"对话框

8）单击"确定"按钮返回查询设计视图。之后要选择字段并设定查询条件。在"会计科目一览表"的列表中双击、"科目分类"字段，然后在"日记簿"表中双击"会计科目"和"账号"两个字段，在"排序"行中选择按照"账号"升序排列，如图 2-33（a）所示。

9）单击工具栏上的"运行"按钮 ，结果如图 2-33（b）所示，按升序显示出"日记簿"表中存在的账号及其相应的"会计科目"和"科目分类"。

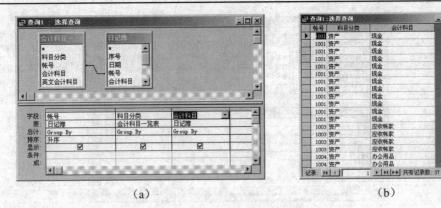

（a）　　　　　　　　　　　　　　（b）

图 2-33　选择字段和设置排序

（2）设计查询。

1）单击数据库窗口上侧的 ⬚ 设计 按钮，回到设计视图。由于在查询中需要使用函数来对会计科目的借款和贷款进行累加汇总，所以在设计视图下方的 QBE 网格中需要显示"总计"行。在 QBE 网格内的任意位置右击，在弹出的快捷菜单中选择"总计"选项，这时在 QBE 网格中就会增加"总计"行，如图 2-34 所示。

2）单击工具栏上的"运行"按钮 ! ，结果如图 2-35 所示，与图 2-33 对比可以看到，凡是在"日记簿"表中相同的科目都合并在了一行中，例如图 3-33（b）图中有 12 个"现金"行，现在只有一行了。

图 2-34　显示"总计"行　　　　　　　　　　图 2-35　查询结果

3）设计显示"日记簿"中的借方总计额和贷方总计额。借方总计额是将"日记簿"中"借方金额"字段的所有记录累加而得的，贷方总计额是将"日记簿"中"贷方金额"字段的所有记录累加而得的。

① 双击"日记簿"中的"借方金额"字段，此时在字段行中即显示"借方金额"，如图 2-36 所示。

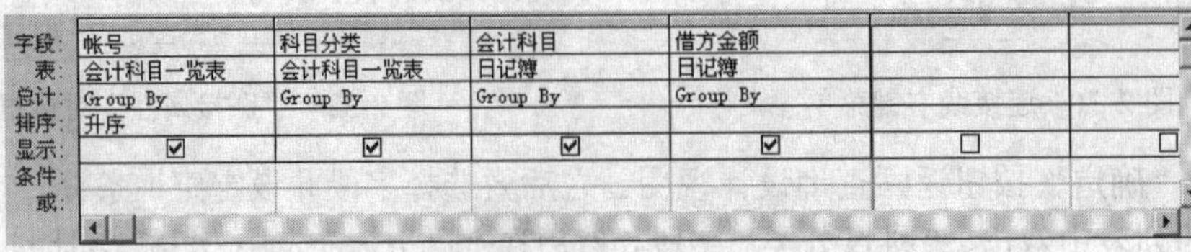

图 2-36　设置字段

② 因为此字段要显示的是"借方总计"，所以在"借方金额"单元格中重新输入"借方总计:借方金额"，如图 2-37 所示。

字段	帐号	科目分类	会计科目	借方总计:借方金额	
表	会计科目一览表	会计科目一览表	日记簿	日记簿	
总计	Group By	Group By	Group By	Group By	
排序	升序				
显示	☑	☑	☑	☑	☐
条件					
或					

图 2-37　设置"借方总计:借方金额"字段

注意："借方总计:借方金额"中间的冒号不能少，冒号的前面内容为查询结果中显示的列标题，冒号后面表示进行查询的字段。

③ 因为"借方总计"字段中要显示"日记簿"中"借方金额"的和，所以在总计行中要为该字段选择累加函数"Sum"，如图 2-38 所示。

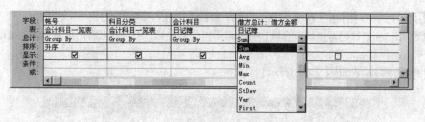

图 2-38　设置条件

依照步骤①～③的方法建立"贷方总计:贷方金额"字段，总计行中仍然选择"Sum"函数。

4）单击"文件"→"保存"命令，将查询命名为"会计科目统计"。单击工具栏上的运行按钮 ![运行按钮]，结果如图 2-39 所示，分别列出每个科目的借方和贷方的总金额。

帐号	科目分类	会计科目	借方总计	贷方总计
1001	资产	现金	241200	30000
1003	资产	应收帐款	150000	50000
1004	资产	办公用品	8200	
1005	资产	预付保险费	2000	
1006	资产	厂房设备	10000	
1007	资产	累计折旧厂1		2000
2002	负债	应付帐款	2000	10000
3001	股东权益	普通股股本		150000
3002	股东权益	股本溢价		5000
4001	收益	服务收入		186200
5002	费用	租金费用	3000	
5003	费用	薪资费用	9000	
5004	费用	保险费用	7800	2000
5005	费用	折旧费用	2000	

记录: |◄ ◄ | 1 | ► ►| ►* | 共有记录数: 14

图 2-39　总计结果

5）设计字段计算各会计科目的借方余额和贷方余额。计算借方余额的方法是用"借方总计"字段值减去"贷方总计"字段值，如果这个差值大于 0 则显示该差值，如果小于或等于 0 则显示 0，计算贷方余额的方法类似。

6）在"贷方总计"这一列的右边新增一列，方法是先在空白列的总计栏中选择"Expression"，然后在这一列的第 1 行，输入如下内容（如图 2-40 所示）：

借方余额: IIf(Sum([日记簿]![借方金额]-[日记簿]![贷方金额])>0,Sum([日记簿]![借方金额]-[日记簿]![贷方金额]),0)

注意：IIf 函数的格式是：IIf（t,a1,a2），即如果条件 t 成立，则返回值 a1，否则返回值 a2。这行内容中，"[日记簿]![借方金额]"指明了"日记簿"数据表的"借方金额"字段，而"Sum([日记簿]![借方金额]-[日记簿]![贷方金额])"表示对"日记簿"数据表的"借方金额"减去"日记簿"数据表的"借方金额"的结果进行累加。

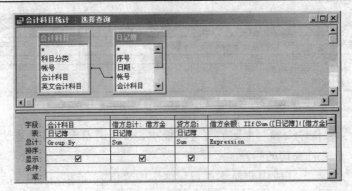

图 2-40　设置借方余额

7）使用与上一步相同的方法设置"贷方余额"字段，填写的内容改为：

贷方余额: IIf(Sum([日记簿]![贷方金额] - [日记簿]![借方金额])>0, [日记簿]![贷方金额] - [日记簿]![借方金额],0)

设置完的最终结果如图 2-41 所示。

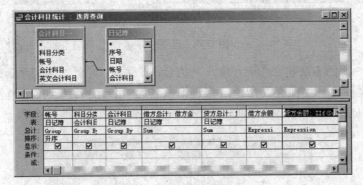

图 2-41　会计科目统计设计视图

8）保存后，单击工具栏上的"运行"按钮，结果如图 2-42 所示。

帐号	科目分类	会计科目	借方总计	贷方总计	借方余额	贷方余额
1001	资产	现金	241200	30000	211200	0
1003	资产	应收帐款	150000	50000	100000	0
1004	资产	办公用品	8200		8200	0
1005	资产	预付保险费	2000		2000	0
1006	资产	厂房设备	10000		10000	0
1007	资产	累计折旧		2000	0	2000
2002	负债	应付帐款	2000	10000	0	8000
3001	股东权益	普通股股本		150000	0	150000
3002	股东权益	股本溢价		5000	0	5000
4001	收益	服务收入		186200	0	186200
5002	费用	租金费用	3000		3000	0
5003	费用	薪资费用	9000		9000	0
5004	费用	保险费用	7800	2000	5800	0
5005	费用	折旧费用	2000		2000	0

记录: I◀ ◀　　　1 ▶ ▶I ▶* 共有记录数: 14

图 2-42　会计科目统计结果

在统计结果中可以清楚地浏览各会计科目的借款总额、贷款总额及目前的借贷款情况，如"股本溢价"目前的贷款总额为 5000，说明此时负债。

2.3　查询中的计算

如果系统提供的查询只能完成一些简单的数据检索，将会令人十分失望。因为我们对数据表中的数据记录进行查询时，往往需要在原始的数据之上进行某些计算才能得到有实际意义的信息，例如，对于销售额的一个简单统计来获得有关销售情况的信息，再如折算产品的价格等等，这些都会需要在查询中用到计算，本节就介绍如何在 Access 中实施计算功能。

2.3.1　查询计算的功能

我们已经知道，在查询字段中显示的计算结果不存储在基准的窗体中。Access 在每次执行查询时都将重新进行计算，以使计算结果永远都以数据库中最新的数据为准。

在 Access 的查询中可以执行许多类型的计算。例如，可以计算一个字段值的总和或平均值，或一个字段的值再乘上另外两个字段的值，或者计算从当前日期算起一个月后的日期等。

在 Access 的查询中，我们可以执行下列计算以生成新的数据结果：

（1）预定义计算。预定又计算即所谓的"总计"计算，是系统提供的用于对查询中的记录组或全部记录进行的计算，它包括的计算方法有：总和、平均值、数量、最小值、最大值、标准偏差或方差。

（2）自定义计算。自定义计算可以用一个或多个字段的数据进行数值、日期和文本计算。例如，使用自定义计算，可以将某一字段值乘上某一数量，可以找出存储在不同字段的两个日期间的差别，可以组合文本字段中的几个值，或者创建子查询。使用 QBE 网格的"总计"行的选项就可以对记录组执行计算，并对计算字段计算出总和、平均值、数量或其他类型的总和。

对于自定义计算，必须直接在 QBE 网格中创建新的计算字段。创建计算字段的方法是：将表达式输入到查询设计网格中的空"字段"单元格。表达式可以是由多个计算数组成，例如"Sum([库存量]+[订购量]+[再订购量])"。也可以指定计算字段的准则，以影响计算的结果。

另外，在 Access 查询中计算还可以应用到不显示计算结果而是起到其他作用的地方。可以将计算用于：通过设定准则来决定查询选定的记录或决定要执行操作的记录，例如，可以在"准则"行中指定下面的表达式来告知查询：只返回从今天算起到三个月后的日期之间"要求日期"字段中有值的记录。或者也可以更新查询中的数据，例如，可以在"更新到"单元格中输入表达式，将"单价"字段的全部数值增加 5%。

2.3.2　总计和分组总计查询

在 Access 查询设计视图的 QBE 网格中包含了一行"总计"行，可以针对下列类型的查询进行计算：选择查询、交叉表查询、生成表查询及追加查询，利用它可以对一个或多个表中的全部记录或分组记录进行汇总计算。为了执行对数据的总计，必须对查询中的每个字段在"总计"行选择一个选项。图 2-43 所示显示了一个查询字段中"总计"行被激活的下拉列表框。

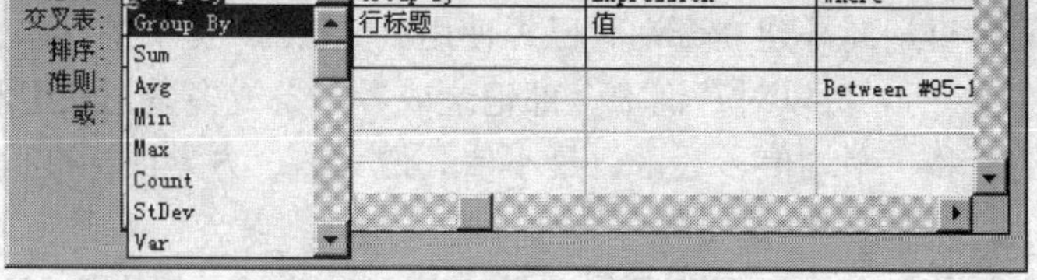

图 2-43　带"总计"行的列表

注意：可以利用工具栏上的"总计"按钮 Σ 来显示或隐藏查询设计网格的"总计"行。

提示：什么是"合计函数"？"合计"的含义是把一大批数据集中在一起，作为一个整体进行操作。"合计函数"就是把一组记录作为整体，对整体进行某些数学函数计算的函数。这个函数可以只是一个简单的计数，或是一个复杂的表达式，而这个表达式可以由用户根据一系列数学函数指定。

　　在查询设计视图的"总计"行中的下拉列表框中包含了 12 个选项，这 12 个选项可以分为 4 类：分组（Group By）、合计函数（Aggregate）、表达式（Expression）及限制条件（Where）。分组的作用是把普通记录分组以便 Access 执行合计计算；合计函数是对一个字段进行指定的数学计算或选择的操作，在 Access 中提供了 9 个选项（各个选项的作用及支持的字段数据类型如表 2-7 所示）；表达式是把几个汇总运算分组并执行该组的汇总；限制条件是对某个字段执行总计时在计算以前对记录进行限制。

　　注意：如果指定某个字段的总计行选项为限制条件（Where），Access 将清除"显示"复选框，隐藏查询结果中的这个字段。

　　下面先介绍 Access 的合计函数，如表 2-7 所示。

表 2-7 　"总计"行中合计函数

选项	用途	支持数据类型
求总和（Sum）	计算字段中所有记录值的总和	数字型、日期/时间、货币型和自动编号型
取平均值（Avg）	计算字段中所有记录值的平均值	数字型、日期/时间、货币型和自动编号型
取最小值（Min）	取字段的最小值	文本型、数字型、日期/时间、货币型和自动编号型
取最大值（Max）	取字段的最大值	文本型、数字型、日期/时间、货币型和自动编号型
计数（Count）	计算字段非空值的数量	文本型、备注型、数字型、日期/时间、货币型、自动编号型、是/否型和 OLE 对象
标准差（StDev）	计算字段记录值的标准偏差值	数字型、日期/时间、货币型和自动编号型
方差（Var）	计算字段记录值的总体方差值	数字型、日期/时间、货币型和自动编号型
首项记录（First）	找出表或查询中第一条记录的该字段值	文本型、备注型、数字型、日期/时间、货币型、自动编号型、是/否型和 OLE 对象
末项记录（Last）	找出表或查询中最后一条记录的该字段值	文本型、备注型、数字型、日期/时间、货币型、自动编号型、是/否型和 OLE 对象

　　注意：合计函数在计算时不能包括有空值（Null）的记录。例如，Count 函数返回所有无 Null 值记录的数量。

2.3.3　创建总计和部分总计查询

　　前面我们利用简单查询向导建立查询时已经使用到 Access 提供的"总计"计算。使用查询设计视图中的"总计"行，可以对查询中全部记录或者一条或多条记录组利用合计函数计算一个或多个字段值的总和、平均值、数量、最小值、最大值、方差或标准偏差。

　　1. 所有记录汇总

　　在使用"总计"计算功能时，我们可以对所有的记录或记录组中的记录进行计算。现在先介绍如何计算所有记录的某个字段的总和、平均值、数量或其他汇总，这里以"罗斯文商贸"数据库中的"产品"表作为示例。

操作过程如下：

（1）单击数据库窗口中的"在设计视图中创建查询"选项，因为我们打算在查询设计视图中创建选择查询，并添加计算中要使用其中记录的表。然后，添加"产品"表到表/查询显示窗格中（本示例中），如图 2-44 所示。

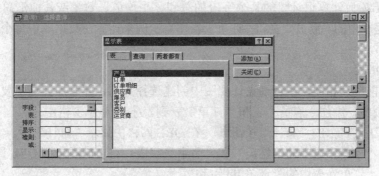

图 2-44 使用总计函数的查询示例结果

（2）单击工具栏上的"总计"按钮 Σ，在 QBE 网格中显示"总计"行。

（3）双击"产品"表中的"产品 ID"字段。

（4）双击"产品"表中的"单价"字段。重复该操作三次。

（5）单击"产品 ID"字段在"总计"行中的单元格，然后再单击选中 Count 合计函数。

（6）在 QBE 网格中，分别单击"单价"字段在"总计"行中的单元格，然后再分别选中 Avg、Min、Max 合计函数，QBE 网格中的内容如图 2-45 所示。

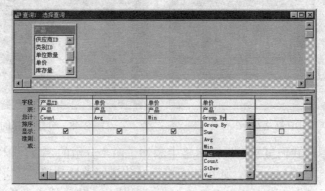

图 2-45 使用总计函数的查询示例结果

（7）单击工具栏的"视图"按钮 ，执行查询以查看结果。如图 2-46 所示为本示例的查询结果。

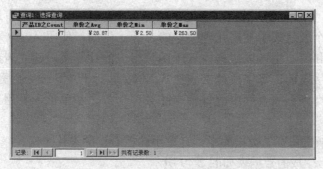

图 2-46 使用总计函数的查询示例结果

对字段使用合计函数时，Access 会将函数和字段名合并用来命名在数据表中的字段。例如，在图 2-46 中的"单价之 Avg"字段标题。如果在表达式中添加包含一个或多个合计函数的计算字段，必须将计算字段的"总计"单元格设置成 Expression。

2．记录组汇总

现在先介绍如何计算记录组的某个字段的总和、平均值、数量或其他汇总，这里以"罗斯文商贸"数据库中的"雇员"表和"订单"表作为示例来计算在数据库中每个雇员所签定的订单数。

操作过程如下：

（1）与如前所述相同，在查询设计视图中创建选择查询，并添加计算中要使用其中记录的表。在本示例中，添加"雇员"表和"订单"表到表/查询显示窗格中。

（2）单击工具栏上的"总计"按钮 Σ，在 QBE 网格中显示"总计"行。

（3）双击"雇员"表中的"姓氏"和"名字"字段，将它们添加到 QBE 网格的字段中。

（4）双击"订单"表中的"订单 ID"字段。

（5）在 QBE 网格中，单击"姓氏"和"名字"字段在"总计"行中的单元格，然后再单击选中 Group By 选项。Access 在"总计"行中的默认值就是 Group By 选项。

（6）在 QBE 网格中，单击"订单 ID"字段在"总计"行中的单元格，然后选中 Count 合计函数，QBE 网格中的内容如图 2-47 所示。

（7）单击工具栏的"视图"按钮 ，执行查询以查看结果。如图 2-48 所示是本示例的查询结果。

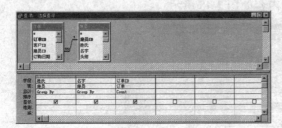

图 2-47　QBE 网格显示

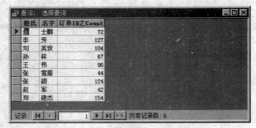

图 2-48　分组计算的查询结果

在上面的示例中，我们虽然在设计网格中添加了两个分组的字段，但实际上，它只是单个分组的总计计算。在 Access 中，还可以对多个分组进行总计计算。

提示：如果要创建交叉表查询，在数据表中对总计的分组应该遵循的原则是：从上到下、从左至右。

2.3.4　创建自定义计算

在 Access 查询中，除了从下拉列表框中选择一个总计选项外，还可以创建自己的总计表达式。可以在一个表达式中使用几种类型的总计，例如，使用 Avg（取平均值）和 Sum（求和）或多项求和等，也可以根据由若干函数组成的计算字段建立表达式，以及基于来自不同表中的几个字段的计算字段建立表达式。例如，对于"罗斯文商贸"数据库中的"订单"表，我们只能得到有关合同中的每种产品类型、数量和单价，利用总计计算就可以得到合同的总金额。

下面就以"罗斯文商贸"数据库中"订单小计"查询的设计为例，来介绍如何创建自定义的计算，计算之后生成的数据表如图 2-49 所示。

操作过程如下:

(1)在设计视图中打开新的一个查询,选择"订单明细"表。

(2)单击工具栏上的"总计"按钮 Σ,在 QBE 网格中显示"总计"行。

(3)双击设计视图中"订单明细"表中的"订单 ID"字段,在 QBE 网格中的"总计"行中选择 Group By 选项。

(4)在"字段"行的第一个空单元格中键入表达式,创建计算字段"小计"。

如果该表达式包含字段名,必须用括号将名称括起。计算字段的名称应显示在表达式的前方,后面紧接一个冒号(在数据表中,此名称是列标题)。

在本示例中,表达式为"小计:Sum(CCur([单价]*[数量]*(1-[折扣])/100)*100)"。

提示:如果需要帮助创建表达式,请使用表达式生成器 🖉。要显示表达式生成器,请在添加计算字段的"字段"单元格中右击,然后单击"生成器"选项,如图 2-50 所示,为"表达式生成器"对话框。

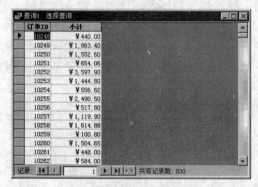

图 2-49 通过创建计算字段的查询计算结果   图 2-50 "表达式生成器"对话框

(5)在创建的计算字段"总计"行中选择 Expression 选项。最后,QBE 网络显示如图 2-51 所示。

(6)还可以根据需要添加一些操作来完成查询:输入准则以影响计算;排序结果;设置字段属性,如 Format(因为字段并不会从基表中继承属性)。

(7)单击工具栏的"运行"按钮,执行查询以查看结果。得到本示例查询结果。

提示:创建计算字段时的表达式有时很长,你可以不通过滚动输入来查看整个表达式,直接按 Shift+F2 组合键显示"显示比例"对话框(如图 2-52 所示)即可。

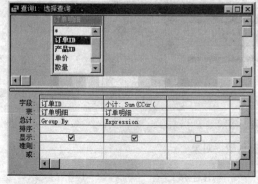

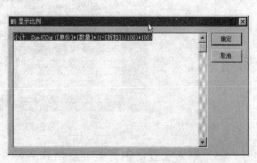

图 2-51 QBE 网格显示   图 2-52 "显示比例"对话框

2.4　创建交叉表查询

2.4.1　什么是交叉表查询

交叉表查询显示来源于表中某个字段的统计计算结果，并将它们分组显示在查询结果的动态集中，一组列在数据表的左侧，一组列在数据表的上部。简单地说，交叉查询就是一个由用户表建立起来的二维总计矩阵。这个查询由指定的字段建立了类似电子表格的形式显示出总计数据。

与经常使用的选择查询不同，交叉表查询除了需要指定查询对象和字段外，还需要知道如何统计数字。用户需要为交叉表查询动态集指定以下三个字段：

（1）行标题。行标题显示在动态集中的第一列，位于数据表的最左边，它是指把与某一字段或记录相关的数据放入指定的一行中以便进行概括。

（2）列标题。列标题包含有所需显示的值的字段，位于数据表的顶端，它是指对每一列指定的字段或表进行统计，并把结果放入该列中去。

（3）值字段。值字段是用户选择在交叉表中显示的字段。用户需要为该值字段指定一个总计类型，即这个数据可以是 Sum、Avg、Max、Min 和 Count 等总计函数，或者是一个经过表达式计算得到的值。

注意：对于交叉表查询，用户只能指定一个总计类型的字段。

2.4.2　创建交叉表查询

前面已经了解了交叉表查询的概念，也使用了交叉表查询向导建立了一个简单的交叉表查询。现在利用已学的知识创建一个交叉表查询来显示"罗斯文商贸"数据库中有关雇员的一些信息，统计出每个雇员在一年的每个季度中所签定合同的货款总金额。

操作过程如下：

（1）单击数据库窗口"查询"选项卡，然后单击"新建"按钮。在"新建查询"对话框中单击选中"设计视图"，然后单击"确定"按钮。

（2）在"显示表"对话框中，双击选取要处理的查询数据对象。在本示例中，选取"雇员"、"产品"、"订单"和"订单明细"这 4 个数据表。选定了查询数据对象之后，单击"确定"按钮，如图 2-53 所示。

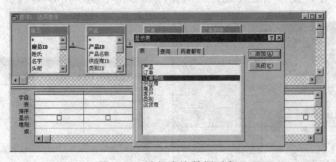

图 2-53　选择查询数据对象

（3）如果在查询中有多个查询数据对象，需要利用连接线在查询对象间建立联系，这样 Access 才能知道信息是如何相关联的。在本示例中，查询对象之间会自动出现连接线连接。

（4）单击工具栏上的"总计"按钮 Σ ，显示 QBE 网格中的"总计"行。

注意：在“查询”菜单中选取“交叉表查询”选项，这时用户会发现在查询设计网格中增添了“交叉表”行，而缺少了“显示”行，如图 2-54 所示。

图 2-54　创建交叉查询

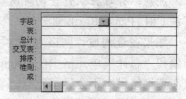

（5）双击选取表/查询显示窗格中“雇员”列表中的“姓氏”和“名字”字段。为“姓氏”和“名字”字段在查询设计网格的“总计”行的单元格中选择 Group By 选项，在“交叉表”行的空单元格中选择“行标题”。

（6）在查询设计网格中的一个空列中设置动态集中区分产品订购年份的另一个行标题。在“字段”行的单元格中输入“订购年份: Year([订单.订购日期])”。为“订购年份”字段在查询设计网格的“总计”行的单元格中选择 Group By 选项，在“交叉表”行的空单元格中选择“行标题”。

（7）在查询设计网格中的下一个空列中设置动态集中区分产品订购季度的“季度”列标题。在“字段”行的单元格中输入“季度 : "第" & DatePart("q",[订单.订购日期],1,0) & "季度"”。为“季度”字段在查询设计网格的“总计”行的单元格中选择 Group By 选项，在“交叉表”行的空单元格中选择“列标题”。

（8）最后，还需要设定交叉查询的值字段。在查询设计网格中的下一个空列中设置动态集中的值字段，在“字段”行的单元格中输入“产品金额 : Sum(CCur([订单明细].[单价]*[数量]*(1-[折扣])/100)*100)”。为“产品金额”字段查询在设计网格的“总计”行的单元格中选择“Group By”选项，在“交叉表”行的空单元格中选择“值”。

（9）在工具栏上单击“保存”按钮，保存新建的查询。

（10）执行查看查询的结果，在工具栏上单击“视图”按钮，或“运行”按钮。

上述操作完成之后得到交叉表查询的查询设计视图如图 2-55 所示，执行交叉表查询所得到的查询动态集如图 2-55 所示。

图 2-55　创建交叉查询

查询1：交叉表查询

姓氏	名字	订购年份	第1季度	第2季度	第3季度	第4季度
金	士鹏	1996			¥1,686.00	¥13,546.16
金	士鹏	1997	¥18,940.34	¥12,605.92	¥25,520.43	¥3,404.50
金	士鹏	1998	¥19,113.48	¥29,751.39		
李	芳	1996			¥8,177.30	¥10,046.66
李	芳	1997	¥28,793.05	¥33,901.93	¥10,469.46	¥34,861.69
李	芳	1998	¥63,605.37	¥12,957.36		
刘	英玫	1996			¥14,781.30	¥7,458.82
刘	英玫	1997	¥18,684.31	¥7,465.81	¥10,800.40	¥19,082.08
刘	英玫	1998	¥32,097.85	¥16,491.70		
孙	林	1996			¥9,082.74	¥7,559.86
孙	林	1997	¥3,899.44	¥13,806.01	¥5,481.65	¥19,939.27
孙	林	1998	¥8,897.21	¥5,246.95		
王	伟	1996			¥5,940.80	¥15,816.26
王	伟	1997	¥7,488.78	¥24,374.17	¥17,309.15	¥21,272.04
王	伟	1998	¥41,416.30	¥32,920.25		
张	雪眉	1996			¥4,364.30	¥5,530.21
张	雪眉	1997	¥2,471.98	¥4,187.10	¥10,245.95	¥10,283.36

记录：1　共有记录数：27

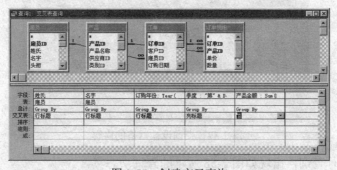

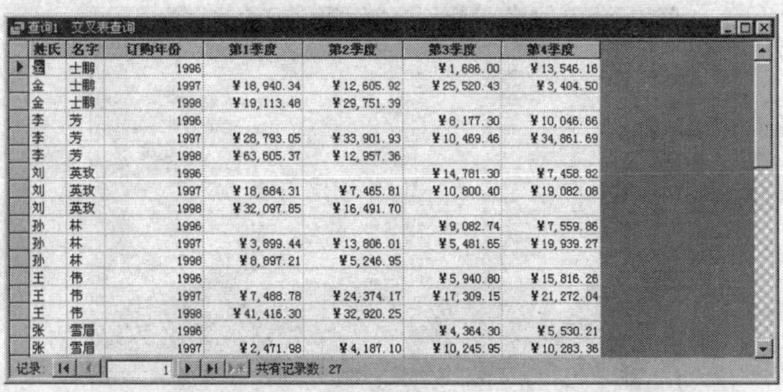

图 2-56　交叉查询结果显示

注意：有时在执行查询时需要耗费很长的时间，如果要在启动查询之后中止查询的运行，可按 Ctrl +Pause Break 组合键。

如果在查询设计网格中包含了某个字段，但又单击了"交叉表"单元格中的（不显示）选项和"总计"单元格中的 Group By 选项，则 Access 将按照"行标题"对该字段进行分组，但在查询结果中不会显示此行。

"列标题"字段的值可能包含通常不允许在字段名出现的字符（如小数）。如果遇到这种情况，Access 将在数据表中以下划线取代此字符。

2.4.3　指定准则

当使用交叉表查询时，可能需要为交叉表指定查询记录的准则，以缩小查询的范围。例如，上面建立的交叉表查询的查询结果反映了每年公司雇员的销售情况，可以添加一定的准则来查询在具体的某一年中的情况，或者是某个雇员的情况。

如果用户在 Access 中要向创建的交叉表查询设置一定的查询条件，可以在新字段、行标题字段、列标题字段的任一字段中指定相应准则。

下面就简单以在新字段中添加准则为例说明如何指定交叉表查询的准则。

新字段的建立往往会对查询提出一些限制，所以可以利用新字段的建立来添加所需的查询条件。可以在上一节示例的基础上进一步限制查询，只对雇员头衔为"销售代表"的雇员进行查询。操作过程如下：

（1）打开上面示例中的查询。

（2）新添一个字段，双击"雇员"表中的"头衔"字段。

（3）在"准则"行的单元格中输入文本："销售代表"。创建交叉表查询之后查询设计网格的内容如图 2-57 所示。

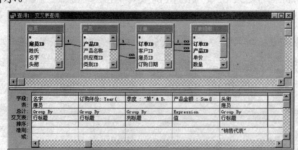

图 2-57　查询设计网格的内容

（4）再次执行查询，出现如图 2-58 所示的查询动态集。

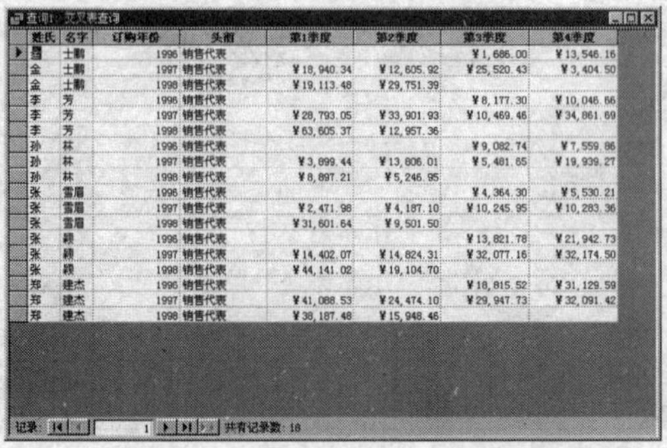

图 2-58　添加准则后的交叉表查询

2.5 参数查询

参数查询是这样一种查询：可以在运行查询的过程中自动修改查询的规则。当用户在执行参数查询时会显示一个输入对话框以提示用户输入信息。例如，一定的准则，检索插入到字段中的记录或值应满足何种条件。也可以设计此查询来提示更多的内容。例如，常见的时间设定，可以设计参数查询来提示输入两个日期，然后 Access 检索在这两个日期之间的所有记录。

将参数查询作为窗体和报表的基础也是很方便的。例如，可以用参数查询为基础来创建月盈利报表。在打开报表时，Access 就会显示对话框来询问所需报表的月份。在输入月份后，Access 便打印相应的报表。

2.5.1 建立单参数查询

在使用数据库时，管理者常常会对某个字段进行反复查询，而且每次查询时可能还需要更改字段的具体内容。如果使用其他查询，则每次都需要更改查询的准则，这将是十分麻烦的，利用参数查询，可以显示一个或多个提示输入准则的预定义对话框，在真正的查询之间更改查询的准则。下面介绍单个参数查询的使用。本示例中，用户可以查询具有相同产品类型的所有产品的名称、供应商及价格，查询之前可以更改产品的类别，对不同的产品类型进行查询。

操作过程如下：

（1）由创建一个选择查询开始，选择"产品"和"类别"表作为查询数据对象。

（2）将字段列表中的字段拖到查询设计网格。在这里分别将"产品"表中的"产品名称"、"单价"和"供应商 ID"字段，以及"类别"表中的"类别名称"字段添加到查询设计网格之中。

（3）在作为参数使用的字段下的"准则"单元格中，在方括号内键入相应的提示文本。此查询运行时，Access 将显示该提示。根据本示例的需要在"类别名称"列中的"准则"行单元格中输入"[输入产品类别的名称：]"，创建查询之后，查询设计网格如图 2-59 所示。

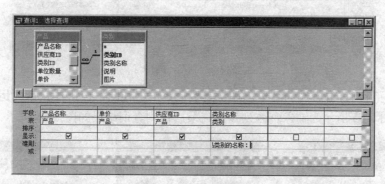

图 2-59 QBE 网格

（4）执行查询查看查询的结果，在工具栏上单击"视图"按钮 或 "运行"按钮 ，首先得到本查询的参数输入对话框，如图 2-60 所示，查询提示用户输入产品的类别名称，假设这里输入类别名称"饮料"；单击"确定"按钮，得到查询结果动态集如图 2-61 所示。

应该说，Access 的参数查询是建立在选择查询或交叉表查询的基础之上的，是在运行选择查询或交叉表查询之前，为用户提供了一个设置准则的参数对话框，可以方便地更改查询的限制或对象。

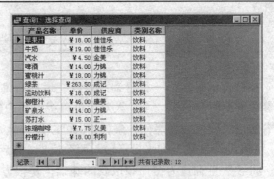

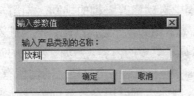

图 2-60　输入查询参数　　　　　　　　　　　图 2-61　单参数查询结果

2.5.2　建立多参数查询

用户不仅可以建立单个参数的查询，而且还可以同时为其他字段建立准则提示的查询。例如，可以为上面的示例再添加一些限制条件，只查询产品价格在一定范围之间的产品，价格范围在查询之前由用户输入。

操作过程如下：

（1）由创建一个选择查询开始，选择"产品"和"类别"表作为查询数据对象。

（2）将字段列表中的字段拖曳到查询设计网格。这里分别将"产品"表中的"产品名称"、"单价"和"供应商 ID"字段，以及"类别"表中的"类别名称"字段添加到设计网格之中。

（3）在作为参数使用的字段下的"准则"单元格中，在方括号内键入相应的提示文本。此查询运行时，Access 将显示该提示。根据本示例的需要除了在"类别名称"列中的"准则"行单元格中输入"[输入产品类别的名称：]"之外，在"单价"列中的"准则"行单元格中输入"Between [最低价格为：]And[最高价格为：]"。创建查询之后，设计网格如图 2-62 所示。

图 2-62　QBE 网格

（4）执行查询查看查询的结果，在工具栏上单击"视图"按钮，或"运行"按钮，如图 2-63 至图 2-65 所示为输入一系列参数，最后得到查询结果如图 2-66 所示。

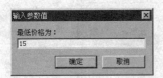　　　　　　

图 2-63　最低价格参数输入　　图 2-64　最高价格参数输入　　图 2-65　类别名称参数输入

2.5.3　查看参数对话框

Access 默认提示参数的次序是，根据字段和其参数的位置从左到右排列。但是用户可以通过单击"查询"菜单中的"参数"命令，在弹出的"查询参数"对话框（如图 2-67 所示）

中来废除提示的显示次序，或者重新指定另一个顺序。

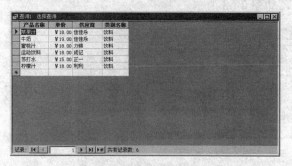

图 2-66 多参数查询结果

图 2-67 "查询参数"对话框

在"查询参数"对话框中还可以指定参数查询中字段的数据类型。Access 共有 13 种查询参数数据类型，可以分为 4 类：表字段、数字、常规和二进制，具体数据类型如表 2-8 所示。

表 2-8 参数查询字段数据类型

类别	数据类型
表字段	Currency、Date/Time、Memo、OLE Object、Text 和 Yes/No，对应于表字段中相同的数据类型
数字	Byte、Single、Double、Integer、Long Integer 和 Replication ID，对应于表字段中 Number 数据类型其 FieldSize 属性的 6 种设置
常规	其值为常规数据类型，可以接受任何类型的数据
二进制	虽然 Access 不能识别，但是仍然可以在参数查询中使用 Binary 数据类型，直接链接到可以识别它的表中

注意： 在交叉表查询或者基于交叉表查询的图表的参数查询中，必须指定查询参数的数据类型。

当指定参数顺序时，必须在"查询参数"对话框中指定每个参数正确的数据类型，否则 Access 将会报告数据类型不匹配的错误。

2.6 创建操作查询

操作查询是 Access 查询中的一个主要组成部分，它使用户不但可以利用查询对数据库中的数据进行简单的检索、显示及统计，而且可以根据自己的需要对数据库进行一定的修改。

2.6.1 生成表查询

正如前面所介绍的，生成表查询可以利用一个或多个表中的全部或部分数据新建一个表。生成表查询可以根据一定的准则来新建表格，然后再将所生成的表导出到其他数据库中或者在窗体和报表中加以利用。

其实生成表查询就是将一个前面几节中应用的查询结果保存到一个新表之中。生成表查询将一个每次查询之后生成的动态集固定保存下来，可以节省查询所使用的时间，但是建立了新表之后，生成表就不能再反映数据库中数据记录的变化。下面介绍如何来建立生成表查询。利用"罗斯文商贸"数据库建立一个反映在一定时期内不同国家中雇员所签定合同情况的表格。操作过程如下：

（1）新建查询，选择生成表查询所需的数据对象。在本示例选择数据库中的"雇员"、"订单"表和"订单小计"查询作为数据对象，如图 2-68 所示。

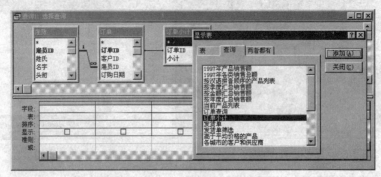

图 2-68　选择查询的数据对象

（2）在查询的设计视图中，在"查询"菜单中单击"　生成表查询"命令，则会出现如图 2-69 所示的"生成表"对话框。

（3）在"表名称"下拉列表框中输入所要创建或替换的表名称。本示例将生成的新表命名为"雇员销售情况"。

（4）选中"当前数据库"单选按钮，则将新表放入当前打开的数据库；或选中"另一数据库"单选按钮，键入要放入新表的数据库名，可以同时键入路径。

图 2-69　"生成表"对话框

（5）选择完毕之后，单击"确定"按钮，则设计视图的标题栏会由"选择查询"转变为"生成表查询"。

（6）从字段列表将要包含在新表中的字段拖动到查询设计网格中。在本示例中，将"雇员"表中的"国家"、"姓氏"和"名字"字段，"订单"表中的"订购日期"字段和"订单小计"查询中的"小计"字段添加到设计网格之中。

（7）对于设计网格中的字段，在"准则"单元格里输入准则。在"订购日期"字段中的"准则"单元格中设定有关时间的准则。

（8）如果在新建表之前预览新表，单击工具栏上的"视图"按钮　。如果要回到查询设计视图并做一些更改或者执行查询，再单击工具栏上的"视图"按钮　。本示例中的查询设计完毕之后，如图 2-70 所示。

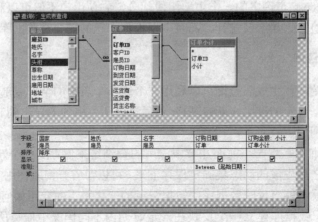

图 2-70　生成表查询设计视图界面

（9）当确定之后，便可以新建表格，单击工具栏上的"运行"按钮 ![]。在执行生成表之前，Access 会自动出现一个提示对话框，在对话框中给出了生成新表的记录总数，并询问用户是否继续进行操作，如图 2-71 所示。

图 2-71　生成表查询执行前的提示

（10）单击"是"按钮之后，就会生成一个新表。如果用户在图 2-69 中指定新表在当前数据库中生成，则在数据库中单击"表"选项卡，就会看到增加了一个表名为"雇员销售情况"的新表。打开新表，可以看到如图 2-72 所示的表。

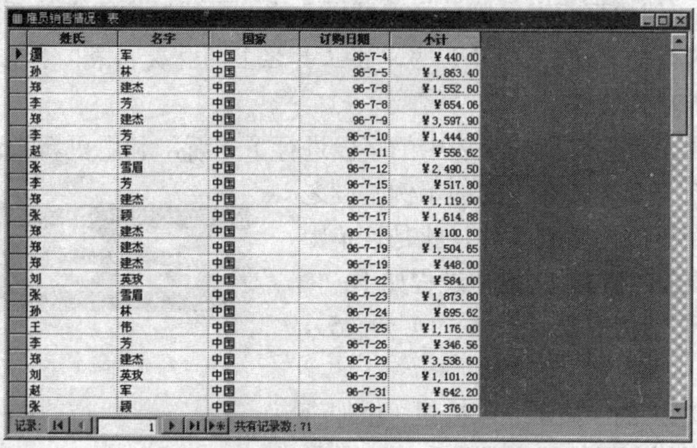

图 2-72　生成表查询执行得到的新表

用户除了可以按照上面讲述的步骤创建生成表查询，也可以将已创建的其他查询直接利用菜单中的"生成表查询"命令转变为生成表查询。当然，用户也可以将生成表查询转变为其他查询。

注意：新建表中的数据并不会继承原始表中字段的属性或主键的设置。

2.6.2　更新查询

更新查询就是对一个或多个表中的一组记录作全局的更改。下面我们就简单地介绍如何利用更新查询改变"罗斯文商贸"数据库中"订单明细"数据表中订购数量超过 100 的商品的单价，降低单价 10%。

操作过程如下：

（1）新建查询，选择生成表查询所需的数据对象。本示例选择数据库中的"订单明细"表作为查询数据对象。

（2）在查询设计视图中，可以单击工具栏上"查询类型"按钮 ![]·旁边的箭头，然后再单击"更新查询"选项 ![]。这时设计视图的标题栏会由"选择查询"转变为"更新查询"。同时设计网格也会发生相应的变化："排序"和"显示"行消失，出现"更新到"行。

（3）从字段列表将要更新及指定准则的字段拖动到查询设计网格中。在本示例中添加"数量"和"单价"字段。

（4）在"数量"字段的"准则"单元格中指定准则">100"。

（5）在要更新字段的"更新到"单元格中键入用来改变这个字段的表达式或数值。在本示例中，在"单价"字段的"更新到"单元格中键入"单价*0.9"。本示例创建的更新查询的设计如图 2-73 所示。

字段：	数量	单价
表：	订单明细	订单明细
更新到：		"单价*0.9"
准则：	>100	
或：		

图 2-73　更新查询设计网格

（6）如果要查看将要更新的记录列表，单击工具栏上的"数据表"按钮 ，可以看到在生成的动态集中只显示了将要进行更新字段的有关数据。如果要返回查询设计视图，再单击工具栏上的"视图"按钮 ，在设计视图中，可以根据需要进一步更改。

（7）如果确定要创建更新表，则单击工具栏上的"运行"按钮 查看结果。

注意：在上述操作的第（6）步中，当单击工具栏上的"数据表"按钮 时，数据表中显示的仍是未被更新时的数据。

在上面的示例中，我们仅就一个表中的字段进行了更新，利用更新查询还可以基于另一个表中的数据来更新一个表。在上面的示例基础之上，我们再添加一个更改的限制条件，就是订单中单价的产品类型更改为"饮料"。操作过程如下：

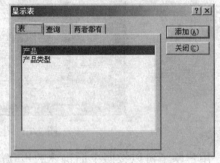

（1）按照前面的示例的操作步骤（1）～（5），创建一个更新查询。

（2）单击工具栏上的"显示表"按钮，添加查询数据对象。在本示例中添加"产品"和"产品类型"表，如图 2-74 所示。

（3）再根据需要在设计网格中增加新的字段。

图 2-74　"显示表"对话框

同时在"准则"和"更新到"单元格中输入相应的表达式。在本示例中，增加"类别"表中的"类别名称"字段，在"准则"单元格中键入"饮料"。

（4）重复前面示例中的步骤（6）～（7）。

2.6.3　追加查询

追加查询可以为指定的表附加或增加记录，要增加记录的表必须是一个已经存在的表，这个表可以是同一个数据库或其他 Access 数据库。

在介绍追加查询操作过程之前，需要明确追加查询并不是向其他数据库中添加数据记录的最快的方法，因为可以直接利用"编辑"菜单中的"复制"和"粘贴"命令进行数据记录的添加。追加查询有用之处是将一个表中的数据按照一定的准则向其他表中添加数据记录。

下面介绍如何使用追加查询从一个表追加数据记录到另一个表中。我们建立一个"年终统计"，统计每个雇员在每一年中所签定的合同总金额，并将统计结果放入名为"表 1"的表中。操作过程如下：

（1）新建一个查询。从"显示表"对话框中向新的查询中添加"雇员"和"订单"表，及"订单小计"查询作为查询数据对象。

（2）在查询设计视图中，单击工具栏上"查询类型"按钮 旁边的箭头，然后再单击"追加查询"选项 ，将显示"追加"对话框，如图 2-75 所示。

（3）在"表名称"下拉列表框中，输入要追加记录的表名称。

（4）如果该表在当前打开的数据库中，选中"当前数据库"单选按钮，或选中"另一数据库"单选按钮并键入存放这个表的数据库名，必要时键入路径。也可以输入到 Microsoft FoxPro、Paradox 或 dBASE 数据库的路径，或输入到 SQL 数据库的连接字符串。在本示例中，选中"当前数据库"单选按钮，并在"表名称"下拉列表框中键入"表 1"。

图 2-75　"追加"对话框

（5）单击"确定"按钮。这时设计视图的标题栏会由"选择查询"转变为"追加查询"。同时设计网格也会发生相应的变化：增添一个"追加到"行。

（6）从字段列表将要追加的字段、想要用来设置准则的字段拖动到查询设计网格中。如果它有"自动编号"的数据类型，则可以增加或不增加主键字段（具体内容请参阅后面关于在追加查询中使用自动编号的内容）。在这里添加"雇员"表中的"姓氏"和"名字"字段。同时，在设计网格中添加两个字段："年份: Year([订单].[订购日期])"和"合计: Sum([订单小计].[小计])"。

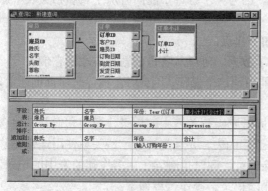
图 2-76　追加查询示例的设计视图

（7）如果已经在两个表中选择了相同名称的字段，Access 将自动在"追加到"行中填上相同的名称。如果在两个表中并没有相同名称的字段，在"追加到"行中将输入所要追加到表中字段的名称。

（8）在已经拖动到网格中的字段的"准则"单元格中，输入用于生成追加内容的准则。在"年份"字段的"准则"单元格中键入"[输入订购年份:]"。本示例创建的追加查询的设计如图 2-76 所示。

（9）如果要查看将要追加的记录列表，单击工具栏上的"数据表"按钮，可以看到在生成的动态集中显示了将要进行追加的有关数据。如果要返回查询设计视图，再单击工具栏上的"视图"按钮，在设计视图中，可以根据需要进一步地更改。

（10）如果确定要对表追加数据，则单击工具栏上的"运行"按钮查看结果。

在执行完毕之后，切换窗口到数据库窗口，单击"表"选项，打开"表 1"表，可以看到如图 2-77 所示的数据表。

图 2-77　追加查询生成的数据表

提示：如果两个表中所有的字段都具有相同的名称，可以只将星号拖动到查询设计网格中。但是，如果用户正在数据库副本上工作，则必须追加所有的字段。

在使用追加查询时常常会使用"自动编号"字段来追加记录。根据设计的追加查询，Access 将自动追加新的"自动编号"数值，或从原始表中获取数值。概括有如下几种方法：

（1）如果要让 Access 自动增加"自动编号"数值，在创建此查询时就不将"自动编号"字段拖动到查询设计网格中。使用这个方法，Access 将追加记录并且自动插入"自动编号"数值。第一个追加的记录有一个数值，该数值是比"自动编号"字段中曾输入过的最大数值还要大的值，即使记录包含了已经删除的最大"自动编号"数值。

（2）如果要保留来自原始表中的"自动编号"数值，在创建此查询时，将"自动编号"字段拖动到查询设计网格中。

（3）如果在要追加记录的表中的"自动编号"字段是某个主键，同时原始表和要追加记录的表包含重复的"自动编号"数值，则改用第（1）种方法。

2.6.4　删除查询

使用删除查询可以使用查询删除一组记录。如果允许连锁删除，可以使用单一删除查询来删除单个表、一对一关系或一对多关系中的多个表的记录。但是，如果需要用"一"表来包含"多"表，为了添加准则，必须执行两次查询，因为一个查询不能同时从主表和相关表中删除记录。

在使用删除查询之前，我们需要重点考虑如下几点：

（1）应该随时备份数据。如果不小心删除了数据，可以从备份的数据中取回它们。

（2）使用删除查询删除了记录之后，将不能撤消这个操作，因此，在执行删除查询之前，应该预览即将删除的数据。

（3）在某些情况下，执行删除查询可能会同时删除相关表中的记录，即使它们并不包含在此查询中。当查询只包含一对多关系中的"一"端的表，并且允许对这些关系使用连锁删除时就可能发生这种情况。在"一"端的表中删除记录，同时也删除了"多"端的表中的记录。

下面先介绍如何利用删除查询从单个表中删除记录。操作过程如下：

（1）新建查询，选择删除查询所需的数据对象。在本示例选择数据库中的"表 1"表作为删除查询数据对象。

（2）在查询设计视图中，可以单击工具栏上"查询类型"按钮 旁边的箭头，然后再单击"删除查询"选项 。这时设计视图的标题栏会由"选择查询"转变为"删除查询"。同时设计网格也会发生相应的变化："排序"和"显示"行消失，而会出现"删除"行。

（3）从字段列表将要更新及指定准则的字段拖动到查询设计网格中。在本示例中添加"姓氏"字段。

（4）在"姓氏"字段的"准则"单元格中指定准则"="王""。本示例创建的删除查询的设计如图 2-78 所示。

图 2-78　删除查询的 QBE 网格

（5）如果要查看将要删除的记录列表，单击工具栏上的"数据表"按钮 。可以看到在生成的动态集中显示了将要进行删除的有关数据。如果要返回查询设计视图，再单击工具栏上的"视图"按钮 ，在设计视图中，可以根据需要进一步更改。

（6）如果确定要删除表中数据，则单击工具栏上的"运行"按钮 。Access 会给出提示，如图 2-79 所示，提醒用户将删除原表中的部分数据，因为此删除操作不可恢复。

图 2-79　删除查询的提示

按照上述操作过程删除表中数据中时，如果数据表处于打开状态，则在执行完删除操作之后会看到表中删除的数据单元格中有"#已删除的"的标志，如图 2-80 所示。

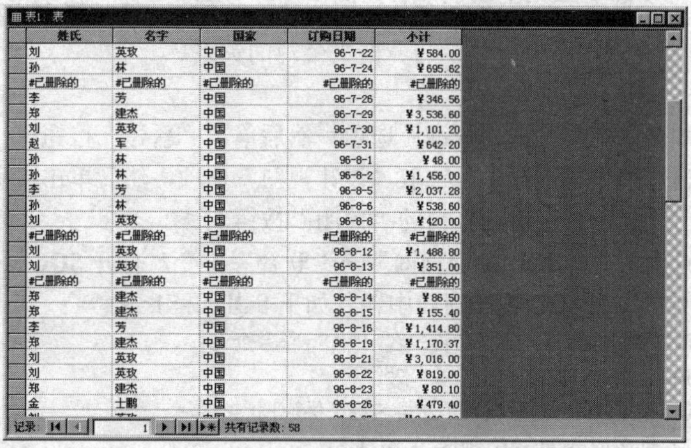

图 2-80　执行删除查询之后的数据表

2.7　SQL 查询

上一节学习了如何使用交叉表查询，接着来学习 SQL 查询。SQL 查询可以为熟悉 SQL 语句的用户提供施展才能的机会，利用它可直接完成其他查询所不能完成的查询任务。

2.7.1　SQL 查询的定义

SQL 查询是用户使用 SQL 语句直接创建的一种查询。实际上，Access 所有的查询都可以认为是一个 SQL 查询，因为 Access 查询就是以 SQL 语句为基础来实现查询的功能。不过在建立 Access 查询时并不是所有的查询都可以在系统所提供的查询设计视图中创建，有的查询只能通过 SQL 语句来实现查询。例如，将多个表中的某个字段组合在一起成为查询动态集中的一个字段或列；或者向其他类型的数据库产品执行查询。

SQL 查询可以分为 4 类：联合查询、传递查询、数据定义查询和子查询。

（1）联合查询。这种类型的查询可以将来自一个或多个表或查询的字段（列）组合为查询结果中的一个字段或列。例如，如果有 6 个销售商，它们每月发送库存货物列表，可以使用联合查询将这些列表合并为一个结果集，然后基于这个联合查询创建生成表查询来生成新表。

（2）传递查询。这种类型的查询直接将命令发送到 ODBC 数据库服务器（如 Microsoft SQL 服务器），使用服务器能接受的命令。例如，可以使用传递查询来检索记录或更改数据。

（3）数据定义查询。这类查询可创建或更改数据库对象，如 Access 或 Microsoft SQL 服务器表。

（4）子查询。这种类型的查询包含另一个选择查询或操作查询中的 SELECT 语句。可以在查询设计网格的"字段"行输入这些语句来定义新字段，或在"准则"行来定义字段的准则。子查询可以在以下方面使用：测试子查询的某些结果是否存在；或者在主查询中查找任何等于、大于或小于由子查询返回的值。

2.7.2　使用联合查询

联合查询可以在查询动态集中将两个以上的表或查询中的字段合并为一个字段。下面通过一个示例来说明如何使用联合查询。在示例中将利用"罗斯文商贸"数据库中的"客户"和"供应商"表建立一个联合查询来查询所有与罗斯文公司有关，并且位于华北（"地区"字段）的客户和供应商，并在查询结果中显示与罗斯文公司的关系。

操作过程如下：

（1）在数据库窗口中，单击"查询"选项，然后单击"新建"按钮。

（2）在"新建查询"对话框中，选取"设计视图"选项，然后单击"确定"按钮。

（3）直接单击"显示表"对话框内的"关闭"按钮。

（4）单击"查询"→"SQL 特定查询"→"联合"命令，打开 SQL 语句输入窗口。

（5）在本示例中，在 SQL 视图窗口中输入如下 SQL 语句：

```
SELECT 地区,城市, 公司名称,"客户" AS [联合查询]
FROM 客户 WHERE 地区 ="华北"
UNION SELECT 地区,城市, 公司名称,"供应商"
FROM 供应商 WHERE 地区 ="华北"
ORDER BY 城市, 公司名称;
```

如图 2-81 所示为 SQL 语句输入完毕后的情况。

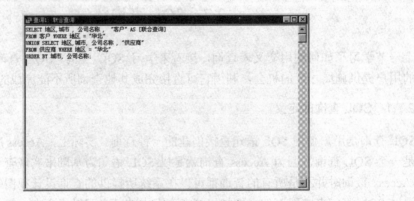

图 2-81　联合查询示例的 SQL 窗口

如果不返回重复记录，输入带有 UNION 运算的 SELECT 语句；如果要返回重复记录，则要输入带有 UNION ALL 运算的 SELECT 语句。

如果要在联合查询中指定排序，在最后一个 SELECT 语句的末端添加一个 ORDER BY 从句。在 ORDER BY 从句中指定要排序的字段名，并且该字段必须来源于第一个 SELECT 语句。

（6）执行查询，查看查询的结果，在工具栏上单击"视图"按钮▦，或"运行"按钮▮，得到如图 2-82 所示的查询动态集。

注意：在创建 SQL 查询时，所使用的每个 SELECT 语句都必须以同一顺序返回相同数量的字段。对应的字段除了可以将数字字段和文本字段作为对应的字段之外，都需要具有兼容的数据类型。

图 2-82　联合查询示例的查询结果

如果将联合查询转换为另一类型的查询（如选择查询）将丢失输入的 SQL 语句。

对于合并的字段，联合查询将默认从第一个表或 SELECT 语句的字段名中获取其字段名，用户也可以利用 AS 运算符来重新命名结果中的字段名。

2.7.3　使用传递查询

传递查询是 SQL 特定查询之一，Access 传递查询可直接将命令发送到 ODBC 数据库服务器（如 Microsoft SQL 服务器）。使用传递查询，不必与服务器上的表进行连接就可直接使用相应的表。下面介绍如何使用传递查询。

操作过程如下：

（1）在数据库窗口中单击"查询"选项，然后单击"新建"按钮。

（2）在"新建查询"对话框中单击"设计视图"选项，然后单击"确定"按钮。

（3）直接在"显示表"对话框内单击"关闭"按钮。

（4）单击"查询"→"SQL 特定查询"→"传递"命令，会在窗口中出现一个"SQL 传递查询"窗口。

（5）单击工具栏上的"属性"按钮，显示"查询属性"对话框（如图 2-83 所示）。

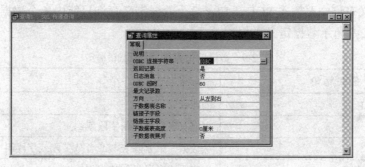

图 2-83　"查询属性"对话框

（6）在"查询属性"对话框中设置"ODBC 连接字符串"属性来指定要连接的数据库信息。可以输入连接信息，或单击框右侧的"生成器"按钮，出现如图 2-84 所示的向导，根据向导的提示输入要连接的服务器信息。

（7）根据需要设置"查询属性"表中的其他属性。

（8）在"SQL 传递查询"窗口中输入传递查询。

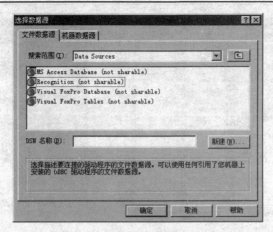

图 2-84 　"选择数据源"对话框

（9）如果要执行查询，可在工具栏上单击"运行"按钮（对于返回记录的传递查询，可以在工具栏上单击"视图"按钮来代之）。

如果在传递查询的"ODBC 连接字符串"属性中没有指定连接串，或者删除了已有字符串，Access 将使用默认字符串 ODBC。使用此设置时，Access 将在每次执行查询时提示连接信息。

某些传递查询除了返回消息外还会返回数据。如果将查询的"日记消息"属性设置为"是"，Access 将创建一个包含任何返回消息的表。表名称就是用户名加连字符（-）再加一个从 00 开始的有序数字。例如，如果默认用户名为 ADMIN，则返回的表将命名为 ADMIN - 00、ADMIN - 01 等。

如果创建了能返回多组结果数据集的传递查询，可以为每个结果创建一个单独的表。传递查询对于执行 ODBC 服务器中的存储过程是很有用的。

2.7.4　使用数据定义查询

数据定义查询与其他查询不同的是，利用它可以直接创建、删除或更改表，或者在当前的数据库中创建索引。

在数据定义查询中要输入 SQL 语句，每个数据定义查询只能由一个数据定义语句组成。Access 支持表 2-9 所示数据定义语句。

表 2-9　数据定义查询常用 SQL 语句

SQL 语句	用途
CREATE TABLE	创建表
ALTER TABLE	在已有表中添加新字段或约束
DROP	从数据库中删除表，或者从字段或字段组中删除索引
CREATE INDEX	为字段或字段组创建索引

下面举例说明数据定义查询的使用。首先，利用 CREATE TABLE 语句来创建一个名为"学生"的表。示例中的语句包括表中每一个字段的名称和数据类型，并将"学生 ID"字段指定为主键的索引。在"数据定义查询"窗口中，输入如下语句：

```
CREATE TABLE 学生
([学生 ID] integer,
```

```
    [姓名] text,
    [性别] text,
    [出生日期] date,
    [家庭住址] text,
    [联系电话] text,
    [备注] memo,
    CONSTRAINT [Index1] PRIMARY KEY ([学生 ID]));
```

接着，再使用数据定义查询创建一个索引，利用 **CREATE INDEX** 语句在"姓名"和"性别"字段中创建一个多字段索引：

```
CREATE INDEX 索引 1
ON 学生([姓名], [性别]);
```

2.8　查询的操作

创建了查询之后，如果对其中的设计不满意，或因情况发生了变化，使得所建查询不能满足要求，可以在设计视图中对其进行修改。例如，可以添加、删除、移动或者更改字段，可以添加、删除表。如果需要也可以对查询进行一些相关操作。例如，通过运行查询得到查询的结果，依据某个字段排列查询中的记录等。

2.8.1　运行已创建的查询

在创建查询时，用户可以通过工具栏上的"运行"按钮看到查询结果。创建查询后，如果想查看查询的结果，也可以通过以下两种方法实现：

（1）在数据库窗口中，单击"查询"对象，选择要运行的查询，然后单击"打开"按钮。

（2）在数据库窗口中，单击"查询"对象，然后双击要运行的查询。

无论使用哪种方法，操作完成后，屏幕上都会显示所需的结果。

2.8.2　设置字段的属性

编辑查询中的字段操作主要包括添加、删除、移动字段或更改字段名。

1．添加字段

如果需要为查询添加字段，操作步骤如下：

（1）在数据库窗口的"查询"对象中，单击要修改的查询，然后单击"设计"按钮，屏幕上出现查询设计视图。

（2）双击要添加的字段，则该字段将添加到设计网格中的第一个空白列中；如果要在某一字段前插入字段，则单击要添加的字段，并按住鼠标左键，将它拖到该字段的位置上；如果要一次添加多个字段，则按住 Ctrl 键并单击要添加的字段，然后将它们拖到设计网格中；如果要将某一表的所有字段添加到设计网格中，则双击该表的标题栏，选中字段，然后将光标放到字段列表中的任意一个位置，按下鼠标左键拖到鼠标到设计网格中的第一个空白列中，然后释放鼠标左键。

（3）单击工具栏上的"保存"按钮保存所做的修改。

2．删除字段

如果要删除查询中的字段，操作步骤如下：

（1）在数据库窗口的"查询"对象中，单击要修改的查询，然后单击"设计"按钮，屏幕上出现查询设计视图。

（2）单击要删除的字段行，然后单击"编辑"→"删除"命令或按 Delete 键。也可以单击要删除字段所在的列，然后单击"编辑"→"删除列"命令。

（3）单击工具栏上的"保存"按钮保存所做的修改。

3. 移动字段

在设计字段时，字段的排列顺序非常重要，它影响数据的排序和分组。Access 在排序查询结果时，首先按照设计网格中排列最靠前的字段排序，然后再按下一个字段排序。用户可以根据排序和分组的需要，移动字段来改变该表字段的顺序。操作步骤如下：

（1）在数据库窗口的"查询"对象中，单击要修改的查询，然后单击"设计"按钮，屏幕上出现查询设计视图。

（2）单击要移动的字段行，并按住鼠标左键，拖动鼠标至新的位置。如果将要移动的字段移到某一字段的左边，则将鼠标拖到该列当释放鼠标时，Access 将把被移动的字段移到光标所在列的左边。

（3）单击工具栏上的"保存"按钮保存所做的修改。

2.8.3　编辑查询中的数据源

在已创建查询的设计视图窗口上半部分，每个表或查询的字段列表中，列出了可以添加到设计网格上的所有字段。但是，如果在列出的所有字段中，没有所要的字段，就需要将该字段所属的表或查询添加到设计视图中；如果在设计视图中列出的表或查询没有用，可以将其删除。

1. 添加表或查询

在设计视图中，添加表或查询的步骤如下：

（1）在数据库窗口的"查询"对象中，单击要修改的查询，然后单击"设计"按钮，屏幕上出现查询设计视图。

（2）单击工具栏上的"显示表"按钮，打开"显示表"对话框。在"显示表"对话框中，如果要添加表，则单击"表"选项卡，然后双击要添加的表；如果要添加查询，则单击"查询"选项卡，然后双击要添加的查询。

（3）单击"关闭"按钮，关闭"显示表"对话框。

（4）单击工具栏上的"保存"按钮保存所做的修改。

2. 删除表或查询

删除表或查询的操作与添加表或查询的操作相似，首先打开要修改查询设计视图；在设计视图下，单击要删除的表或查询，然后单击"编辑"→"删除"命令或按 Delete 键；最后单击工具栏上的"保存"按钮保存所做的修改。删除表或查询之后，它们的字段列表也将从查询设计网格的字段中删除。

2.8.4　为查询结果排序

在设计网格中，有时因查询时没有对数据进行整理，查询后得到的数据无规律，影响了查看。对查询结果排序的步骤如下：

（1）在数据库窗口的"查询"对象中，单击要排序的查询，然后单击"设计"按钮，屏幕上显示查询设计视图。

（2）单击查询设计视图下的设计网格的"排序"单元格，并单击单元格内右侧的向下箭头按钮，从下拉列表框中选择一种排序方式。在 Access 中有两种排序方式：升序或降序。

（3）单击工具栏上的"视图"按钮，或单击工具栏上的"运行"按钮切换到"数据表"视图，这时可以看到查询排序结果。

通过排序，查询中的记录就会按照升序排列整齐，显示的记录一目了然，用户查看记录就比较方便了。

习题二

一、选择题

1. 以下关于查询的叙述正确的是（　　）。
   A. 只能根据数据表创建查询
   B. 只能根据已建查询创建查询
   C. 可以根据数据表和已建查询创建查询
   D. 不能根据已建查询创建查询

2. Access 支持的查询类型有（　　）。
   A. 选择查询、交叉表查询、参数查询、SQL 查询和操作查询
   B. 基本查询、选择查询、参数查询、SQL 查询和操作查询
   C. 多表查询、单表查询、交叉表查询、参数查询和操作查询
   D. 选择查询、统计查询、参数查询、SQL 查询和操作查询

3. 在 SQL 查询中使用 WHILE 子句指出的是（　　）。
   A. 查询目标　　　　　B. 查询结果　　　　C. 查询视图　　　　D. 查询条件

4. 在 Access 数据库中"高等数学"课程不及格的学生从"学生"表中删除，要用（　　）查询。
   A. 追加查询　　　　　B. 生成表查询　　C. 更新查询　　　　D. 删除查询

5. 在 Access 的查询中，可以只选择表中的部分字段，也可以通过选择一个表中的不同字段生成所需的多个表，这体现了查询的（　　）功能。
   A. 建立新表　　　　　B. 选择字段　　　C. 选择记录　　　　D. 实现计算

二、填空题

1. Access 数据库中的 SQL 查询主要包括联合查询、传递查询、子查询、_____4 种方式。

2. 若要查找最近 20 天之内参加工作的职工记录，查询准则为_____。

3. 创建分组统计查询时，总计项应选择_____。

4. 用户需要为该值字段指定一个总计类型，即这个数据可以是_____、Avg、Max、Min 和 Count 等总计函数，或者是一个经过表达式计算得到的值。

5. Access 数据库中的查询有很多种，每种方式在执行上有所不同，查询有_____、_____、_____、操作查询和 SQL 查询 5 种。

第 3 章　窗体

本章学习目标

- 认识窗体的概念、构成及类型
- 掌握简单窗体和高级窗体的设计
- 掌握如何自定义窗体
- 掌握如何调整设计好的窗体

3.1　窗体基础

3.1.1　窗体的作用

窗体有多种功能。使用窗体可以使操作的界面变得更直观，可以通过输入窗体来向数据表中输入数据，可以创建自定义的对话框来接收用户的详细输入，并根据用户输入的信息执行相应的操作。

窗体中的大部分内容来自于它所基于的数据来源。窗体中的其他信息保存在窗体的设计中，如图 3-1 所示。

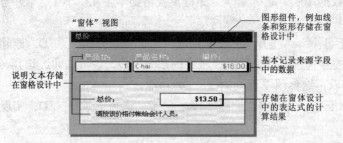

图 3-1　窗体各部分的作用

通过使用称为控件的图形对象，可以在窗体和窗体的数据来源之间创建链接。用于显示和输入数据的最常用的控件是文本框，如图 3-2 所示。

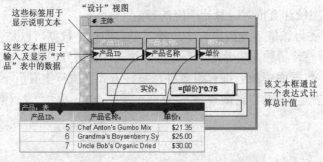

图 3-2　在窗体中经常使用的控件是文本框

3.1.2　窗体的基本构成

窗体由多个部分组成，每个部分称为一个"节"。大部分的窗体只有主体节，如果需要，也可以在窗体中包含窗体页眉、页面页眉、页面页脚及窗体页脚等部分，如图 3-3 所示。

图 3-3　窗体设计视图

窗体页眉位于窗体顶部，一般用于设置窗体的标题、窗体使用说明或打开相关窗体及执行其他相关任务的命令按钮等。窗体页脚位于窗体底部，一般用于显示对所有记录都要显示的内容、使用命令的操作说明等信息。也可以设置命令按钮，以便执行必要的控制。

页面页眉一般用来设置窗体在打印时的页头信息。页面页脚一般用来设置窗体在打印时的页脚信息。

主体节通常用来显示记录数据，可以在屏幕或页面上只显示一条记录，也可以显示多条记录。

另外窗体中还包括标签、文本框、复选框、列表框、组合框、选项组、命令按钮与图像等图形化的对象，这些对象被称为控件，在窗体中起不同的作用。

3.1.3　窗体的基本类型

1. 纵栏式窗体

纵栏式是 Access 应用程序最常用的窗体格式，纵栏表每次在屏幕上显示一条记录的内容，可以通过翻页的方式来改变所显示的记录，如图 3-4 所示。

2. 表格式窗体

表格窗体可以在窗体中同时显示多条记录，如图 3-5 所示。

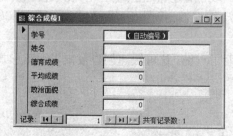

图 3-4　纵栏式窗体

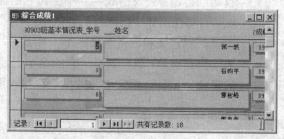

图 3-5　表格式窗体

3. 主/子式窗体

窗体中的窗体称为子窗体，包含子窗体的基本窗体称为主窗体。主窗体和子窗体通常用于显示多个表或查询中的数据，这些表或查询中的数据具有一对多关系。在这种窗体中，主窗体和子窗体彼此链接，主窗体显示某一条记录的信息，子窗体就会显示与主窗体当前记录相关的记录信息。

4. 图表窗体

图表窗体是利用 Microsoft Graph 以图表方式显示用户的数据。可以单独使用图表窗体，也可以在子窗体中使用图表窗体来增加窗体的功能。图表窗体的数据源可以是数据表，也可以是查询。

5. 数据透视表窗体

数据透视表窗体是 Access 为了以指定的数据表或查询为数据源产生一个 Excel 分析表而建立的一种窗体形式。数据透视表窗体允许用户对表格内的数据进行操作；用户也可以改变透视表的布局，以满足不同的数据分析方式和要求。数据透视表窗体对数据进行的处理是 Access 其他工具无法完成的。

3.2 创建简单窗体

当需要快速创建窗体时，使用"自动窗体"按钮是最好的方法了，但是为了创建窗体还有更好的方法，尽管这些方法所需要的时间较长，然而却有更多的控件可用于控制窗体的外观。关闭刚创建的窗体时，一定要保存它。

单击数据库窗口的"窗体"对象，然后单击"新建"按钮，出现"新建窗体"对话框，注意对话框的底部有个下拉列表框，其中的内容是选择窗体要使用的数据源和表。假设选用客户表，如图 3-6 所示。

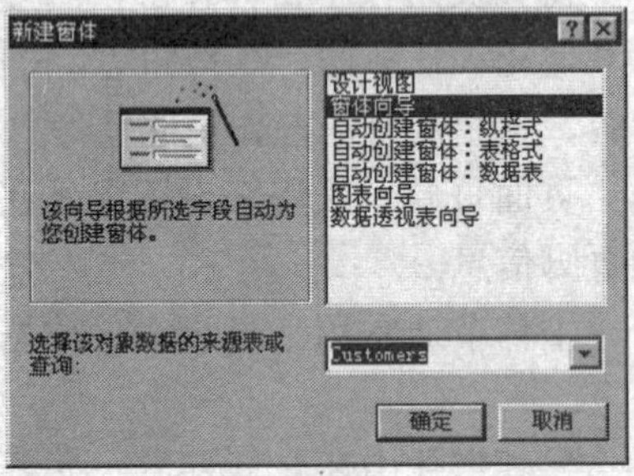

下面列出"新建窗体"对话框中的各个项目的含义：

图 3-6   使用"新建窗体"对话框创建窗体

- 设计视图——直接进入窗体的设计视图，常用在修改窗体时。
- 窗体向导——快速创建窗体的方法，可解决很大一部分的问题，Access 将创建一个激活的窗体，该窗体是一个好的出发点，接下来将一步一步地执行窗体向导。
- 自动创建窗体：纵栏式——在本章开始时用过自动窗体方法，这里的不同处在于有个灰色的背景，这是创建窗体的快速方法。每个窗体只显示一条记录，如果想看它的样例，选择这个选项并单击"确定"按钮。
- 自动创建窗体：表格式——不要为它的名字"表"所迷惑，这是另一种创建窗体的方法。自动在窗体中横向排列。窗体的样式称为连续窗体视图，也就是说多个记录一次出现，但它又和数据表视图不一样。
- 自动创建窗体：数据表——它的名字已经说明了一切。这可快速创建数据表视图形式的窗体。Access 把它称为数据表窗体视图。

3.2.1 自动创建窗体

使用"自动窗体"按钮可以创建一个显示选定表或查询中所有字段及记录的窗体。每一个字段都显示在一个独立的行上，并且左边带有一个标签。操作步骤如下所示：

（1）在数据库窗口中，单击"对象"中的"表"或"查询"选项。

（2）双击作为窗体数据来源的表或查询，或者以任一视图方式打开表或查询，在本例中选择"罗斯文商贸"数据库中表对象——"产品"数据表。

（3）单击工具栏上的"新对象"按钮上的箭头，然后选择"自动窗体"，如图3-7所示。

（4）最后，根据"产品"数据表由 Access 自动创建的窗体显示如图3-8所示。

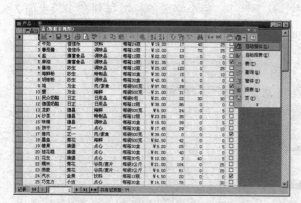

图 3-7 用自动窗体按钮创建窗体

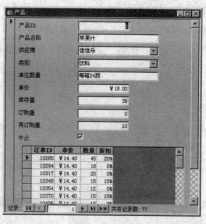

图 3-8 自动创建的窗体结果

图 3-8 是个典型的窗体示例，窗体中有一些与数据表相同的控件，如窗口记录的导航控制按钮和选中的记录，窗体中编辑字段的命令也与数据表中的相同。

3.2.2 用向导创建窗体

1. 基于单表

窗体向导有更多的选项使得用户可以自己定制出性能独特的窗体，这种向导和其他的向导一样一步一步地向用户提问，询问需要制作的窗体的各种特性值。操作步骤如下：

（1）在数据库窗口中，单击"对象"的"窗体"选项。双击"使用向导创建窗体"选项，得到"窗体向导"对话框，如图3-9所示。

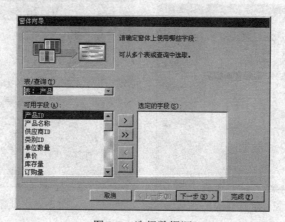

图 3-9 选择数据源

（2）在"表/查询"框中选择作为窗体数据来源的表或查询的名称，本例中选择"产品"表来作为窗体数据来源。

（3）单击 ▷ 按钮选定窗体中需要的字段，在向导中选"产品"表中的"产品 ID"、"产品名称"、"单价"和"单位数量"字段，如图 3-10 所示。单击"下一步"按钮，进入到向导的第二步。

小技巧：选取除一个或两个字段之外的所有字段的快捷方法是用 ≫ 按钮（所有字段）移动所有的字段。然后选择不需要的字段，单价"左移"按钮 ◁ 。这种方法使得操作变得非常简单。

（4）现在选择布局，这一步中给出了窗体上可以使用的字段外观的 4 种选择状态，前三种选择与"自动窗体向导"中的形式相同，而第 4 种选择是一种新的外观被称为调整表方式。调整表类型的屏幕中字段的排列是从左到右，从上到下，每个字段的标签排列在字段上面。选择"纵栏表"类型，如图 3-11 所示，再单击"下一步"按钮。

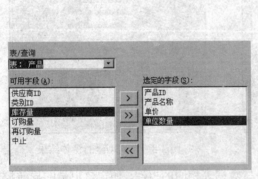

图 3-10　选择窗体中的字段

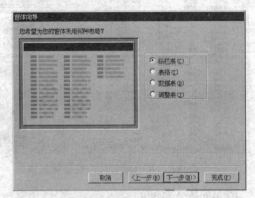

图 3-11　为窗体选择合适的布局

（5）增加窗体的样式，如图 3-12 所示。这一步中给出了窗体中可以使用不同的样式选择项，当单击选中不同的样式时，被选中的样式以不同的图形方式显示在屏幕上。选择所要使用的样式，单击"下一步"按钮。建议在应用程序中只用一个或两个样式，因为太多不同样式会使屏幕显示显得混乱。

（6）为窗体选择标题。这一步是创建窗体标题，我们可以采用 Access 默认的窗体名称。在修改了标题之后，单击"完成"按钮即可，如图 3-13 所示。

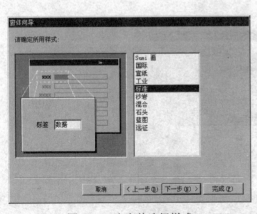

图 3-12　为窗体选择样式

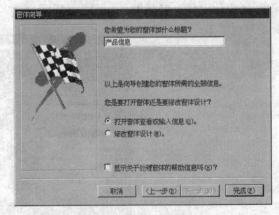

图 3-13　为窗体设置标题

（7）Access 将生成一个窗体。单击"文件"→"关闭"命令，就可看到窗体列表中的新窗体"产品信息"了，如图 3-14 所示。

当然，如果对创建的窗体不满意，可以在设计视图中进行更改。

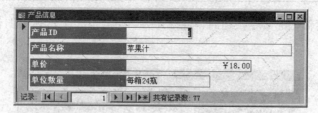

图 3-14　"产品信息"窗体

注意：如果单击"新建"按钮，在"新建窗体"对话框中选择"自动窗体"选项之一，则无论使用窗体向导还是使用设计视图中的"格式"菜单中的"自动套用格式"命令，Access 都将使用最近指定的自动套用格式。

2. 基于多表

上小节讲述的是创建基于单表的窗体，要创建从多个表中提取数据的窗体，最快、最简单的方法也是使用窗体向导。

创建基于多个表的基本思路和基于单表的有所不同，其操作步骤如下：

（1）在窗体向导的第一个对话框中，可以选择将包含在窗体中的字段。这些字段可以源于一个表，也可以源于多个表。例如，可以在窗体中选择包含来自"供应商"表及"产品"表的数据，如图 3-15 所示。

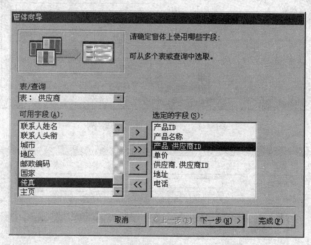

图 3-15　平面窗体视图示例

提示：当使用窗体向导创建一个多表窗体时，Access 将根据向导中指定的选项，为窗体创建一个 SQL 语句。该 SQL 语句包含使用的表及字段的有关信息。

（2）下面需要选择窗体数据的查看方式，如图 3-16 所示。当然，对于本例而言，我们选择"通过供应商"方式。

（3）接下来的工作就是选择窗体的样式及为窗体命名了，和前面所讲的基本相同，不再赘述。

使用窗体向导可以创建一个以"平面窗体"或"分层窗体"方式显示来自多表数据的窗体。平面窗体的示例之一是显示产品的窗体，如图 3-17 所示。

分层窗体拥有一个或一个以上子窗体。如果要显示一对多关系的表中数据，子窗体尤其有用，如图 3-18 所示。

有些情况下，也可能不希望使用子窗体来分层地显示数据。例如，假设有一个拥有许多控件的窗体，可能没有足够的空间留给子窗体。在这种情况下，可以使用窗体向导来创建同步窗体。当单击一个窗体上的命令按钮时，将打开另一个与前一个窗体中的记录同步的窗体，如图 3-19 所示。

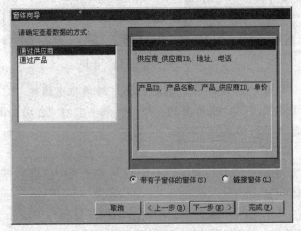

图 3-16　选择窗体查看方式

图 3-17　平面窗体视图示例

图 3-18　"类别"窗体视图示例

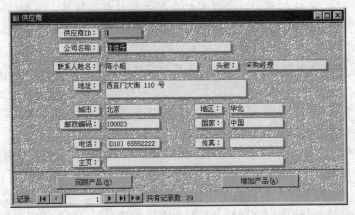

图 3-19　同步窗体视图示例

3. 使用图表向导创建窗体

在窗体中使用图表直观生动，使用户易于查看数据中的比较、模式及趋势，Access 提供了将包含大量数据的表格变成一张生动的图表的功能。本例将使用图表向导创建"年龄与职务"窗体，如图 3-20 所示。它将形象地显示出不同性别职工的职务及平均年龄的比例，更便于管理者清楚了解各部门员工的年龄层次。

具体设计步骤如下：

（1）打开"职工信息"数据库，选择"对象"下的"窗体"，单击工具栏上的"新建"按钮，如图 3-21 所示。

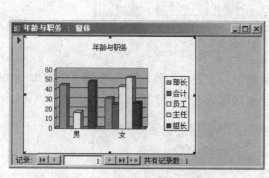

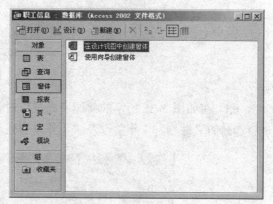

图 3-20　"年龄与职务"窗体　　　　　　　　图 3-21　打开"职工信息"数据库

（2）在弹出的"新建窗体"对话框中选择"图表向导"选项，在"请选择该对象数据的来源表或查询"下拉列表框中选择"职工登记"作为该窗体的数据源，如图 3-22 所示，单击"确定"按钮。

（3）在"可用字段"列表框中选择"性别"、"年龄"和"职务" 3 个字段，通过单击 ＞ 按钮逐一添加到"用于图表的字段"列表框中，如图 3-23 所示，单击"下一步"按钮。

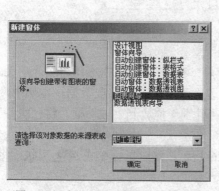

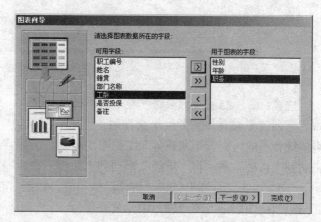

图 3-22　选择"图表向导"创建窗体　　　　　　图 3-23　选定字段

（4）在图 3-24 所示的"图表向导"对话框中选择创建图表的类型，单击第 1 排第 2 个图表"三维柱形图"图标，然后单击"下一步"按钮。

注意：在图 3-24 中，当选定图形时，右边会给出该图形的介绍，如本例选择"三维柱形图"时，右边显示它的介绍：三维柱形图沿两个坐标轴比较数据点，显示一段时间内的变化或图示项目之间的比较情况。

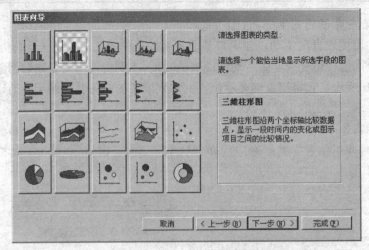

图 3-24　单击"三维柱形图"图标

（5）在如图 3-25 所示的"图表向导"对话框中，设置"三维柱形图"的"三维"，也就是将选择的"性别"、"年龄"及"职务"字段分别设置成柱形图中的一维。

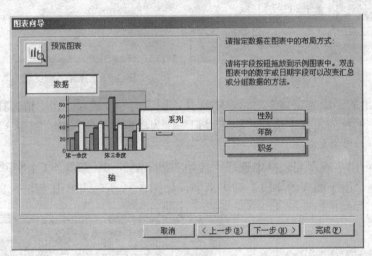

图 3-25　图表布局方式

注意：图 3-25 中的"数据"表示最终的统计结果，"轴"和"系列"表示选择的统计字段。

下面就要来具体设置以上选择的"性别"、"年龄"及"职务"三个字段数据，本例中，需要统计不同性别、不同职务职工的平均年龄，所以将"性别"拖放到"轴"框，将"职务"拖动到"系列"框，将"年龄"拖动到"数据"框。

（6）单击"性别"按钮，按住鼠标不放，如图 3-26 所示，这时鼠标变成 形状，将其拖至示例图表下方的"轴"中，放开鼠标。

（7）如图 3-27 所示，在示例图表中，"性别"字段被设定为"轴"，表示图表布局中的"轴"区域按照性别，即"男"和"女"进行分组。

（8）单击对话框左上角的"预览图表"按钮，在图 3-28 所示的"实例预览"窗口中，职工人数按"男"和"女"分组显示出来，在窗口左侧的小方格中显示出分组方式为"计数"，单击"关闭"按钮结束预览。

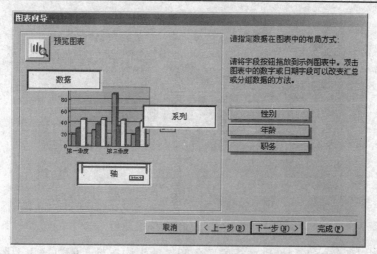

图 3-26　添加性别字段

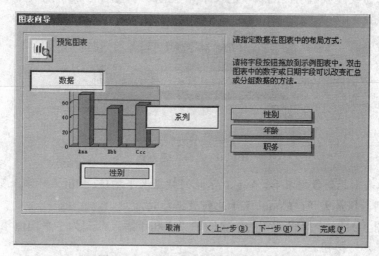

图 3-27　设定轴区域按"性别"分组

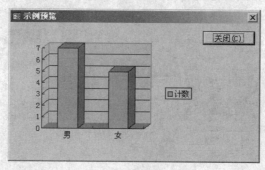

图 3-28　示例预览

　　注意：不能更改对数值或文本字段的分组方式，只有日期字段在"系列"或"轴"区域可以使用日期进行分组。日期字段的分组方法是在示例图表中双击该字段，然后选择分组方法。

　　（9）按照上述方法，分别将"年龄"及"职务"字段拖动到示例图表的"数据"和"系列"中，如图 3-29 所示。

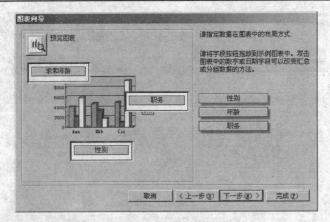

图 3-29　设定图表布局

（10）本例需要统计不同性别、不同职务职工的平均年龄，所以要更改图表布局中"年龄"字段的汇总方式。双击示例图表中的"求和年龄"，弹出图 3-30 所示对话框，选择 Avg，单击"确定"按钮。

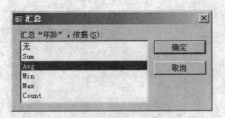

图 3-30　选择汇总方式

注意：Sum 表示此列数据求和；Avg 表示此列数据求平均值；Min 表示取此列数据最小值；Max 表示取此列数据最大值；Count 表示此列数据计数。

（11）在图 3-31 中，原来"年龄"字段中"求和年龄"改变为"平均值年龄"的分组方式，单击"下一步"按钮。

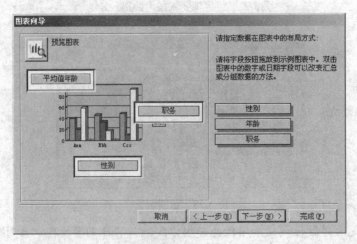

图 3-31　布局完成

注意：如果需要修改图表布局，只需将已布局好的字段从示例图表中用鼠标选中不放，拖回其按钮处，再松开鼠标，这样原来的布局设置就取消了。

（12）在"请指定图表的标题"栏中输入"年龄与职务"，选择"是，显示图例"单选按钮和"打开窗体并在其上显示图表"单选按钮，如图 3-32 所示，单击"完成"按钮。

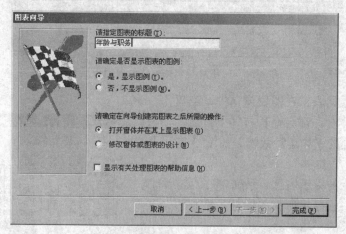

图 3-32　输入图表标题

（13）如图 3-33 所示就是整个图表窗体的创建结果显示。图表右侧的长方形是图例显示，分别指出图表中不同颜色的长方体所表示的职务。

（14）单击工具栏上的"保存"按钮，弹出如图 3-34 所示的"另存为"对话框，输入"年龄与职务"，单击"确定"按钮。

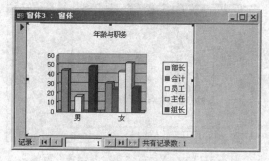

图 3-33　图表窗体显示

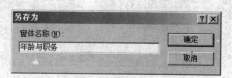

图 3-34　指定窗体名称

（15）图表窗体的创建步骤到这里就结束了，在"职工信息"数据库中双击"年龄与职务"查询，显示结果如图 3-35 所示。

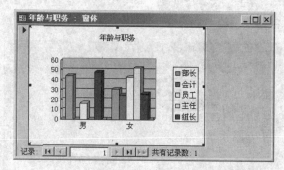

图 3-35　"年龄与职务"窗体显示

（16）在图 3-35 中看到的不同性别职工职务的平均年龄不是很精确，比如男部长的平均年龄只能看出是 40 多岁。如果需要更精确的平均年龄数字，可双击图表中的任一长方体，如图 3-36 所示，就能够看到更精确的计算结果了。

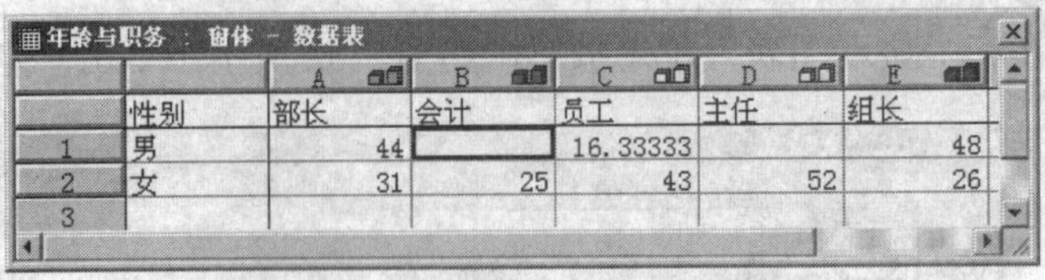

性别	A 部长	B 会计	C 员工	D 主任	E 组长
1 男	44		16.33333		48
2 女	31	25	43	52	26
3					

图 3-36   "年龄与职务窗体"数据表显示

（17）关闭数据表，在图表窗体中，当鼠标指到任意长方体时，都会在长方体下方显示出其所表示的精确的平均年龄数据。如图 3-37 所示。

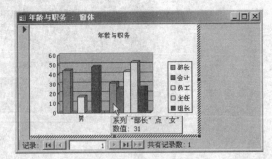

例如这里显示的提示信息。系列"部长"点"女"数值：31，表示鼠标所指的图柱为性别为女士、职务为部长的平均年龄。

（18）图表窗体的格式不是一成不变的，用户可以随意进行更改设置，如果所有的图表窗体都如出一辙，图表就显得太单调了，更无

图 3-37   显示详细信息

法突出它生动直观的特点。下面将对刚刚创建的"年龄与职务"窗体进行设置。设置前后的图表如图 3-38 和图 3-39 所示，相比之下，设置后的图表样式更新颖、更生动。

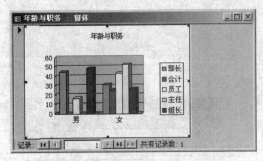

图 3-38   设置前的"年龄与职务"窗体

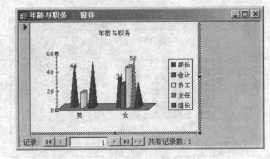

图 3-39   设置后的"年龄与职务"窗体

注意：对图表格式的任何修改，系统都是自动保存的，无法撤消或取消。为了让用户对两种不同风格的图表进行比照，在对图表进行重新设置前，先将它复制下来，如图 3-40 所示。选中"年龄与职务"窗体，右击，选择"复制"命令，然后在窗口空白处再右击，选择"粘贴"命令，复制后的图表命名为"年龄与职务1"。

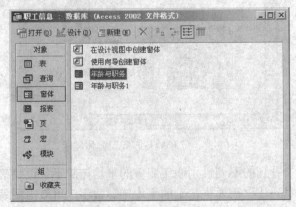

图 3-40   复制窗体

（19）双击打开"年龄与职务 1"图表，将鼠标放置到图表中的最左侧图柱上，可以看到图柱的下方显示出"系列"部长"点"男"数值:44"，如图 3-41 所示。

注意：在首次打开"年龄与职务 1"图表时，双击任何图柱，都会首先弹出这个窗体的数据表视图，这时可以先关闭数据表视图，再双击第一个图柱，便可进行修改了。

（20）双击图柱，弹出"数据系列格式"对话框，如图 3-42 所示，包括"图案"、"形状"、"数据标签"和"选项"4 个选项卡。在"图案"选项卡中可以选择图柱的边框及样色等。将图柱边框设置为"无"，将边框内部颜色设定为天蓝色，在"图案"选项卡左下角的"示例"中可以预览效果，单击"确定"按钮。

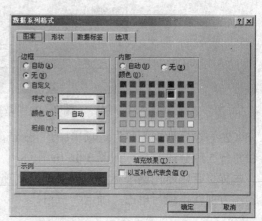

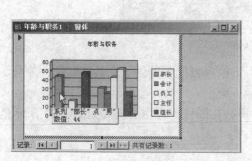

图 3-41　双击图柱　　　　　　　　　　　　图 3-42　"图案"选项卡

注意：在"图案"选项卡中，任何选择都是针对同系列图柱而言，而不是仅指所选择的这一个图柱。

（21）在如图 3-43 所示的"形状"选项卡中，有 6 种柱体形状可以选择，选择第 3 种柱体形状，单击"确定"按钮。

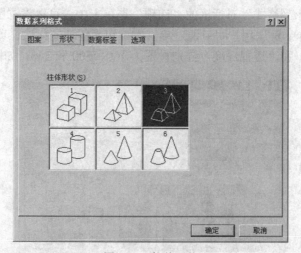

图 3-43　柱体形状

（22）在图 3-44 所示的"数据标签"选项卡中，分为 3 块内容：数据标签、分隔符和图例项标示。其中数据标签又包括：系列名称（职务）、类别名称（性别）和值（平均值）。选择"值"复选框。

注意：数据标签包含的选项可同时选择多项，也可只选择一项。选择后的内容将显示在图表中图柱的最上方。

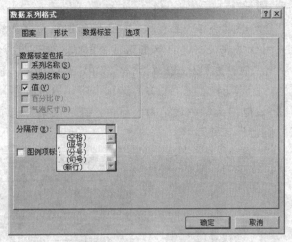

图 3-44　"数据标签"选项卡

（23）在"数据标签"选项卡中，"分隔符"下拉列表框中提供了空格、逗号、分号、句号和新行 5 种分隔符号，如图 3-45 所示。

选择是否显示图例项标示，如果选择此项，那么在图柱上方将会出现如图 3-41 所示的相对颜色方框体，最后单击"确定"按钮。

图 3-45　分隔符

图 3-46　图例

注意：分隔符的功能是在选择多项数据标签时，将这些数据标签用所选符号分隔开。

（24）在"数据系列格式"对话框的"选项"选项卡中，可以设置图表的"系列间距"、"分类间距"和"透视深度"。用户可以通过单击█按钮来任意变化这三项的数值。本例将"系列间距"、"分类间距"和"透视深度"分别设置为 100、500 和 260，如图 3-47 所示。

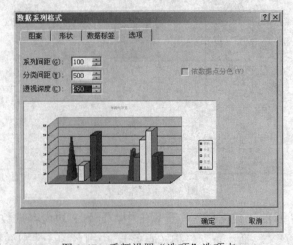

图 3-47　重新设置"选项"选项卡

注意：图 4-47 中的"系列间距"表示两个图柱集的距离；分类间距表示同一个图柱集中

图柱之间的距离；透视深度表示图中坐标系垂直平面方向的长度。

　　注意："数据系列格式"对话框的"选项"选项卡的设置，不仅仅是针对某类图柱而言的，而是针对整个图表窗体的各种间距和深度的设置。

　　（25）以上第（18）至（23）步是图表中代表"男部长"图柱的重新设置情况，依照此步骤，分别对其他图柱进行重新设置。如图 3-48 所示就是对所有图柱重新设置后的结果显示。

　　（26）将鼠标放置到图表后的背景中，在鼠标下方会自动出现提示"背景墙"，如图 3-49 所示。

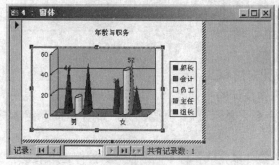
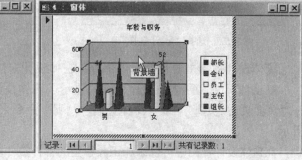

　　　　图 3-48　重新设置后的图表　　　　　　　　　　图 3-49　背景墙

　　（27）双击"背景墙"，弹出如图 3-50 所示的"背景墙格式"对话框，在这个窗口中可以对背景墙的边框颜色、区域颜色和边框样式及线条粗细进行设置，然后单击"确定"按钮。

　　（28）运用上面讲述的设置方法，举一反三，还可以对图表的基底、数值轴、网格线、角点、数字等进行设置，重新设置后的图表窗体颜色更为突出，形象更生动，如图 3-51 所示。

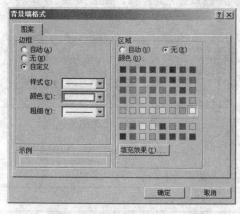
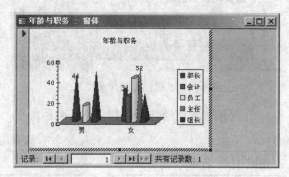

　　　　图 3-50　设置背景墙图案　　　　　　　　　　图 3-51　设置后的图表显示

3.2.3　使用设计视图创建窗体

1. 窗体设计视图和窗体控件

　　相比窗体向导，使用设计视图创建窗体的优点在于能够让用户随心所欲地设定窗体形式、外观及大小等。使用设计视图创建窗体时，用户可以在设计视图中打开已有窗体进行修改，也可以从无到有创建一个新窗体。

　　本节介绍如何创建一个空白窗体，同时介绍工具箱中的各种控件。

　　（1）在数据库窗口中，单击"窗体"选项。

（2）双击"在设计视图中创建窗体"（或者单击"新建"按钮，在弹出如图 3-52 所示的"新建窗体"对话框中选择"设计视图"选项，单击"确定"按钮），系统弹出如图 3-53 所示的窗口。

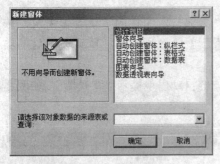

图 3-52　选择"设计视图"

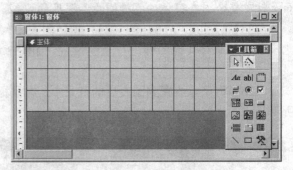

图 3-53　窗体设计窗口

窗体设计视图主要包括两个部分：窗体设计视图和工具箱。

默认情况下，窗体的设计视图只显示了窗体设计的主体部分。也可以通过单击"视图"→"页面页眉/页脚"（或"窗体页眉/页脚"）命令来显示页眉/页脚部分，如图 3-54 和图 3-55 所示。

在窗体设计视图中可以添加工具箱里的各种控件以完成各种不同的任务。控件是用来显示数据、执行操作的各种对象。使用设计视图创建窗体的优点之一就是可以灵活地添加各种控件。

窗体中添加控件是利用工具箱进行的，如果设计视图中没有显示工具箱，可以单击工具栏中的"工具箱"按钮，或者单击"视图"→"工具箱"命令打开工具箱。

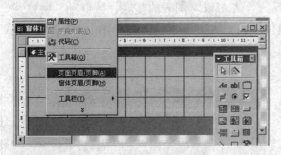

图 3-54　"页面页眉/页脚"命令

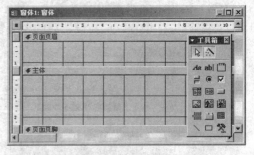

图 3-55　添加结果

工具箱包含的控件介绍如表 3-1 所示。

表 3-1　工具箱名称及功能

图标	名称	功能
	选定对象	用于选取控件、节、窗体、报表或数据访问页。单击该工具可以释放已锁定的工具箱按钮
	控件向导	用于打开或关闭控件向导。使用控件向导可以帮助用户创建控件，如列表框或命令按钮。在窗体中，还可以使用其他向导来创建组合框、选项组、子报表和子窗体
Aa	标签	用来显示说明性文本的控件，如窗体、报表或数据访问页上的标题或指导
abl	文本框	用于显示、输入或编辑窗体、报表或数据访问页的基础记录源数据，显示计算结果，或接收用户输入的数据
	选项组	与复选框、单选按钮或切换按钮搭配使用，可以显示一组可选值

图标	名称	功能
	切换按钮	用于在自定义窗口中或选项组的一部分中接收用户输入数据的未绑定控件
	单选按钮	用于一组（两个或多个）有互斥性（即只能选中其一）的选项
	复选框	用于一组没有互斥性（即可以选择多个）的选项
	组合框	组合了列表框和文本框的特性。可以在文本框中键入文字或在列表框中选择输入项，然后将值添加到基础字段中
	列表框	显示可滚动的值列表。当在"窗体"视图中打开窗体或"页"视图或 Microsoft Internet Explorer 中打开数据访问页时，可以从列表中选择值输入到新记录中，或者更改现有记录中的值
	命令按钮	用来完成各种操作，如查找记录、打印记录或应用窗体筛选
	图像	用于在窗体或报表上显示静态图片。由于静态图片并非 OLE 对象，因此只要将图片添加到窗体或报表中，便不能在 Microsoft Access 内进行图片编辑
	未绑定对象框	用于在窗体或报表中显示未绑定 OLE 对象，如 Microsoft Excel 电子表格。当在记录间移动时，该对象将保持不变
	绑定对象框	用于在窗体或报表上显示 OLE 对象，如一系列图片。该控件针对的是保存在窗体或报表基础记录员字段中的对象。当在记录间移动时，不同的对象将显示在窗体或报表上
	分页符	用于在窗体上开始一个新的屏幕，或在打印窗体或报表上开始一个新页
	选项卡控件	用于创建一个多页的选项卡窗体或选项卡窗口。可以在选项卡控件上复制或添加其他控件。在设计网格中的"选项卡"控件上右击，可更改页数、页次序、选定页的属性和选定选项卡控件的属性
	子窗体/子报表	用于在窗体或报表上显示来自多个表的数据
	直线	用于在窗体、报表或数据访问页上，例如，突出相关的或特别重要的信息，或将窗体或页面分割成不同的部分
	矩形	用于显示图形效果，如在窗体中将一组相关的控件组织在一起，或在窗体、报表或数据访问页上突出重要数据
	其他控件	单击此按钮，会弹出快捷菜单，显示 Access 已经加载的其他控件 COMNSView Class Cr Behavior Factory CSSEditor Class CTreeView 控件 Data Table Design Control DebugHTMLEditor Class

2. 创建"日记"窗体

本节将以创建"日记"窗体为例来介绍如何使用设计视图来创建窗体，如图 3-56 和 3-57 所示。"日记"窗体包括"索引"和"数据"两个选项卡，将数据表中的字段归类显示。这样在查看某个序号的相关数据时，就不用再一行一行地从数据表中寻找了，只要打开"日记"窗体，输入序号，这个序号下的所有信息都将显示在这一个窗口的两个选项卡中，切换时只要单击选项卡上面的标签，操作方便，实用性强。

本例是基于"工厂信息管理"数据库中的"日记簿"表（如图 3-58 所示）进行设计。

具体设计步骤如下：

（1）打开"工厂信息管理"数据库，在数据库窗口中，单击"窗体"选项。

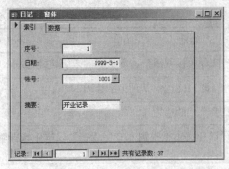

图 3-56　日记窗体页 1

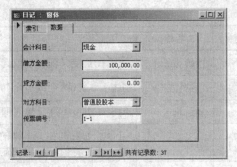

图 3-57　日记窗体页 2

（2）单击"新建"按钮，弹出如图 3-59 所示的"新建窗体"对话框。

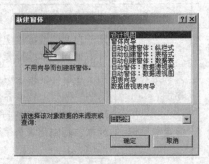

图 3-58　日记簿　　　　　　　　　　　　　　图 3-59　选择"设计视图"

（3）选择"设计视图"选项，在"数据来源"下拉列表框中选择"日记簿"，单击"确定"按钮，系统弹出如图 3-60 所示的窗口。

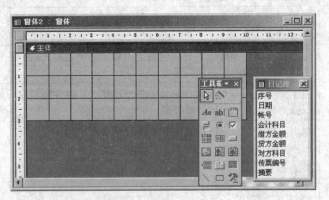

图 3-60　窗体设计窗口

（4）单击"工具箱"中的 ▣（选项卡控件）按钮，将鼠标放置到窗体设计部分，这时鼠标变成 ▱ 形状，在"主体"部分单击，出现如图 3-61 所示的包含两张选项卡"页 1"和"页 2"的窗体。用户可以通过鼠标改变控件摆放位置。

　　注意：如果用鼠标移动，可以在该控件上微调光标的位置，当光标变成了一个黑色的小手状时 🖑，按住鼠标左键，移动鼠标拖动该控件到指定的位置释放即可。

　　（5）将光鼠标移动到字段列表中，单击"序号"字段，将其拖动至"选项卡控件"的"页 1"中，如图 3-62 所示。按照这种方法，逐步将字段列表中的"日期"、"账号"和"摘要"三个字段拖动到"页 1"选项卡中，结果如图 3-63 所示。

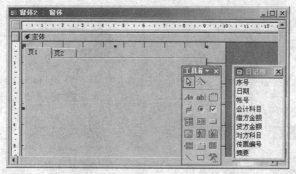

图 3-61　添加"选项卡控件"

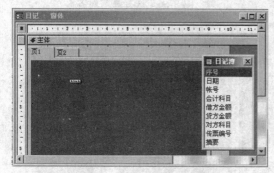

图 3-62　添加"序号"字段

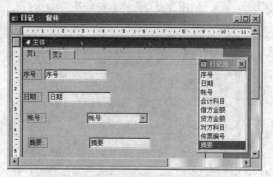

图 3-63　为"页 1"添加字段

（6）选择"页 2"选项卡，按照第（5）步操作，逐一将"会计科目"、"借方金额"、"贷方金额"、"对方科目"和"传票编号"5 个字段拖动到"页 2"选项卡中，结果如图 3-64 所示。

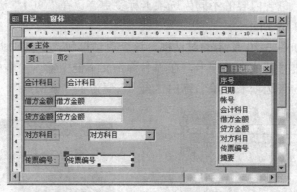

图 3-64　为"页 2"选项卡添加字段

（7）在"页 1"选项卡中，单击选中"序号"字段，按住 Shift 键的同时再单击"日期"、"账号"和"摘要"字段，这 4 个字段就会同时被选中，在被选中的任一字段上右击，选择"对齐"命令下的"靠左"对齐方式，使这 4 个字段统一向左对齐，如图 3-65 所示。

（8）按照第（7）步所示方法，依次选中"序号"、"日期"、"账号"和"摘要"4 个字段右侧的文本框，然后右击，选择"对齐"命令下的"靠右"对齐方式，如图 3-66 所示。

（9）设置完对齐方式后，改变字段右侧文本框的长宽。首先选中需要调整的字段文本框，将光标放置到需要调整的长 / 宽位置上，这时光标会变成两侧带有小箭头的形状 序号：　序号 ←→ ，按住不放可任意变化其长/宽/高。设置后的"页 1"和"页 2"选项卡如图 3-67 和 3-68 所示。

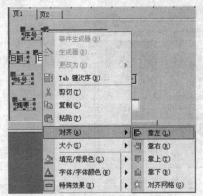

图 3-65　选择靠左对齐

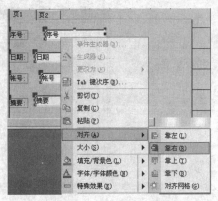

图 3-66　选择靠右对齐

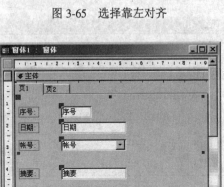

图 3-67　设置后的"页 1"选项卡

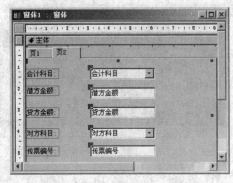

图 3-68　设置后的"页 2"选项卡

　　（10）按照选项卡包含内容的不同为选项卡标签更名。在"页 1"选项卡处，右击，单击"属性"命令，如图 3-69 所示。

　　（11）系统弹出如图 3-70 所示的对话框，这个对话框包含了对"页 1"选项卡标签进行修改的所有内容。单击"其他"选项卡，在"名称"文本框中输入"索引"，关闭对话框后，就会在窗体中看到第一张选项卡标签名称由"页 1"变为了"索引"。

图 3-69　选择"页 1"属性

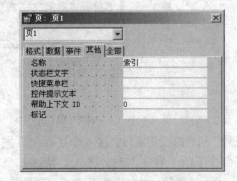

图 3-70　"页 1"选项卡重命名

　　（12）按照步骤（11）为标签重命名的方法，将窗体"页 2"选项卡更名为"数据"，如图 3-71 所示。

　　（13）单击工具栏上的"保存"按钮，弹出图 3-72 所示的"另存为"对话框，在"窗体名称"文本框中输入"日记"，单击"确定"按钮，设计结果如图 3-56 和图 3-57 所示。

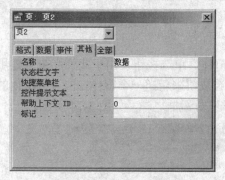

图 3-71　"页 2"选项卡重命名

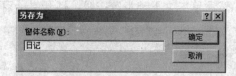

图 3-72　输入窗体名称

3.3　创建高级窗体

3.3.1　创建主/子窗体

子窗体是窗体中的窗体。基本窗体成为主窗体，窗体中的窗体称为子窗体。窗体/子窗体也称为阶层式窗体、主窗体/细节窗体或父窗体/子窗体。在显示具有一对多关系的表或查询中的数据时，子窗体特别有效。

如果将每个子窗体都放置在主窗体上，则主窗体可以包含任意数量的子窗体，甚至可以创建二级子窗体。也就是说，可以在主窗体上创建子窗体，而子窗体内可以再有子窗体。

1. 创建子窗体

和一般窗体一样，创建子窗体有两种方法，即在设计视图中创建和利用向导创建。

（1）在设计视图中创建子窗体。创建子窗体时，子窗体显示数据的方式，既可以以"数据表"视图显示，也可以在"窗体"视图中以单个窗体或连续窗体来显示；或者以两种视图显示。将子窗体显示为单个窗体或连续窗体非常简单，而且易于定义，使之包括页眉、页脚等。创建包含页眉和页脚的数据表子窗体的具体步骤如下：

1）在设计视图中打开要作为子窗体的窗体。

2）在子窗体中添加要显示的字段。

3）将窗体主体节的大小调整为数据表中一行的大小。

4）双击"窗体选定器"，打开窗体的属性表。

5）在"默认视图"属性框中，单击"连续窗体"。

注意：如果要在子窗体中显示页眉和页脚，不可选定"数据表"设置。如果选定"数据表"设置，则显示窗体视图中的子窗体时，Access 将隐藏页眉和页脚。将"默认视图"属性设定为"连续窗体"，并且将窗体大小调整为一行大小时，窗体看起来与数据表一样，但是可以显示页眉和页脚。

（2）利用向导创建子窗体。如果在创建主窗体时子窗体尚未创建，也可以向主窗体中添加一个新建的子窗体。子窗体既可以利用手工方式创建，也可以利用子窗体向导创建。利用子窗体向导创建具有子窗体的窗体的具体步骤如下：

1）在设计视图中打开"窗体 1"窗体作为主窗体。

2）如果工具箱中的"控件向导"按钮未按下，则单击此向导按钮，然后单击工具箱中的"子窗体/主窗体"按钮。

3）在主窗体的主体节中单击要放置子窗体的位置，此时 Access 将打开"子窗体向导"对话框，如图 3-73 所示。

4）如果已有子窗体，可以选择"使用现有的窗体"单选按钮，由于此处尚未创建用作子窗体的窗体，所以选择"使用现有的表和查询"单选按钮来新建一个窗体，作为主窗体的子窗体，然后单击"下一步"按钮，打开"子窗体向导"对话框之二，如图 3-74 所示。

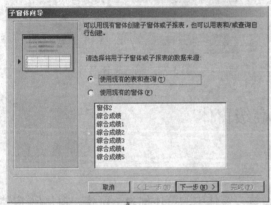
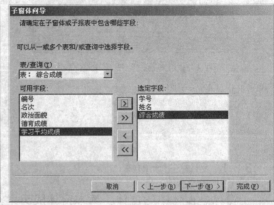

图 3-73　　"子窗体向导"对话框之一　　　　　图 3-74　　"子窗体向导"对话框之二

5）在"子窗体向导"对话框之二中，首先从"表/查询"下拉列表框中选择"综合成绩"表作为子窗体的基表，选择"学号"、"姓名"和"综合成绩"三个字段，然后单击">"按钮。设置完成后单击"下一步"按钮，打开"子窗体向导"对话框之三，如图 3-75 所示。

6）在"子窗体向导"对话框之三中选择"从列表中选择"单选按钮，并在列表框中选择，然后单击"下一步"按钮，打开"子窗体向导"对话框之四，如图 3-76 所示。

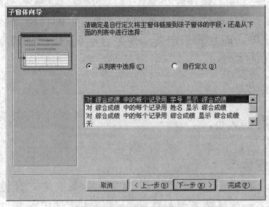
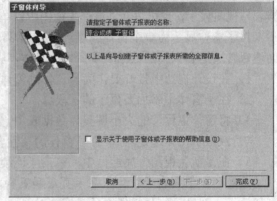

图 3-75　　"子窗体向导"对话框之三　　　　　图 3-76　　"子窗体向导"对话框之四

7）在"子窗体向导"对话框之四中输入子窗体的名称，如"综合成绩子窗体"，然后单击"完成"按钮结束窗体的创建，此时 Access 将在"窗体 1"窗体中添加名为"综合成绩子窗体"的子窗体。

2. 子窗体和主窗体的链接

在窗体上创建超链接的方式有以下几种：

● 通过单击就可连接到超链接的标签。

● 通过单击就可以连到超链接的图像。

● 通过单击可以连接超链接的命令按钮。

　　以上三种都是设置控件的"超链接地址"和"超链接子地址"属性来实现跳转到目标位置的。在此仅通过使用"插入超链接"按钮来新建跳转超链接地址的标签，步骤如下：

　　（1）在窗体设计视图中打开相应的窗体。

　　（2）在工具栏上单击"插入超链接"按钮，打开"插入超链接"对话框，如图 3-77 所示。

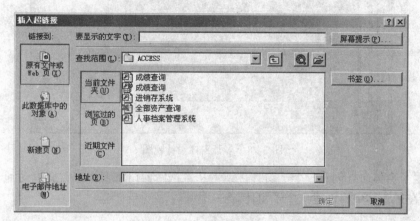

图 3-77　　"插入超链接"对话框

　　（3）在"插入超链接"对话框的"要显示的文字"文本框中输入要显示的文本，该文本将作为标签标题属性值。

　　（4）直接在"请键入文件名称或 Web 页名称"文本框中输入目标位置，如文件名、Web 地址等。

　　（5）单击"确定"按钮，完成标签的创建，返回窗体设计视图，接着单击"视图"按钮切换到"窗体"视图，测试一下所建立的超链接。

　　3. 创建带有多子窗体的窗体

　　在创建主窗体和子窗体之前，要确保已经定义好了主窗体和子窗体之间的一对多关系，步骤如下：

　　（1）首先要提前创建好几个子窗体。

　　（2）在窗体设计视图中，单击"新建"按钮，在弹出的"新建"对话框中选择"设计视图"，再选择数据源，然后单击"确定"按钮，弹出空白窗体。直接拖动数据表的字段到窗体中，并利用"格式"菜单中的"对齐"和"水平间距"命令，设计好主窗体。

　　（3）在窗体设计视图中打开主窗体，单击"窗口"菜单中的"垂直平铺"命令，将数据库窗口与窗体设计窗口并列放置。

　　（4）在数据库窗口"窗体"列表中，选择"窗体 1 子窗体"，并从数据库窗口直接拖动到窗体设计窗口上，用同样的方法，将"综合成绩子窗体"直接从数据库窗口拖动到窗体设计窗口上，如图 3-78 所示。

　　4. 创建两级子窗体的窗体

　　在创建带有两个子窗体的窗体之前，要确保表之间的关系已经定义好了，主窗体和一级子窗体之间是一对多的关系，一级子窗体和二级子窗体之间也是一对多关系，步骤如下：

　　（1）首先创建一个带有子窗体的窗体。

　　（2）在主窗体视图中，确保没有选中子窗体控件。在子窗体控件上双击，Access 会显示设计视图下的子窗体。

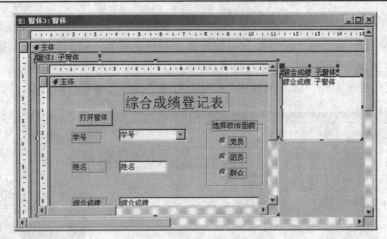

图 3-78　多子窗体设计视图

（3）用子窗体向导创建一个子窗体，或者从数据库窗口将窗体或数据拖动到子窗体中，这样就可以在子窗体中再创建一个子窗体。

3.3.2　创建多页窗体

设计多页窗体有使用分页和选项卡控件两种方法。若发现数据太多，不能放在窗体的一页上时，用增加分页符标记另起一页来创建多页窗体。若需要在一个窗体中显示不同信息的页面，则需要用选项卡控件来创建多页窗体。

1. 使用选项卡创建多页窗体

使用选项卡创建多页窗体是很简单的，使用选项卡控件，可以将所有的页全部放到一个控件中，如果要切换页，单击某个选项卡即可。使用选项卡创建一个多页窗体的操作步骤如下：

（1）在窗体设计视图中，单击"新建"按钮，在弹出的"新建"对话框中，选择"设计视图"，再选择数据来源，然后单击"确定"按钮，弹出空白窗体。

（2）单击工具箱里的"选项卡"按钮，然后在窗体上画一个矩形页面，如图 3-79 所示。

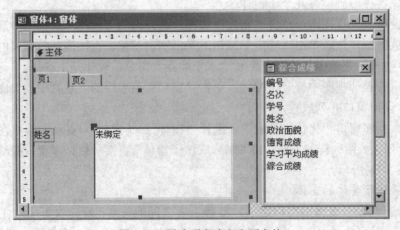

图 3-79　用选项卡建立多页窗体

（3）在"页 1"选项卡中，单击工具箱中"列表框"按钮，设置一个个人基本情况表。

（4）在"页 2"选项卡中，设置一个班级成绩情况表。

（5）用宏将它们连接。关于宏将在以后的章节中专门介绍。

2. 使用分页符创建多页窗体

使用分页控件在窗体上的控件之间实现垂直方向的中断。当按下 **Page Up** 或 **Page Dn** 键时，系统将自动翻页。使用分页符创建多页窗体的操作步骤如下：

（1）在窗体新建设计视图中，显示数据表、工具箱、属性列表框。

（2）单击工具箱中的"分页"按钮，然后在窗体新页开始的地方单击，如图 3-80 所示。

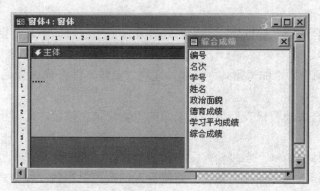

图 3-80　用分页符建立多页窗体

（3）使用垂直标尺来帮助定位分页符，使得每个分页符之间是相等的距离，然后设计窗体，让每个窗口一次只显示一页。

（4）右击窗体左上角，在弹出的属性列表中，将"滚动条"属性设为"两者均无"或"只水平"。

（5）将选中的基表中的字段分别拖动到这两页窗体中。

（6）调整窗体大小到合适位置，切换窗体视图，用 **Page Up** 或 **Page Dn** 键在页之间翻动。

3.4　调整窗体

3.4.1　操作窗体记录

1. 浏览记录

要修改窗体所基于的表和查询的数据，首先要定位到相应的记录，然后才能对数据进行操作。在窗体的左下角的 6 个结合在一起的工具，称为导航按钮，如图 3-81 所示。

图 3-81　窗体的导航按钮

利用这个工具可以实现记录的定位，以及新记录的添加。单击"第一条记录"按钮可将记录定位到源表或查询的第一条记录，单击"最后一条记录"则将记录定位到源表或查询的最后一条记录，而单击"前一条记录"和"后一条记录"按钮，则可以分别将记录定位当前记录的前一条和后一条记录。在中间的文本框中直接输入记录号可以快速定位到指定记录。单击"新记录"按钮可以直接向源表或查询中添加新记录。

注意：记录定位工具只在"窗体"视图中存在，在"设计"视图和"数据表"视图中不存在记录定位工具。实际上在"窗体"视图中也可以隐藏记录定位工具。

2. 编辑记录中的数据

在窗体中向窗体基表或查询中添加新记录的数据是窗体的重要功能之一。为了添加一个新记录，首先打开要添加记录的窗体，单击窗体左下角的"新记录"按钮，此时窗体定位到第一个空白页，通过各控件输入新数据。

下面介绍如何通过此方法向"综合成绩"数据库的"综合成绩表登记"中添加新记录。步骤如下：

（1）打开"综合成绩"数据库，如果已经打开，但当前窗口不是数据库窗口，按 F11 键切换到数据库窗口。

（2）单击"对象"栏上的"窗体"选项，选择"窗体 1-综合成绩登记表"，然后单击"打开"按钮。

（3）单击"综合成绩登记表"窗体左下角的"新记录"按钮，此时出现一个空白窗体，如图 3-2 所示。

（4）在空白窗体中为每个字段输入一个新的数据。

（5）单击工具栏上的"保存"按钮，将刚输入的数据保存到"综合成绩登记表"中。

提示：新记录的各项数据输入完毕后，单击记录定位工具中的"新记录"、"前一条记录"或"后一条记录"按钮都将使得 Access 自动将新记录保存到基表中，这样可以不再执行第（5）步。

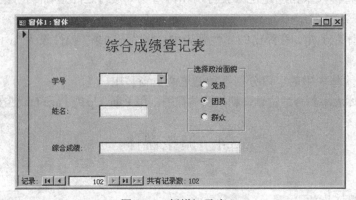

图 3-82　新增记录窗口

除了可以在窗体中添加新记录外，也可以利用窗体修改基表或查询中的数据。要修改数据，可直接在各控件中输入新的数据，这样将自动将修改基表中的相应字段值，单击工具栏上的"保存"按钮即可保存所做修改，改变当前记录也可保存所做修改。步骤如下：

（1）打开"综合成绩"数据库，如果已经打开，但当前窗口不是数据库窗口，按 F11 键，切换到数据库窗口。

（2）单击"对象"栏上的"窗体"选项，选择"窗体 1-综合成绩登记表"，然后单击"打开"按钮。

（3）利用记录定位工具按钮定位到要修改的记录。

（4）单击要修改的字段所对应的控件，删除不需要的数据，输入新数据。

（5）单击工具栏上的"保存"按钮，保存所做修改。

在添加或修改一个记录时，如果要放弃对数据的修改，可单击"编辑"→"撤消当前字段/记录的操作"命令，清除所输入的数据。在自动保存一条记录后，单击"编辑"→"撤消保存记录"命令可删除刚刚保存的记录，并将当前记录定位到修改前的记录号。

但是以下情况进行的修改将是不可恢复的：

- 窗体被创建为只读窗体方式。如果窗体的"允许删除"、"允许添加"和"允许编辑"属性设为"否"，则不能更改其基础数据。
- 一个和多个控件的"是否锁定"属性设为"是"。
- 可能还有其他用户同时使用该窗体，而窗体的"记录锁定"属性设为"所有记录"或"编辑的记录"。如果是这种情况，可以在记录选定器中看到锁定的记录指示器的标志。
- 可能试图编辑计算控件中的数据。计算控件显示的是表达式的结果。计算控件中显示的数据并不存储，所以不能对其进行编辑。
- 窗体所基于的查询或 SQL 语句可能是不可更新的。

不能在"数据透视表"和"数据透视图"视图中编辑数据。

3.4.2　数据的查找、排序和筛选

通常情况下，窗体可以显示基表或查询中的全部记录，但是如果用户仅仅关心其中某一部分记录，这时可以利用窗体的筛选和排序功能。应用窗体进行筛选和排序时可以直接利用窗体显示筛选和排序的结果，而不必另外新建一个查询。同时，在应用筛选时不仅可以对主窗体应用筛选，而且还可以对各个子窗体应用筛选。应用筛选后，用户在窗体中浏览基表或查询记录时窗体中只显示与条件匹配的记录数。

在窗体中可以使用的筛选方式有以下 5 种：

- 按选定内容筛选；
- 按窗体筛选；
- 内容排除筛选；
- 输入筛选目标筛选；
- 高级筛选/排序。

其中按选定内容筛选、按窗体筛选和内容排除筛选是筛选记录最容易的方法。如果已知被筛选记录包含的值，可使用按选定内容筛选。如果要从字段列表中选择所需的值，或者要指定多个条件，可使用按窗体筛选。内容排除筛选通过排除所选内容对记录进行筛选。若要通过排除所选内容进行筛选，可在数据表或窗体中选择一个字段或字段的一部分，然后单击"内容排除筛选"命令。输入筛选目标筛选与内容排除筛选相对应，它是通过输入字段的某一部分来对记录进行匹配。对于更复杂的筛选可使用高级筛选/排序。

1. 按选定内容筛选

在窗体中以按选定内容筛选方式控制记录显示的具体步骤如下：

（1）在"窗体"视图方式下打开要进行筛选的窗体。

（2）单击要筛选的数据，然后在工具栏上单击"按所选内容筛选"按钮。

（3）此时窗体将根据筛选进行刷新，并且窗体中只能显示符合筛选要求的记录，即通过导航按钮只能定位到筛选结果中的记录。

（4）如果要取消筛选，可单击工具栏中的"删除筛选"按钮，此按钮与"应用筛选"是同一个按钮，只是显示状态不同。

2. 按窗体筛选

按窗体筛选方式筛选记录的操作步骤如下：

（1）在"窗体"视图方式下打开"综合成绩"数据库中的"综合成绩登记表"窗体。

（2）单击工具栏中的"按窗体筛选"按钮或单击"记录"→"筛选"→"按窗体筛选"命令，切换到"综合成绩登记表"窗体，如图 3-83 所示。

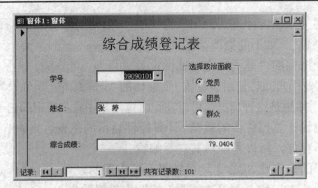

图 3-83　"综合成绩登记表"窗体

（3）在"综合成绩登记表"窗体中，单击"姓名"字段用它作为条件，从该字段的下拉列表框中选择"张婷"，如果条件字段没有下拉列表框，可直接输入所需值所表达式。

（4）单击工具栏上的"应用筛选"按钮，Access 将在窗体中显示筛选结果。

3．输入筛选目标筛选

输入筛选目标筛选记录的步骤如下：

（1）在"窗体"视图方式下打开"综合成绩"数据库中的"综合成绩登记表"窗体。

（2）右击用于指定条件的"姓名"字段，在快捷菜单的"筛选目标"文本框中输入被筛选记录包含的字段值：张婷。在"筛选目标"文本框中也可以输入表达式，例如可以输入"Like "婷""，如图 3-84 所示，筛选结果为姓名中最后一个字为"婷"的姓名。

（3）按 Enter 键以使 Access 开始筛选并关闭快捷菜单，筛选结束后将显示筛选结果。

提示：如果需要对筛选指定其他条件，需按 Tab 键，而不能按 Enter 键。按 Tab 键后，Access 进行筛选，用户可在快捷菜单中选择附加条件，如按该字段升序或降序显示筛选结果。在键入附加条件后可以连续按 Tab 键，直至得到所选记录。

4．高级筛选/排序

使用"高级筛选/排序"方式进行筛选的步骤为：

（1）按"窗体"视图打开"综合成绩"数据库中的"综合成绩登记表"窗体。

（2）单击"记录"→"筛选"→"高级筛选/排序"命令，打开"窗体 1 筛选 1：筛选"窗口，如图 3-85 所示。

图 3-84　在"筛选目标"文本框中
　　　　输入"Like "婷""

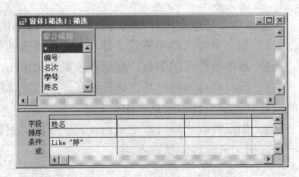

图 3-85　"窗体 1 筛选 1：筛选"窗口

（3）将需要指定用于筛选记录的值或条件的字段添加到设计网格中，如"姓名"和"综合成绩"。

（4）如果要指定某个字段的排序次序，可单击该字段的"排序"单元格，然后单击旁边的箭头，选择相应的排序次序。如果对多个字段排序，Access 将首先排序设计网格中最左边的字段，然后排序该字段右边的字段，以此类推。

（5）在已经包含的字段的"条件"单元格中，可输入要查找的值或表达式。

（6）单击工具栏上的"应用筛选"按钮以执行筛选。

注意：在保存窗体时，Access 将同时保存筛选，所以下次打开窗体时，可以重新应用此筛选。在筛选设计窗口中只能利用窗体所基于的表或查询，而不能添加新表或查询。如果在创建筛选之前窗体已经有筛选，则新建筛选将代替原有筛选。

3.4.3　设置背景色

Access 为用户提供了多种与颜色有关的设置，基本上对于 Access 窗体中所有部件，用户都可以专门设定其颜色。使用"背景颜色"、"边框颜色"和"前景颜色"属性，可以在 Access中创建与其他 Windows 应用程序中的颜色方案相符的颜色方案，以便保持一致性，这在开发供多用户使用的应用程序时尤其有用。将颜色属性设置为 Windows 系统颜色，这样就可以指定一个设置，在不同用户的计算机上显示相同的颜色，显示的颜色取决于各用户在其 Windows"控制面板"中选择的颜色。

下面就介绍设置窗体中颜色属性的操作过程。

（1）在"设计"视图中打开窗体。

（2）打开节或控件的属性表。

（3）在属性表中，根据设置的需要选取"背景颜色"、"边框颜色"或"前景颜色"属性。

（4）在属性框中，键入表 3-2 中列出的数字之一。

表 3-2　Windows 系统中颜色设定

屏幕部件	数值
滚动条	2147483648
桌面	2147483647
活动窗口标题栏	2147483646
非活动窗口标题栏	2147483645
菜单栏	2147483644
窗口	2147483643
窗口边框	2147483642
菜单文本	2147483641
窗口文本	2147483640
标题栏文本	2147483639
活动窗口边框	2147483638
非活动窗口边框	2147483637
应用程序背景	2147483636
凸出显示	2147483635
凸出显示文本	2147483634
三维表面	2147483633

续表

屏幕部件	数值
三维阴影	2147483632
失效文本	2147483631
按钮文本	2147483630
非活动窗口标题栏文本	2147483629
三维醒目显示	2147483628
三维暗阴影	2147483627
三维浅色	2147483626
工具提示文本	2147483625
工具提示背景	2147483624

例如，要使窗体的背景与自己或其他用户使用的 Windows 背景具有相同的颜色，可将 Windows 的"背景颜色"属性值设置为 2147483643。对 Windows 系统中颜色所对应的数值有所了解会方便用户以后在创建窗体时的统一。

也可以使用 Visual Basic 应用程序将"背景颜色"、"边框颜色"和"前景颜色"属性设置为 Windows 系统颜色。

注意：Windows 系统颜色值只引用表 4-2 所列屏幕部件的颜色，而不会引用它被分配给的对象类型的颜色。例如，可以将文本框的"背景色"属性设置为滚动条、桌面或其他屏幕部件的 Windows 系统颜色。

3.4.4　窗体自动套用格式

对用户的应用程序来说，Access 窗体中还有一项功能，可以直接设置创建窗体的样式，即自动套用格式。使用自动套用格式可以十分简单地设置窗体的样式。

操作过程如下：

（1）在窗体设计视图中打开相应的窗体。

（2）根据需要先选择下列操作：

● 如果要设置整个窗体的格式，单击相应的"窗体选定器"。

● 如果要设置某个节的格式，单击相应的"节选定器"。

● 如果要设置一个或多个控件的格式，选定相应的控件。

（3）在工具栏上单击"自动套用格式"按钮，或者在"格式"菜单中选取"自动套用格式"命令，在窗口中便出现如图 3-86 所示的对话框。

（4）在对话框左边窗口的列表框中单击选取某种格式，选取某种格式之后，就会在列表右边的窗口显示相应的窗体样式。

（5）通过单击"选项"按钮，会在对话框底部增加几个选项设置。用户可以指定所需的属性，如字体、颜色或边框。

（6）单击"自定义"按钮，出现如图 3-87 所示的对话框。然后在对话框中单击所需的自定义选项。

（7）单击"确定"按钮确定设置，关闭对话框。

提示：这项功能是为了给用户在开始工作时提供一个标准的工作平台，它综合了提供格式和查看在窗体中所有控件的功能。

图 3-86　"自动套用格式"对话框

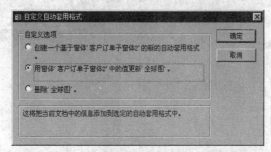

图 3-87　"自定义自动套用格式"对话框

3.5　窗体设计实例

　　基于多个数据表来创建一个具有信息浏览功能的复杂窗体。其中，窗体的对象是建立在"公司信息系统"数据库中的"部门"、"职工"和"项目清单"3 个数据表上，分别如图 3-88、图 3-89 和图 3-90 所示。

图 3-88　"部门"表

图 3-89　"职工"表

图 3-90　"项目清单"表

　　"部门"数据表存储部门信息，包括部门的代码、名称、电话及主管人员；"职工"数据表存储公司职工信息；而"项目清单"数据表则是存储公司项目信息，每个记录对应公司的一个项目，包括项目的具体内容、计划完成的时间、实际完成的时间及责任人等。

　　本例的任务就是将以上三类公司信息利用 Access 的选项卡控件将三个信息窗体放在同一个窗体中，这样便于用户查找公司信息。

3.5.1　创建相关窗体

（1）打开如图 3-91 所示的"公司信息系统"数据库窗口，可以看到有"部门"、"职工"和"项目清单"三个表。本例将基于此数据库来设计窗体。

在设计"公司信息系统"窗体之前，需要先利用窗体向导分别创建"部门"、"职工"和"项目清单"三个窗体，然后再利用子窗体控件将这三个窗体加载到"公司信息系统"的三个选项卡中。这里仅简单介绍利用窗体向导设计"部门"窗体的过程，"职工"和"项目清单"窗体同理可得。

（2）单击"对象"栏的"窗体"选项，双击"使用向导创建窗体"，如图 3-92 所示。

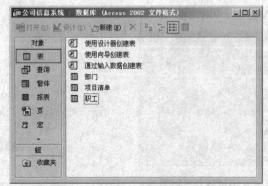

图 3-91　"公司信息系统"数据库　　　　图 3-92　使用向导创建窗体

（3）在弹出的"窗体向导"对话框中，在"表/查询"的下拉列表框中选择"表：部门"，然后单击 >> 按钮将"部门"数据表中的所有字段添加到"选定的字段"列表框中，如图 3-93 所示，单击"下一步"按钮。

（4）为创建的新窗体选择使用何种布局，本例选择"数据表"方式，如图 3-94 所示，单击"下一步"按钮。

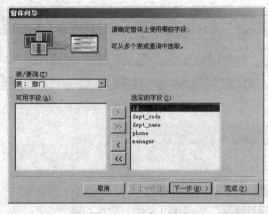

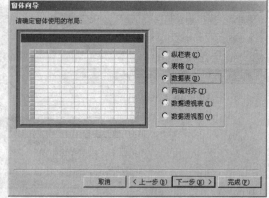

图 3-93　添加字段　　　　　　　　图 3-94　选择"数据表"布局方式

（5）在图 3-95 所示的对话框中，选择系统默认的"标准"样式，单击"下一步"按钮。

（6）在如图 3-96 所示的最后一个向导对话框中，在"请为窗体指定标题"文本框中输入"部门"，同时选择"打开窗体查看或输入信息"单选按钮，单击"完成"按钮。

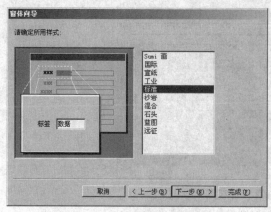

图 3-95 选择样式

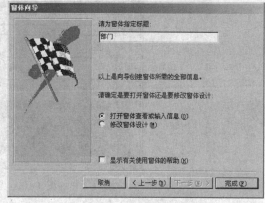

图 3-96 为窗体指定标题

使用向导创建窗体的步骤就完成了,图 3-97 所示的就是"部门"窗体,重复以上的步骤可以创建分别如图 3-98 和图 3-99 所示的"职工"窗体和"项目清单"窗体。

	ID	部门代码	部门名称	电话	主管人员
▶	1	001	人事部	83233323	张可
	2	002	会计部	88882323	陈明
	3	003	开发部	23423424	李国新
	4	004	销售部	88888232	赵明
*	(自动编号)				

记录: |◀ ◀ 1 ▶ ▶| ▶* 共有记录数: 4

图 3-97 "部门"窗体

	ID	登记日期	姓名	出生日期	地址	电话	职称
▶	1	2001-9-5	赵明	1974-11-4	中山四路201号	234324234	销售经理
	2	2001-9-5	李兴	1974-11-4	中山四路205号	2377723234	会计经理
	3	2001-9-5	李国新	1974-11-4	中山四路208号	234324332	人事经理
	4	2001-9-5	张可	1974-11-4	中山四路202号	234888434	销售经理
*	(自动编号)						

记录: |◀ ◀ 1 ▶ ▶| ▶* 共有记录数: 4

图 3-98 "职工"窗体

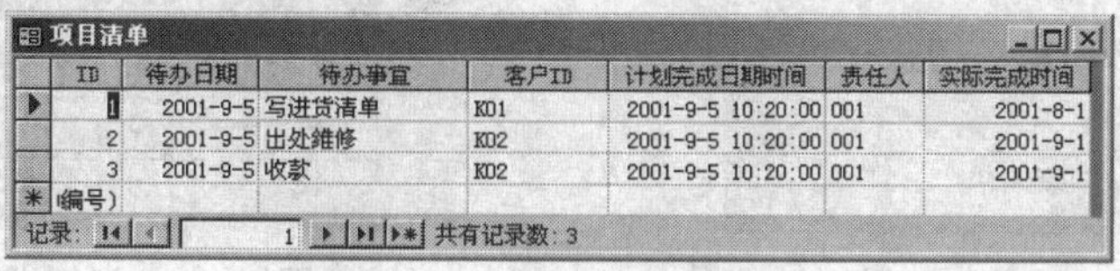

	ID	待办日期	待办事宜	客户ID	计划完成日期时间	责任人	实际完成时间
▶	1	2001-9-5	写进货清单	K01	2001-9-5 10:20:00	001	2001-8-1
	2	2001-9-5	出处维修	K02	2001-9-5 10:20:00	001	2001-9-1
	3	2001-9-5	收款	K02	2001-9-5 10:20:00	001	2001-9-1
*	(编号)						

记录: |◀ ◀ 1 ▶ ▶| ▶* 共有记录数: 3

图 3-99 "项目清单"窗体

3.5.2 设计窗体

下面介绍在设计视图中创建"公司信息系统"窗体的过程。

(1)回到"公司信息系统"数据库窗口,单击"窗体"对象,然后双击"在设计视图中创建窗体",弹出如图 3-100 所示的窗体设计视图。

(2)前面介绍过如何向窗体设计视图中添加控件,这里首先向窗体中添加一个标签控件 **Aa**,输入控件的标题"公 司 信 息 系 统",如图 3-101 所示。

下面介绍设置该标签控件属性的过程。

(3)选中该标签控件,右击,在弹出的快捷菜单中选择"属性"命令,如图 3-102 所示。

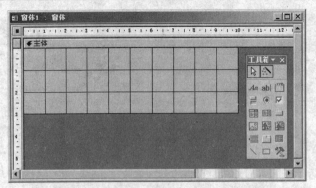

图 3-100　窗体设计视图

图 3-101　输入标题

图 3-102　选择"属性"

（4）弹出如图 3-103 所示的属性对话框，在"格式"选项卡中，设置"字体"为"仿宋_GB2312"，"字体大小"为 16，"特殊效果"为"阴影"，"字体粗细"为"加粗"。

标签控件属性设置完毕，效果如图 3-104 所示。

图 3-103　设置标签属性

图 3-104　标签设置效果

下面介绍设置选项卡控件的过程。

（5）完成以上的标签控件设置后，再向窗体中添加一个选项卡控件，并调整窗体和选项卡控件的大小和位置，如图 3-105 所示。

下面介绍设置该选项卡控件属性的过程。

（6）如图 3-106 所示，直接添加选项卡控件后，默认情况下只含有两个页，而本例中需要设置含三个页的选项卡。选中选项卡控件，右击，弹出如图 3-106 所示的右键菜单。单击"插入页"选项，则在选项卡中插入了一页，变成含三个页的选项卡，如图 3-107 所示。

（7）再选中选项卡后右击，在弹出的如图 3-106 所示的右键菜单中单击"属性"命令打开"属性"对话框，如图 3-108 所示，在"全部"选项卡的"标题"文本框中输入"项目清单"。

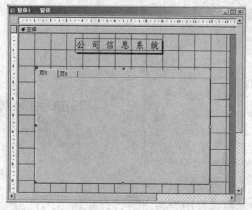

图 3-105　添加选项卡

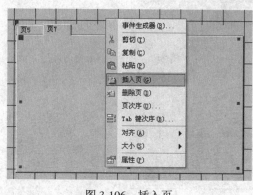

图 3-106　插入页

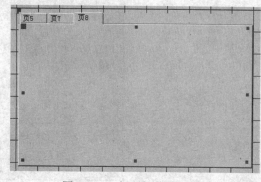

图 3-107　含三个页的选项卡

（8）打开属性对话框上方的下拉列表框，如图 3-109 所示，分别将其他两个页的标题设置为"部门"和"职工"。

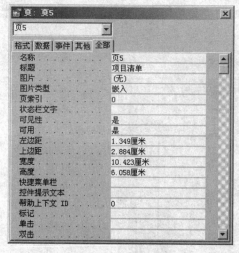

图 3-108　设置页标题

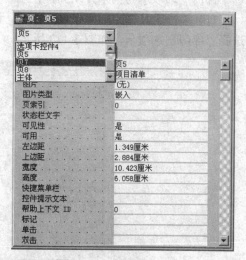

图 3-109　选择其他两个页

（9）在如图 3-109 所示的属性对话框的下拉列表框中选择"窗体"，将窗体属性框中"全部"选项卡中的"导航按钮"设为"否"，如图 3-110 所示。

（10）单击工具栏上的"保存"按钮，在如图 3-111 所示的对话框中将窗体命名为"公司信息系统"。

图 3-110 设置窗体的导航属性

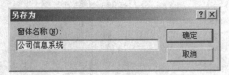

图 3-111 为窗体命名

这时单击工具栏上的"窗体视图"按钮，显示如图 3-112 所示的窗体结构。

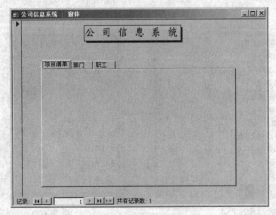

图 3-112 窗体结构

这时分别单击不同的选项卡可以打开不同的页，不过现在各选项卡页中都是空的，下面就以"部门"选项卡为例来介绍如何使用子窗体控件将前面创建的窗体加载到选项卡中。

（11）单击工具栏上的"设计"按钮，回到如图"公司信息系统"窗体的设计视图状态，并选择"部门"选项卡，如图 3-113 所示。

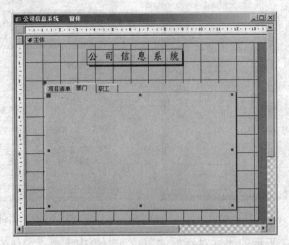

图 3-113 窗体设计视图

（12）向窗体中"部门"选项卡页中添加一个子窗体/子报表控件，在窗体添加时会弹出"子窗体向导"对话框。在对话框中单击"使用现有的窗体"单选按钮，然后在列表框中

选择"部门",如图 3-114 所示,单击"下一步"按钮。

(13)在如图 3-115 所示的对话框中指定子窗体的名称为"部门",单击"完成"按钮,回到设计视图。

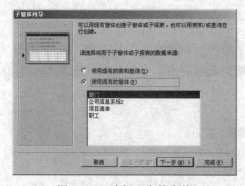

图 3-114　选择现有的窗体

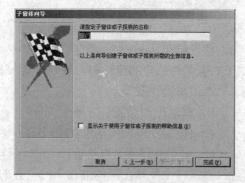

图 3-115　指定子窗体名称

(14)单击工具栏上的"保存"按钮保存窗体的修改,调整窗体中各控件的大小和位置,并通过单击工具栏上的"窗体视图"按钮来观察窗体的布局是否适当、美观,最终得到的窗体设计视图如图 3-116 所示。

这时单击工具栏上的"窗体视图"按钮,显示如图 3-117 所示的窗体结果。

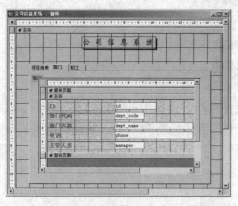

图 3-116　添加完成

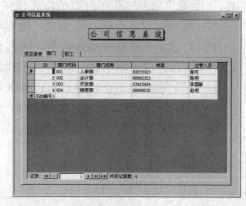

图 3-117　设置结果

使用子窗体向导设置选项卡窗体的步骤就完成了,图 3-117 所示的就是"部门"选项卡窗体,重复以上的步骤可以分别创建如图 3-118 和图 3-119 所示的"职工"选项卡窗体和"项目清单"选项卡窗体。

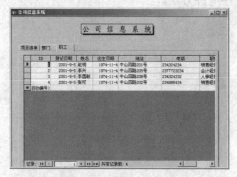

图 3-118　"职工"选项卡

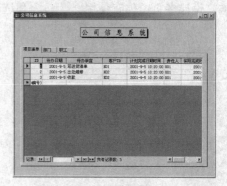

图 3-119　"项目清单"选项卡

习题三

一、选择题

1. 假设已在 Access 中建立了包含"书名"、"单价"和"数量"等三个字段的 tOfg 表，以该表为数据源创建的窗体中，有一个计算机订购总金额的文本框，其控件来源为（　　）。

    A．[单价]*[数量]

    B．=[单价]*[数量]

    C．[图书订单表]![单价]*[图书订单表]![数量]

    D．=[图书订单表]![单价]*[图书订单表]![数量]

2. 确定一个控件在窗体报表上的位置的属性是（　　）。

    A．Width 或 Height   B．Width 和 Height

    C．Top 或 Left   D．Top 和 Left

3. 假定窗体的名称为 fmTest，则把窗体的标题设置为"Access Test"的语句是（　　）。

    A．Me="Access Test"   B．Me.Capton="Access Test"

    C．Me.text="Access Test"   D．Me.Name="Access Test"

4. 下面关于列表框和组合框的叙述错误的是（　　）。

    A．列表框和组合框可以包含一列或几列数据

    B．可以在列表框中输入新值，而组合框不能

    C．可以在组合框中输入新值，而列表框不能

    D．在列表框和组合框中均可以输入新值

5. 为窗体上的控件设置 Tab 键的顺序，应选择属性对话框中的（　　）。

    A．格式选项卡   B．数据选项卡   C．事件选项卡   D．其他选项卡

二、填空题

1. 窗体中的数据来源主要包括表和_____。

2. 在设计窗体时使用标签控件创建的是单独标签，它在窗体的_____视图中不能显示。

3. 窗体的基本类型包括纵栏式窗体、表格式窗体、主/子式窗体、_____和数据透视表窗体。

4. 使用_____可以快速创建一个显示选定表或查询中所有字段及记录的窗体。

5. 设计多页窗体有使用_____和选项卡控件两种方法。

第4章 报 表

本章学习目标

● 掌握报表的概念、构成及分类
● 掌握使用向导、设计视图设计简单、高级报表
● 掌握编辑已有报表的方法
● 掌握打印报表的相关操作

4.1 报表基础

在学习使用 Microsoft Access 报表之前，让我们先来认识报表的定义和基本功能。

4.1.1 报表的定义和作用

我们知道，如果在 Access 中要以打印格式来显示数据，使用报表是一种有效的方法。因为报表为查看和打印概括性的信息提供了最灵活的方法。我们可以在报表中控制每个对象的大小和显示方式，并可以按照所需的方式来显示相应的内容，例如，可以在报表中增加多级汇总、统计比较，甚至加上图片和图形。

报表中大部分内容是从基表、查询或 SQL 语句中获得的。报表中的其他内容将存储在报表设计中。同时，在 Access 的报表中，使用图形化对象——控件，可以在报表与其记录来源之间创建联系。控件可以是用于显示标题的标签，以及用于可视化组织数据、美化报表的装饰线条等。

4.1.2 报表的视图与组成

在开始报表的设计之前，我们必须了解报表的几个基本组成部分。报表就是利用其不同的组成部分，将从数据库的数据中所提取的信息，有机地展现在用户的面前。对报表所进行的设计也就是围绕着这些组成部分中的控件进行编辑。

1. 报表的节

可以在报表的设计视图中清楚地看到报表的每一组成部分——节，报表中的内容是以节作为单位划分的。如图 4-1 所示，所有的节在"设计"视图中水平方向无限伸展。

报表由 5 个节组成，分别是：报表页眉、报表页脚、页面页眉、页面页脚、报表主体，其中报表主体还包括它的标头和注脚。上述每一个节都有其特定的目的，而且按照一定的顺序打印在页面及报表上，节的具体位置和作用如表 4-1 所示。

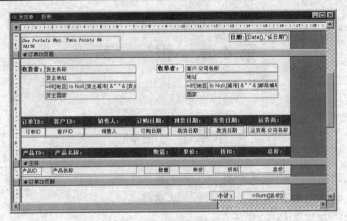

图 4-1　报表的节组成

表 4-1　报表中节的具体位置和作用

节		报表中位置	作用
报表页眉		只出现在报表开始的位置	在报表中显示标题、徽标、图片及其他报表的标识物
页眉		位于每页的最上部	显示字段标题、页号、日期和时间
报表主体	组标头	位于每个字段组的开始处，需对字段排序或分组的地方	显示标题和总结性的文字
	主体内容	每个有下划线的记录都有相对应的详细内容	显示记录的详细内容
	主体注脚	位于每个字段的末端，报表主体之后和页脚之前	显示计算和汇总信息
页脚		位于每页的最下部	可以是日期、页号、报表标题、其他信息
报表页脚		只出现在报表结束位置	总结性文字

　　在设计视图中，节代表各个不同的带区，而且报表所包含的每一节一般只能被指定一次。在打印报表中，某些节可以指定很多次。可以通过放置控件来确定在每一节中显示内容的位置，如标签和文本框。通过对使用相同数值的记录进行分组，可以进行一些计算或简化报表，使其易于阅读。在此报表中，相同年份的销售情况将分在同一个组中。报表的最后的输出的结果如图 4-2 所示（图 4-1 是它的设计视图）。

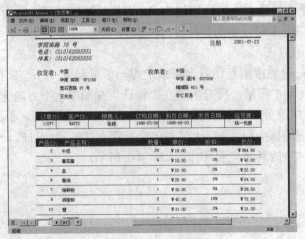

图 4-2　打印预览视图中的报表输出

在默认情况下，通过"新建报表"对话框中"设计视图"选项新建一个报表，系统会在新报表中自动包含有页眉、页脚和主体这三个节。下面将对报表中各个节的详细内容加以介绍。

2. 报表的页眉

在一个报表中报表页眉中任何内容只能在报表的开端处出现一次，报表页眉节上面为报表页眉栏，下面为页眉，它出现在报表窗口的开端。报表页眉内存放的数据出现在报表的开始部分，即第一页的页眉之前。一个典型的报表页眉包括报表标题，还可以添加日期和公司标识等控件。

报表页眉只能在报表中出现一次，利用分页控件的功能可以将报表中的报表页眉单独做成一个报表的开始或封面，把报表页脚作成一个总结或结束页。

报表页眉的主要作用是便于用户搞清楚所浏览数据信息的主体，因此，需要利用某些特殊功能，如在报表页眉中添加一些线条、方框、阴影和颜色等，对报表页眉进行装饰，以突出报表的主题。

如果要在设计视图中显示或隐藏报表页眉，可以在"视图"菜单中选中或取消"报表页眉/页脚"命令即可。

3. 页面页眉

页面页眉中的文本或字段控件等内容通常出现在报表的每页顶端，位于页眉栏和报表主体栏之间。像在如图 4-1 中所示的那样，页眉中内容就是一个年份标识，表明了报表中的数据内容分类。

一个典型的页眉包括页数、报表标题或字段标签等。例如，大家比较熟悉的汇总报表中的起栏目标题头。同样，可以利用某些特殊效果对页眉进行处理，突出其包含的内容。

如果要在设计视图中显示或隐藏页面页眉，可以在"视图"菜单中选中或取消"页面页眉/页脚"命令即可。

4. 报表的组标头

组标头通常用一个特殊的标签来标识，表明报表主体中显示出来的是字段内容。在图 4-2 所显示的便是与主体内容相关的文本标签。

当报表主体使用 Access 报表的排序和分组特性的时候，Access 就会为报表中每个字段添加一个页眉字段标签，按照这些字段对记录进行分组。在页面页眉和页面页脚之间是报表主体，即报表的详细信息段。主体中显示每条记录。

组标头可以有多级，利用多级可以对显示的主要信息内容进行细分。可以利用组标头属性表对组标头的显示进行设定。

5. 报表的主体

报表主体中显示当前表或查询中的每条记录的详细信息。可以利用计算字段对每行数据进行某种计算，例如，利用产品数量乘以单价算出总计金额。在图 4-2 中，显示了三个字段的内容。

通过报表设计窗口的"可见性"属性来设置是否需要显示报表中的某个字段。通过关闭主体的显示，就能够显示一个不带主体或只显示某些组的总计报表。

6. 报表的组注脚

使用组注脚可以对报表主体中分组之后的所有记录进行统计。在图 4-1 中，可以看到"小计"字段中的表达式为：=Sum([总价])，即表示将该年份中的所有订单中的销售金额相加。每次分组改变时，这种类型的字段会自动复位为 0。

对于每个组注脚中文本框的属性框中，都有一个"运行总和"属性，可以利用该属性改变计算总计的方法。

7. 页面页脚

页面页脚通常包含页码或控件总计。在一个很大的报表中，可能报表主体中的记录很多，使得在每页中没有一个统计数字，这就需要在报表设计中既包含页码总数又有报表主体中被分组的记录总数。

一般来说，在显示页面页脚时，都是采用将文本控件 Page 与表达式 Page 结合在一起打印出页码，页码文本框中的内容一般为：="第 '&[Page]&' 页"。

8. 报表的页脚

报表页脚位于一个报表设计视图中的最底部，是在所有记录数据和报表主体都输出之后打印在报表的结束处。在输出时和报表页眉一样，只出现一次。

典型的报表页脚显示所有记录的汇总结果，如记录的总计数、平均值和百分率等。

当在报表页脚中添加了输出的内容，最后一页中的页面页脚会在报表页脚的输出内容之后输出。

4.1.3 报表的分类

在 Microsoft Access 中，创建的报表可以分为 4 种基本类型，它们分别是：

（1）表格式报表。表格式报表以行和列的形式打印出带有分组和汇总数据的报表。

（2）纵栏式报表。纵栏式报表像窗体一样打印数据，可以包括汇总和图形。

（3）邮件归并报表。邮件归并报表是建立窗体的信函。

（4）邮件标签。邮件标签用来建立多列标签或者折叠栏报表。

1. 表格式报表

表格式报表又称为分组/汇总报表，它十分类似于用行和列显示数据的表格。表格式报表不同于窗体和数据工作表的是，它通常用一个或多个已知的值把报表的数据进行分组；在每组中可能有计算和显示数字统计信息。有一些分组/汇总报表也具有页汇总和阶段汇总的功能。

如图 4-3 所示，表格式报表中可以建立页码、显示报表日期，以及可以利用线条和方框将信息分隔开。另外，用户可以像在窗体中一样，根据需要在报表中添加图片、商业图表和备注文本。

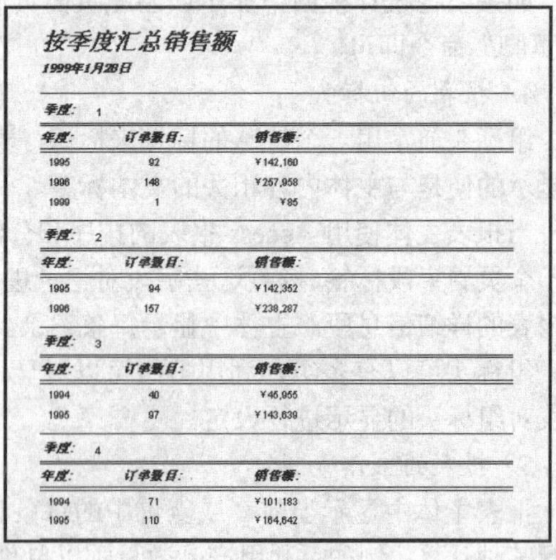

按季度汇总销售额

1999年1月28日

季度: 1

年度:	订单数目:	销售额:
1995	92	¥142,160
1996	148	¥257,958
1999	1	¥85

季度: 2

年度:	订单数目:	销售额:
1995	94	¥142,352
1996	157	¥238,287

季度: 3

年度:	订单数目:	销售额:
1994	40	¥46,955
1995	97	¥143,639

季度: 4

年度:	订单数目:	销售额:
1994	71	¥101,183
1995	110	¥164,642

图 4-3 表格式报表的示例

2. 纵栏式报表

纵栏式报表又称为窗体式报表，它通常是用垂直的方式在每页上显示一个或多个记录。纵栏式报表像数据输入窗体一样可以显示许多数据，但报表是严格地用于查看数据的，而不能用来进行数据的输入。如图 4-4 所示的“罗斯文商贸”数据库中的“发货单”报表就是一个典型的纵栏式报表。

在纵栏式报表中可以使用多段来显示一条记录，也可以用多段同时显示多条记录，这些记录的关系是一对多关系中多边记录，甚至可以包括汇总。

3. 邮件标签

在 Access 中，没有创建邮件标签的单独组件，但是可以在报表中来创建一个邮件标签。在报表的创建向导中有一种向导是专门为邮件标签而设计的，向导首先让用户从一组标签格式中选取一种样式，然后，根据所指定的建立标签的数据，Access 完成所需的创建邮件标签的任务。图 4-5 所示的是一个典型的邮件标签，我们将在"报表向导"一节中介绍如何创建一个邮件标签。

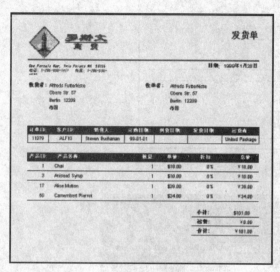

图 4-4　纵栏式报表的示例

图 4-5　邮件标签的示例

4.2　利用向导创建报表

4.2.1　使用自动创建报表向导创建报表

与窗体的新建功能类似，在报表的"新建报表"对话框中也同样有两项自动创建报表的选项。利用自动创建报表选项可以创建这样的报表，该报表能够显示基本表或查询的所有字段和记录。

下面先介绍自动创建报表的过程。操作过程如下：

（1）单击数据库窗口中的"报表"标签。

（2）直接单击"新建"按钮。或者按照上一小节中所述的新建报表的其他方法，启动"新建报表"对话框。

（3）在"新建报表"对话框中，根据需要任选下列两个自动创建报表向导之一：

● 自动创建报表：纵栏式，每个字段都将以单独的行显示，并在左侧附以标志。

● 自动创建报表：表格式，每个记录的字段在一行显示，只在每页的顶部打印标志。

（4）在对话框中的"选择此对象数据的来源表或查询"列表框中单击选取包含报表所需数据的表或查询。在本示例中选择"罗斯文商贸"数据库中"雇员"表作为报表的数据对象。

（5）最后单击"确定"按钮，系统将自动地创建所选报表类型。

为了了解两种自动创建报表的区别，也是为了进一步说明纵栏式报表和表格式报表的区别，我们利用自动创建报表向导分别创建了两种类型的报表，如图 4-6 和 4-7 所示。可以看到在报表的设计视图中，两种报表的设计样式完全不同，纵栏式报表像数据输入窗体一样显示一条记录中的多个字段；而表格式报表像数据工作表一样同时显示多条记录。

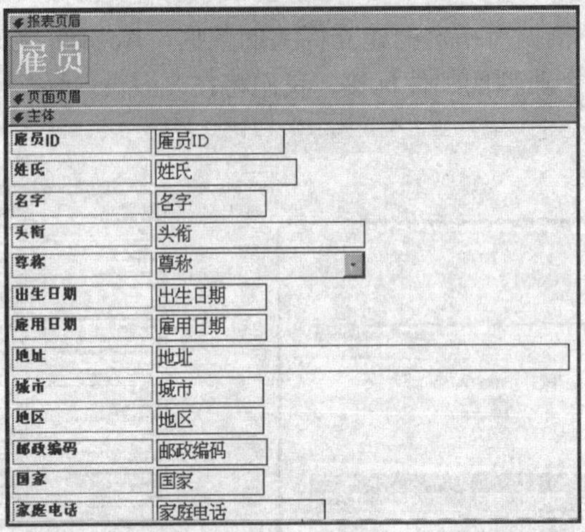

图 4-6 利用"自动创建报表：纵栏式"创建的报表

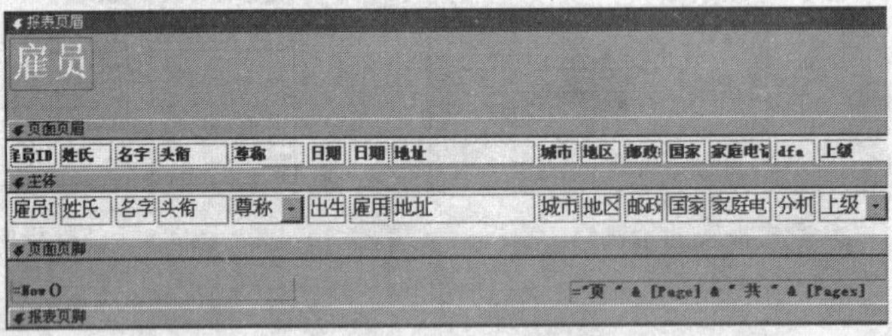

图 4-7 利用"自动创建报表：表格式"创建的报表

使用自动创建报表向导是在 Microsoft Access 中建立一个报表的最快捷的方法，用户可以根据需要，先利用自动创建报表向导创建一个报表轮廓，再在此基础之上设计所需的报表。

注意：Microsoft Access 将套用用户在报表中最后一次使用的自动套用格式。如果还不曾使用过向导来创建报表或还没使用过"格式"菜单中的"自动套用格式"命令，Access 将使用"标准"自动套用格式。

4.2.2 利用报表向导创建报表

由于报表向导可以为用户完成大部分基本操作，因此加快了创建报表的过程。即使已经创建了许多报表，或许还需要使用报表向导来快速配置所需的报表框架，然后再切换到"设计"视图对其进行自定义。用已有的东西来实现自己需要，不但可以节省大量的时间，提高效率，而且还可以使我们对一新组件有个全面的了解。

像窗体向导一样，报表向导同样为用户提供了报表的基本布局，然后根据需要可以再一步地设计它。使用报表向导作为设计报表的起点，可以使报表的创建变得更为容易。在使用报表向导时，用户一步一步地通过系统提供的一系列与创建报表有关的对话框将自己的设计思想输入，然后系统便会在所接受到信息的基础之上自动完成报表设计，这样就简化了用户在报表中对字段进行逐一的布局。下面我们就介绍使用报表向导的设计过程。

操作过程如下：

（1）单击数据库窗口中的"报表"标签。

（2）单击"新建"按钮。

（3）在"新建报表"对话框中单击列表的第二项，即报表向导。在此处可以不选择报表所需数据的基表或查询。单击"确定"按钮之后，系统将启动 Access 的"报表向导"功能。

（4）报表向导的一个对话框，如图 4-8 所示，是一个对于我们来说已经十分熟悉的对话框。同样，根据需要在对话框中先选取数据库中一个或多个基表或查询作为报表的数据来源，再从中选取相应的字段，报表所需的字段都应该添加到对话框中的"选定字段"列表框中。在本示例中，我们将在一个报表中输出有关"罗斯文商贸"数据库，以及所有雇员在每年各个季度内所签定的订单产品总价值的汇总。在该对话框中，选取以前通过 Access 的查询功能建立的一个查询——查询 31，并将所有的字段选中。选择完毕之后，单击"下一步"按钮。

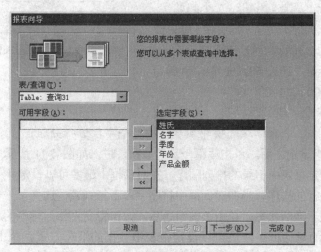

图 4-8　选择报表的数据来源

（5）下一步如图 4-9 所示，向导为用户提供了对上一步中所选字段进行分组的功能。在 Access 的报表中，对数据字段进行分组可以提高报表的可读性，便于使用者理解报表所要表达的信息，用户可以对字段进行的分组最多可以为十级。如果设定了多级分组，可以利用优先级按钮（⬆和⬇），对分组字段的排列顺序进行调整。其实，该对话框所完成的任务就是指出用于建立组页眉和脚注的字段。

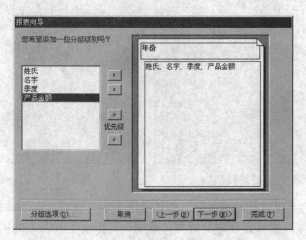

图 4-9　选择报表中字段的分组级别

在本示例中，我们指定"年份"字段作为唯一的分组字段。当选取了一个字段作为分组字段之后，对话框中报表示意图也相应发生了变化，以图形化地显示选取的字段已经成为了一个分组字段。

在该对话框中，用户还可以设定分组字段的"分组间隔"属性。在如图 4-9 所示的对话框中，单击"分组选项"按钮，出现如图 4-10 所示的对话框，为了说明该对话框的功能，我们多选取了几个分组字段。可以看到在图 4-10 所示对话框中的分组字段全部列出，可以通过选取"分组间隔"下拉列表框中相应的选项设定分组的属性。根据字段不同的数据类型，"分组间隔"选项也不相同，如下是"分组间隔"中几种字段数据类型所对应的选项：

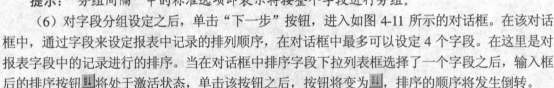

图 4-10　"分组间隔"对话框

- 文本型：标准、首起字母、2 个起始字母、3 个起始字母、4 个起始字母、5 个起始字母。
- 数字型：标准、10s、50s、100 s、500s、1000 s、5000 s、10000 s。
- 日期型：标准、年、季、月、星期、日、小时、分钟。

提示："分组间隔"中的标准选项即表示将按整个字段进行分组。

（6）对字段分组设定之后，单击"下一步"按钮，进入如图 4-11 所示的对话框。在该对话框中，通过字段来设定报表中记录的排列顺序，在对话框中最多可以设定 4 个字段。在这里是对报表字段中的记录进行的排序。当在对话框中排序字段下拉列表框选择了一个字段之后，输入框后的排序按钮将处于激活状态，单击该按钮之后，按钮将变为，排序的顺序将发生倒转。

在图 4-11 所示的对话框中，还可以设定报表中数据的汇总方式。单击对话框中的"汇总选项"按钮，将出现如图 4-12 所示的"汇总选项"对话框。对于这个对话框，我们在学习查询时也会用到。对话框将列出前面所选择的可以进行汇总的字段，在本示例中，只有"产品金额"字段可以进行汇总。选取字段汇总的方法，可以对字段进行"总计"、"平均"、"最小值"和"最大值"的计算，并可以设定汇总在报表中的显示方法。

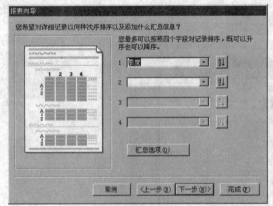

图 4-11　报表中记录排序设定

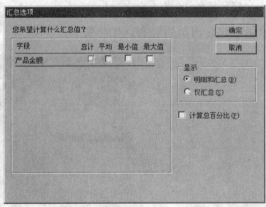

图 4-12　"汇总选项"对话框

（7）对报表中的字段进行设定之后，单击"下一步"按钮，进入如图 4-13 所示的对话框中。在该对话框中，可以选择报表布局方式，系统一共提供了 6 种不同的布局方式，可以选取不同的选项，同时在对话框左边的演示窗格中查看不同样式的情况，根据自己的喜好选择一种布局。同时在该对话框中，还可以决定报表输出显示的方式，即报表可以是纵向或横向显示。在该对话框中，我们选择第 5 种布局样式——左对齐 1。选择完毕之后，单击"下一步"按钮。

（8）在如图 4-14 所示的对话框中，可以对报表的标题样式进行设置，同样，用户可以先通过左边的演示窗口预览所有的标题样式，再根据自己的喜好决定采用何种标题样式。在本示例中，选择"斜体的"选项。选择完毕之后，单击"下一步"按钮。

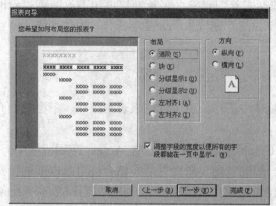
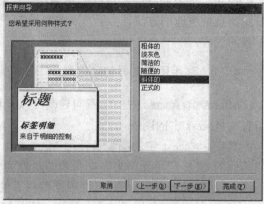

图 4-13　设定创建报表的布局方式　　　　　图 4-14　设定创建报表的标题样式

（9）最后便会出现报表向导的最后一个对话框，在此输入新建报表的名称或接受系统的默认名称，单击"完成"按钮即可结束报表向导。系统开始根据用户的输入信息真正创建一个报表了，等待一段时间之后，Access 窗口中出现新建的报表。

在本示例中，创建的报表如图 4-15 所示，可以看到向导所完成的工作还是令人满意的。如果用户对生成的报表还不是十分满意，可以在报表的"设计"视图中对其进行修改。

图 4-15　利用"报表向导"创建的报表

提示： 在上述操作过程的第（3）步，即在"新建报表"对话框中，为创建的报表选择了一个表或查询作为数据来源，那么，Microsoft Access 将会把该表或查询作为报表的默认记录源。但是，在报表向导中仍可以更改数据来源，并从其他表和查询中选择所需字段。

　　使用"报表向导"还可以创建调用多个数据对象的报表，它是创建调用多表数据报表的最简捷且最快速的方法。由于"报表向导"可以为用户完成大部分基本操作，因此加快了创建报表的过程。

4.2.3　利用图表向导创建报表

　　Microsoft Access 中的图表向导既可以在窗体中工作，也可以在报表中工作。下面我们介绍有关 Access 中的图表。

　　其实，Access 中的图表是使用 Microsoft Graph 应用程序（包含在 Access 应用程序中），或其他的 OLE 应用程序来建立图表的。作为一般的规则，图表只是非结合性对象框架的特殊形式。使用 Graph 应用程序，可以根据数据库的表或查询中的数据来绘制出数据图表。在 Access 中的图表可以是多种样式的，包括直方图、饼图、线条图、面积图或其他的图形，还可以是二维或三维图形。

　　由于 Graph 应用程序也是一个导入 OLE 应用程序，所以它本身不能独立工作，必须在 Access 内部运行。在导入了一个图表之后，可以像处理其他 OLE 对象那样来处理该图表。通过双击图表，可以从窗体或报表的"设计"视图中对其进行编辑，另外，还可以从窗体的"窗体"或"数据表"视图中编辑图表。下面将介绍如何使用报表中的图表向导创建所需的图表。

　　操作过程如下：

　　（1）单击数据库窗口中的"报表"标签。

　　（2）单击"新建"按钮。

　　（3）在"新建报表"对话框中（如图 4-16 所示）单击列表的第 5 项，即图表向导。在此处必须选择报表所需数据的基表或查询。在本示例中，我们选取在"罗斯文商贸"数据库基础之上，利用查询所建立的"查询 31"表格。

　　（4）单击"确定"按钮之后，系统将启动 Access 的"图表向导"，出现如图 4-17 所示的对话框。

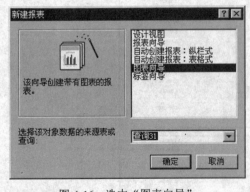

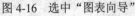

图 4-16　选中"图表向导"

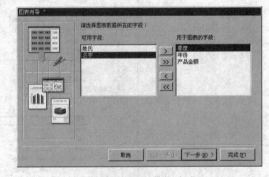

图 4-17　设定数据字段

　　（5）在对话框中选择创建的图表中所包含的数据字段。在本示例中，我们从"查询 31"数据表选取"年份"、"季度"和"产品金额"字段作为将要创建的图表数据来源。选择完毕之后，单击"下一步"按钮。

　　（6）进入如图 4-18 所示的图表类型的选择对话框。在该对话框的左边共列出了系统提供的 20 种图表类型，可以单击左边的图形按钮，某种图表类型被选定之后，会处于被按下状态；而且当一种图表类型被选中，对话框的右边的文本框中就会显示与之相对应的说明文本。单击"下一步"按钮。

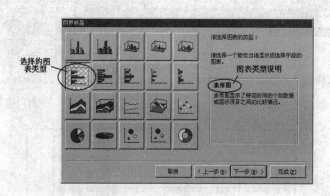

图 4-18　设定图表类型选择

　　（7）进入如图 4-19 所示的图表布局设计方式的对话框。在进入对话框时，可以看到系统对图表的布局已经有了一个默认设置，我们可以根据需要对图表的布局方式进行调整。

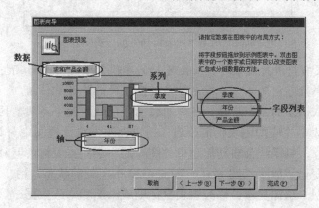

图 4-19　设定图表布局方式

　　对图表的设计主要是对图表的三个组成区域：数据（X 轴）、轴（Y 轴）和系列（图例）进行设定，指定各个组成区域所对应的字段。可以将对话框右侧显示的字段通过鼠标拖拽添加到图表的各个区域中，当将一个字段拖拽到某个区域中，对话框中的图表演示图就会发生变化。

　　对于数字和日期型的字段可以在对话框中被进一步地定义，即对其分组方法进行设定。在本示例中，如果双击图表中"数据"区域的"产品金额"字段，将会弹出如图 4-20 所示的"汇总"对话框，可以从对话框中选取列表中的汇总类型。

　　用户如果想了解图表设计后的输出样式，则可以单击对话框中的"图表预览"按钮，则会出现如图 4-21 所示的"示例预览"对话框，在对话框中显示了图表在设计之后的输出样式。如果对图表有不满意的地方，可以重新回到对话框中对图表再次进行设计。

　　（8）当图表的设计满意之后，单击"下一步"按钮后进入最后一个对话框，在此只需要输入新建图表的名称，或接受系统的默认名称即可。最后单击"完成"按钮结束图表向导。

　　单击"完成"按钮之后系统开始根据用户的要求真正创建图表，等待一段时间之后，Access 窗口中出现一个报表，新建的图表位于其中。在本示例中，创建的图表如图 4-22 所示，可以看到图表向导所完成的工作还是令人满意的。

图 4-20 "汇总"对话框

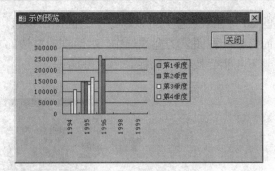

图 4-21 "示例预览"对话框

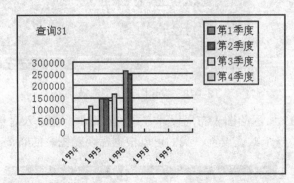

图 4-22 利用"图表向导"创建的图表示例

提示：在对图表布局进行设置时，一般 X 轴的字段变量是一个日期型或文本型的字段；Y 轴字段一般都是一个数字型的字段，或者就是某些字段的计数统计值。

注意：对于组成图表的三个区域，可以把相同字段放入两个不同的区域。

如果用户对报表中生成的图表仍需改进，可以在报表设计视图中对其进行修改。在设计视图中双击图表对象，则系统会自动启动有关图表的电子数据表格，同时 Access 中的工作窗口也会相应的发生变化，如图 4-23 所示。如图 4-22 中所处的状态，用户可以对图表进行辑，如可以变换图表类型、添加文本、修改图表坐标轴或添加和修改数据。

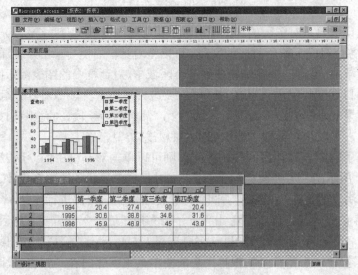

图 4-23 报表设计视图中的图表设计界面

4.2.4 利用标签向导创建报表

事实上，对于一个公司来说常常需要向外发送大量统一规格的信件，而信封上的地址以及书信内容都极为相似。正是为了通信的需要，Microsoft Access 提供了建立邮件标签的帮助向导，它可以快速地为公司生成通信时所需的信封地址标签或书信内容。

对于 Access 的"标签向导"，其实它所能够完成的任务是很多的，除了简单地生成一个标签，还能够编写一些大概的书信框架内容。下面就对"标签向导"的使用过程叙述。

操作过程如下：

（1）新建标签的开始过程和建立其他报表一样。选择数据库窗口中"报表"标签，单击"新建"按钮。

（2）在"新建报表"对话框中，单击列表中的最后一项，即标签向导。在此处必须选择标签所需数据字段的基表或查询。在本示例中选取"罗斯文商贸"数据库中的"客户"表作为标签中数据字段来源。选择完毕之后，单击"确定"按钮，系统将启动 Access 的"标签向导"功能，如图 4-24 所示。

（3）向导的开始对话框中包含了一个列表框，其中列有一些系统所提供的标准标签型号，及其标签所对应的尺寸大小。这些标准的标签型号都是 Avery 标签纸供应商所提供的产品（Avery 是世界上最大的标签纸供应商）。列表框中分为三栏：第一栏为 Avery 型号，第二栏为每种型号的尺寸，第三栏说明标签个数，即在纸上实际能够横放下的标签个数。

列表框中的内容还可以根据用户选取对话框中选择按钮的不同显示不同的内容。选择按钮包括"度量单位"和"标签类型"。

用户还可以利用对话框中的"自定义"按钮来创建一个自己需要的标签。当单击"自定义"按钮之后，出现如图 4-25 所示的"新标签大小"对话框。在该框中可以根据需要选取已经建立的自定义标签，或者利用对话框中的"编辑"按钮对原有的自定义标签进行修改。

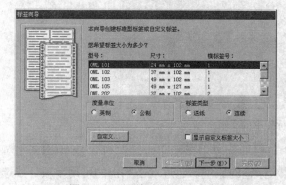

图 4-24　设置标签尺寸对话框

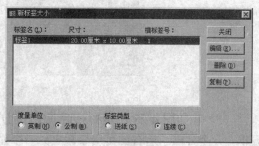

图 4-25　"新标签大小"对话框

当单击"新标签大小"对话框中的"编辑"按钮之后就会进入如图 4-26 所示的设置标签布局及尺寸的对话框。可以根据需要在该对话框中设定所要标签，可以对度量单位、标签类型和标签方向进行选择。在对话框下半部分中，标有一些尺寸方框，可以在其中输入一个数字，注意在这里当采用公制的时候，单位为厘米。

设置完毕之后，单击"确定"按钮返回"新标签大小"对话框。单击"新标签大小"对话框中的"关闭"按钮返回初始的向导对话框。注意向导对话框中的"显示自定义标签大小"复选框被选中，对话框的列表框中只显示用户创建的标签。

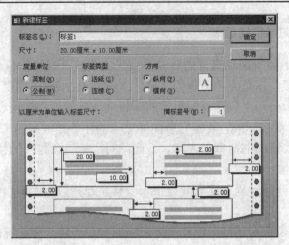

图 4-26　"新建标签"对话框

注意：在这里要提醒用户，创建自己的标签并不困难，但是在真正打印输出标签时，一定要检验设置是否存在问题，否则将会出现输出错误。

在本示例中，选择的标签型号为 OML 102，选择完毕之后，单击"下一步"按钮。

（4）在如图 4-27 所示的对话框中可以设定标签中输出的文本外观，即对标签中文本进行字体设置，同时在对话框的左边有一个演示窗格，可以随时查看设置后文本的输出效果。选择字体完毕之后，单击"下一步"按钮。

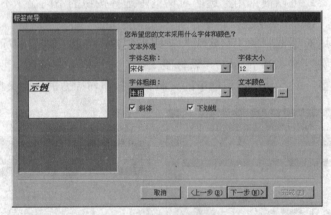

图 4-27　设定标签中的文本字体

（5）在如图 4-28 所示的对话框中，用户可以向标签中添加字段。在图 4-28 中有两个列表框，一个列出了所有的可用字段，另一个显示标签的原型。通过双击列出的可用字段，或选好字段再单击两列表框之间的输入命令按钮（>）来选择一个标签字段。

在"原型标签"列表框中可以自由移动光标的位置，利用 Delete 键可以删除选取的字段，利用 Tab 键或下箭头键可以在列表框中进行换行操作。在"原型标签"列表框中还可以根据需要添加一些标点符号或某些文本。

输入自己的标签样式之后，单击"下一步"按钮。

（6）在如图 4-29 所示的对话框中需要指定一个或多个字段作为标签排序的依据。对于排序字段并不限于在标签中的字段，还包括作为标签数据来源的表或查询的全部字段，只不过在显示的时候，系统会将添加到标签的字段列于可用字段列表的前面，而将其余字段列于后面。选择完毕排序所依据的字段后，单击"下一步"按钮。

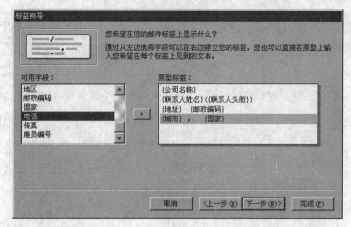

图 4-28 设定标签中的字段及其样式

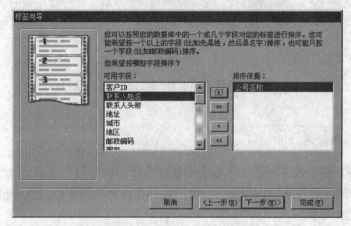

图 4-29 设置标签字段的排列顺序

（7）进入"标签向导"的最后一个对话框，在对话框中输入创建标签的名称，并选择创建标签之后的操作。选择完毕之后，单击"完成"按钮结束标签向导的操作。

如果在标签向导的最后一步选择对标签进行设计选项，那么系统在完成标签的创建之后就会在报表设计视图中显示如图 4-30 所示的标签内容。至于对标签的设计可以在以后的章节学习。

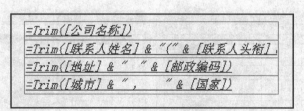

图 4-30 标签示例的设计内容

可以看到标签向导的设计十分简明，切换视图到"打印预览"视图中可以看到如图 4-31 所示的报表。可以看到标签分成两列排列在页面中，用户可以通过"文件"菜单的"页面设置"选项中有关列的选项来改变在页面中标签排列的列数。

注意：虽然标签的使用目的与报表不完全相同，但标签仍是一种报表。

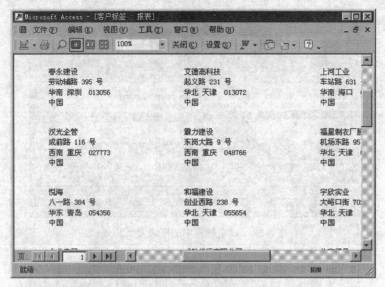

图 4-31　由"标签向导"生成的标签示例

4.3　利用设计视图创建报表

4.3.1　创建简单报表

相比报表向导，使用设计视图创建报表的优点在于能够让用户随心所欲地设定报表形式、外观及大小等。使用设计视图创建报表时，用户可以在设计视图中打开已有报表进行修改，也可以从无到有创建一个新报表。

本节介绍如何创建一个空白报表，同时介绍工具箱中的各种控件。

（1）在数据库窗口中，单击"报表"标签。

（2）双击"在设计视图中创建报表"，系统弹出如图 4-32 所示的窗口。

报表设计视图主要包括两个部分：报表设计视图和工具箱。

默认情况下，报表的设计视图显示报表设计的主体和页面页眉/页脚部分。也可以通过单击"视图"→"报表页眉/页脚"命令来显示报表页眉/页脚部分，如图 4-33 和图 4-34 所示。

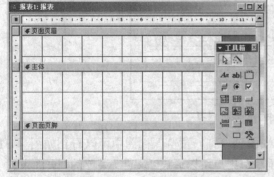

图 4-32　报表设计窗口

图 4-33　选择"页面页眉/页脚"

和窗体一样，在报表设计视图中也可以添加工具箱中的各种控件以完成各种不同的任务。这里介绍设计"订单"报表的过程。

（1）在数据库窗口中，单击"报表"选项，然后单击"新建"按钮，弹出"新建报表"对话框。选择"设计视图"选项，并且在数据来源的列表框中选择"订单"，如图 4-35 所示。

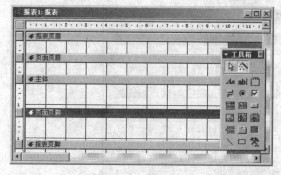

图 4-34　添加结果

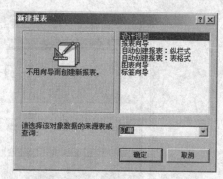

图 4-35　"新建报表"对话框

（2）单击"确定"按钮，弹出如图 4-36 所示的设计视图窗口、"订单"字段列表框和工具箱。

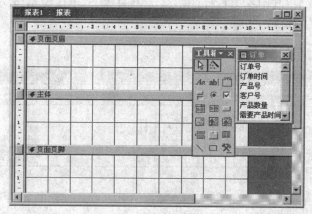

图 4-36　报表设计视图

（3）在这个设计视图中没有"报表页眉/页脚"的工作区，右击此窗口，在弹出菜单中单击"报表页眉/页脚"命令，这样就增加了"报表页眉/页脚"工作区，如图 4-37 所示。

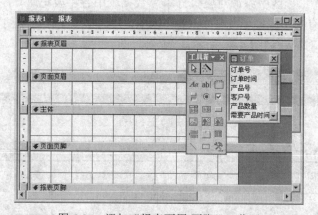

图 4-37　添加"报表页眉/页脚"工作区

注意："报表页眉/页脚"工作区的内容在报表中只出现一次；"页面页眉/页脚"工作区的内容在报表的每一页中都出现。

（4）在"报表页眉"工作区中添加一个标签控件，输入"订单报表"，然后设置该标签的字体为"宋体"，字体大小为 24，如图 4-38 所示。

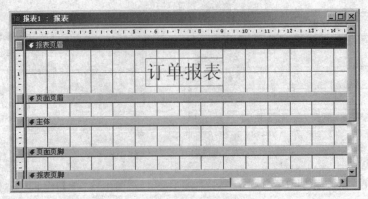

图 4-38　设置标签控件

（5）在"页面页眉"工作区中添加对应"订单"数据表中各字段的标签控件。添加的方法和步骤同步骤（4），其中标签控件的字体为"宋体"，字体大小为 9，添加完字段对应的标签控件后，再向工作区中添加一个直线控件，设置"边框宽度"为"2 磅"，结果如图 4-39 所示。

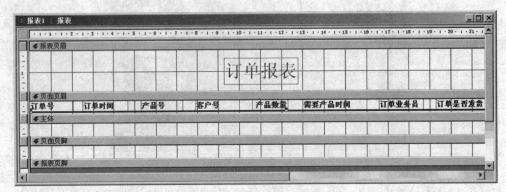

图 4-39　设置"页面页眉"工作区

（6）在"主体"工作区中添加对应"订单"数据表中各字段记录，添加的方法是将"订单"字段列表框中所有的字段拖至"主体"工作区中，并调整该工作区中的字段和"页面页眉"工作区中的标签控件对应，如图 4-40 所示。

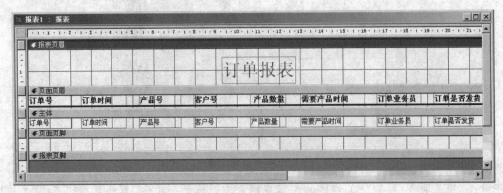

图 4-40　设置"主体"工作区

（7）在"页面页脚"工作区中添加显示时间和页码的标签控件，添加的方法和步骤同步骤（4），其中标签控件的字体为"宋体"，字体大小为 9，如图 4-41 所示。

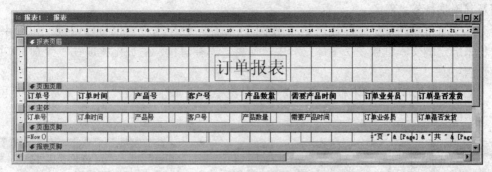

图 4-41 设置"页面页脚"工作区

（8）单击工具栏上的"保存"按钮，弹出图 4-42 所示的"另存为"对话框，在"报表名称"文本框中输入"订单报表"，单击"确定"按钮即可得到图 4-43 所示结果。

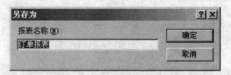

图 4-42 输入报表名称

（9）打开设计的报表，结果如图 4-43 所示。

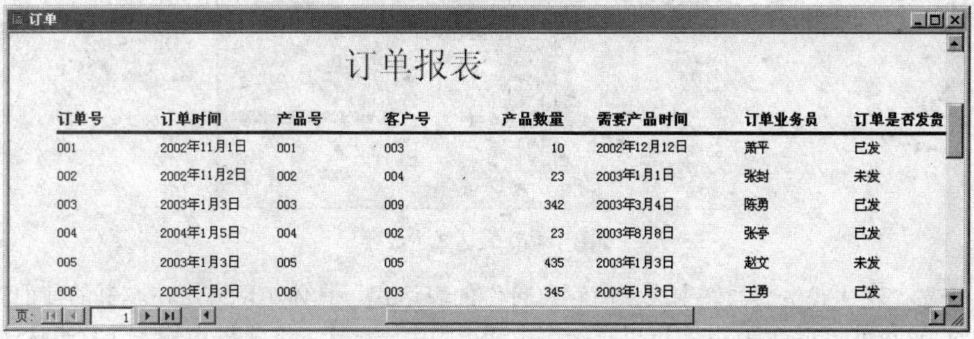

订单号	订单时间	产品号	客户号	产品数量	需要产品时间	订单业务员	订单是否发货
001	2002年11月1日	001	003	10	2002年12月12日	萧平	已发
002	2002年11月2日	002	004	23	2003年1月1日	张封	未发
003	2003年1月3日	003	009	342	2003年3月4日	陈勇	已发
004	2004年1月5日	004	002	23	2003年8月8日	张亭	已发
005	2003年1月3日	005	005	435	2003年1月3日	赵文	未发
006	2003年1月3日	006	003	345	2003年1月3日	王勇	已发

图 4-43 订单报表

4.3.2 使用计算控件

报表的一个优秀功能就是能对显示的数据进行计算和总计，并把结果打印出来以便于分析。报表中执行计算分为两种：一是对字段进行计算；二是对组或者整个报表进行总计。其中对组总计的结果一般放在组页脚中，而对报表的总计结果放在报表页脚中。比如，我们可以创建一个"库存总价"的字段来计算库存量和单价的乘积；然后用"库存总价小计"字段将每一类产品的"库存总价"汇总一下，使用户对表的大致结果有个了解。

1. 添加计算字段

这里先来介绍如何添加计算字段。以添加一个"库存总价"的字段来计算库存量和单价的乘积为例。简单步骤如下：

（1）打开需要添加计算字段的报表的设计视图。

（2）如果工具箱还没有打开，单击工具栏中的"工具箱"按钮打开工具箱。单击工具箱中的"文本框"按钮 **abl**，然后单击设计视图中需要添加控件的位置。此时设计视图中出现文本框及其附加标签。

其实文本框和附加标签往往需要放在不同的节中，这个用户自己可以调整。如图 4-44 所示，将未绑定的文本框放在"主体"节中，而将"库存总价"附加标签放在"类别 ID 页眉"的组页眉中。

（3）单击未绑定的文本框，然后单击工具栏中的"属性"按钮，打开其属性对话框。如图 4-45 所示。

图 4-44　添加计算字段的设计视图

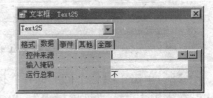

图 4-45　文本框属性对话框

（4）单击属性对话框中的"数据"选项卡，然后单击"控件来源"属性框右边带省略号的按钮，打开"表达式生成器"对话框，如图 4-46 所示。

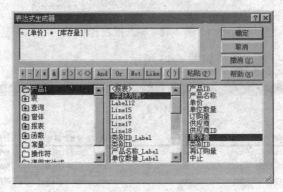

图 4-46　表达式生成器

依靠"表达式生成器"生成"库存总价"的表达式。具体实现方法在本书的前面章节已经讲过，这里就不再重复。其实可以直接在设计视图中未绑定的文本框内输入计算表达式"=[单击]*[库存量]"，只不过用"表达式生成器"不容易使表达式出错。

（5）单击"确定"按钮关闭"表达式生成器"。然后将切换到预览视图，就可以看到添加计算字段的结果，如图 4-47 所示。

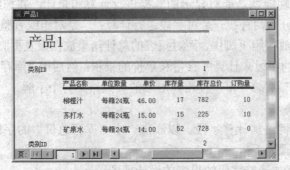

图 4-47　添加计算字段"库存总价"后的预览视图

从图 4-47 中看到，"库存总价"确实是"单价"和"库存量"的乘积。

2．添加总计字段

用户可以对组进行总计，还可以对整个报表进行总计。对组总计时，要求报表已经进行了分组。汇总的结果一般显示在报表的组页脚或页眉中。

下面就以对组进行汇总为例。该例是上面示例子的延续。此处用"库存总价小计"字段将每一类产品的"库存总价"汇总一下，并且将汇总结果显示在组的页脚中。具体步骤如下：

（1）首先确保报表已经分组。如果还没有分组，先进行分组。在报表的设计视图中单击工具栏里的"排序与分组"按钮，打开"排序与分组"对话框，如图 4-48 所示。

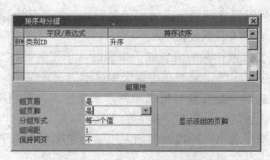

图 4-48　"排序与分组"对话框

对话框的上部分分为两栏，左边一栏设置分组的依据字段，右边设置排序方式。在对话框下部分为组属性栏。将"组页眉"和"组页脚"设置为"是"，以显示组的页眉/页脚。

本例以"类别 ID"字段分组，并进行"升序"排序。

（2）分组和排序设置完之后就可以添加汇总字段了。打开工具箱，单击工具箱中的"文本框"按钮 ，然后单击"类别 ID 页脚"的节，此时文本框和其附加标签都出现在该节中。

（3）将附加标签署名为"库存总价小计"，然后在未绑定的文本框内输入汇总的计算表达式"=Sum([单价]*[库存量])"。当然也可以用"表达式生成器"输入。添加完汇总字段的设计视图如图 4-49 所示。

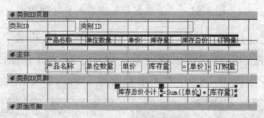

图 4-49　添加完汇总字段的设计视图

（4）切换到预览视图中，就可以看到汇总的结果，如图 4-50 所示。

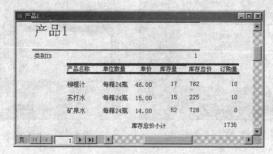

图 4-50　添加完汇总字段的预览视图

4.4 创建高级报表

4.4.1 创建子报表

子报表是插在其他报表中的报表。在合并报表时，其中一个必须作为主报表。主报表可以是绑定的，也可以是未绑定的，也就是说，主报表可以基于，也可以不基于表、查询或 SQL 语句。

主报表既可包含子报表也可包含子窗体，而且能够根据需要无限量地包含子窗体和子报表。另外，主报表最多可以包含两级子窗体和子报表。例如，某个报表可以包含一个子报表，这个子报表还可以包含子窗体或子报表。

在插入包含与主报表数据相关的信息的子报表时，子报表控件必须与主报表相链接。该链接可以确保在子报表中显示的记录与在主报表中显示的记录保持一致。

创建报表有两种方式，一是在现有报表中创建子报表，二是将现有报表插入别的报表中作为子报表。下面主要讲述第一种创建子报表的方法。

本例中将向一个"学生名单"的报表中加入"学生成绩"作为子报表。

具体步骤如下：

（1）在设计视图中打开报表"学生名单"，如图 4-51 所示。

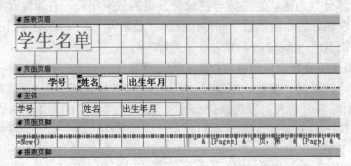

图 4-51　"学生名单"报表的设计视图

（2）确保工具箱已经打开。单击工具箱中的"子窗体/子报表"按钮，然后在报表上单击需要放置子报表的位置。打开"子报表向导"第一个对话框。如图 4-52 所示。

（3）单击"下一步"按钮，打开"子报表向导"第二个对话框。如图 4-53 所示。

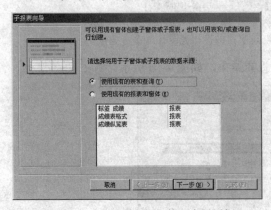

图 4-52　"子报表向导"第一个对话框

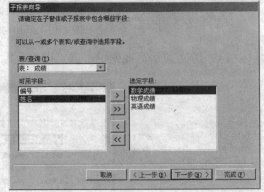

图 4-53　"子报表向导"第二个对话框

用户在该对话框中选择加入子报表中的字段。

（4）单击"下一步"按钮，打开"子报表向导"第三个对话框，如图 4-54 所示。

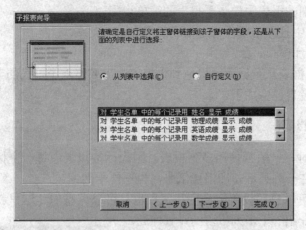

图 4-54　"子报表向导"第三个对话框

该对话框用来选择作为链接的字段。这儿选择用"姓名"链接。

（5）单击"下一步"按钮，打开"子报表向导"最后一个对话框。在该对话框中输入子报表的名称。然后单击"完成"按钮完成子报表的设置。图 4-55 即为添加完子报表的"学生名单"设计视图。

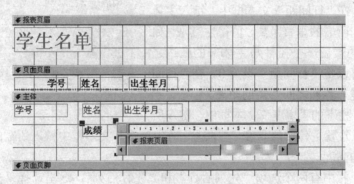

图 4-55　添加完子报表的设计视图

（6）保存并关闭该报表的设计视图。回到数据库窗口中，打开新建的子报表设计视图，将子报表设计成自己需要的样式。

打开"学生名单"报表的预览视图时，子报表已经加入，如图 4-56 所示。

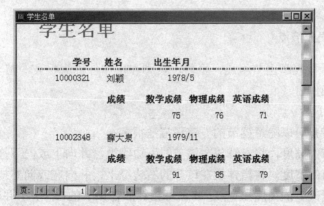

图 4-56　添加完子报表的预览视图

以上是向现有报表中插入报表来创建子报表。

将现有报表插入别的报表中作为子报表的简单步骤如下：

（1）在设计视图中打开希望作为主报表的报表。

（2）切换到数据库窗口。

（3）将报表或数据表从数据库窗口拖到主报表中需要出现子报表的节。

具体步骤留给读者自己完成了。

4.4.2　创建多列报表

当创建标签报表时，一般都使用多列报表。因为标签报表中每一个标签的信息量很少，如果把每一个标签放在一列显示，即浪费纸张，也不便于阅读。

多列报表的列数可以自己设置，高度和宽度也是可以调整的。这里就以将现成的报表改成多列报表为例简单介绍一下多列报表的设置问题。

（1）在设计视图中打开一个报表。

（2）打开"文件"菜单上，单击"页面设置"命令，打开"页面设置"对话框中，并单击"列"选项卡，如图 4-57 所示。

在"网格设置"栏的"列数"文本框中，键入每一页所需的列数。在"行间距"文本框中，键入主体节中每个记录之间所需的垂直距离。值得注意是，如果已在主体节中的最后一个控件与主体节的底边之间留有间隔，则可以将"行间距"设为 0。在"列间距"文本框中，键入各列之间所需的距离。

在"列尺寸"栏下的"宽度"文本框中，键入所

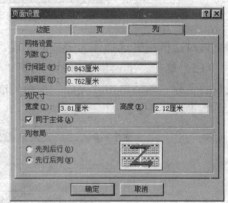

图 4-57　"页面设置"对话框

需的列宽。还可以设置主体节的高度，方法是：在"高度"文本框中键入所需的高度值。列的高度就是主体节的高度。

在"列布局"栏中有两个选项"先列后行"和"先行后列"，这里选择"先行后列"。

打印多列报表时，报表页眉和报表页脚及页面页眉和页面页脚跨越报表的完整宽度，但多列报表的组页眉和组页脚及主体节跨越一列的宽度。

4.5　编辑报表

4.5.1　设置报表分节点

前面已经说过，报表是由节组成，页眉、页脚和主体都称为报表的节。所以有必要先了解一下对节的基本操作。

1．改变节的大小

节的高度和宽带是可以随意调节的。实现方法很多：

● 若要更改节的高度，将指针放在该节的下边缘上，并向上或向下拖动鼠标。

● 若要更改节的宽度，将指针放在该节的右边缘上，并向左或向右拖动鼠标。

● 若要同时更改节的高度和宽度，将鼠标指针放在该节的右下角，并沿对角按任意方向进行拖动。

● 更改某一节的高度和宽度将更改整个报表的高度和宽度。

2．显示/隐藏节

当不希望显示节中所包含的信息时，在报表上隐藏节是很有用的。上一节用户是通过"视图"菜单来显示或隐藏节的，页眉和页脚将同时地显示或隐藏。而利用"属性"对话框，可以将页眉或页脚单独地显示或隐藏。

这里就以隐藏节为例加以说明。具体步骤如下：

（1）在设计视图中右击需要隐藏的节，在弹出的菜单中单击"属性"命令，打开节的属性对话框。

（2）单击"格式"选项卡。

（3）单击"可见性"属性右边的下拉按钮，打开下拉列表框，如图 4-58 所示。菜单中有两个选项："是"和"否"。选择"否"即为隐藏该节。

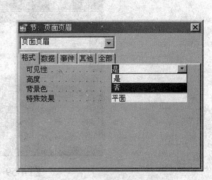

图 4-58　属性对话框

3．将同一节的内容保持同页

除页面页眉和页面页脚外，"保持同页"属性对其他所有报表节均有效。具体步骤如下：

（1）打开节的属性对话框。

（2）将"保持同页"属性设置为"是"。

值得注意的是，如果节比页面的打印区长，将忽略"保持同页"属性设置。

4.5.2　设置分页符

通过人为的方法将报表分页。简单步骤如下：

（1）在设计视图中打开报表。

（2）单击工具箱中的"分页符"工具。

（3）单击要放置分页符的位置。将分页符放在某个控件之上或之下，以避免拆分该控件中的数据。

4.5.3　排序和分组

在报表中对一组数据计算其汇总信息之前，必须在数据库中存在一个对记录的分组，没有分组，将无法完成汇总计算。

组就是指由具有某种相同信息的记录组成的集合。将报表分组之后，不仅同一类型的记录显示在一起，而且还可以为每个组显示概要和汇总信息，因而可以提高报表的可读性和易懂性。

在建立报表时，可以利用数据库中不同类型的字段对记录进行分组。例如，可以按照"日期/时间"字段进行分组，也可以按"文本"、"数字"和"货币"字段分组，但不能按"OLE对象"和"超链接"字段分组。

当按不同字段分组时，除了可以利用整个字段本身作为分组原则，还可以指定分组字段的细节内容作为分组依据。例如，在利用"日期/时间"字段进行分组时，可以指定按照年、月、日等对记录进行分组，将属于相同年份、月份和日子的记录归到同一组中。在利用"文本"字段进行分组时，可以只取字段的前几个字符作为分组依据。

如果要在报表中对记录进行分组，首先要利用报表设计视图中的"排序与分组"命令，建立分组所依据的字段或表达式，并通过设置分组的组属性来实现报表的汇总功能。为了说明如何在报表中分组记录，下面以"发货单"报表为例来进行说明。

操作过程如下：

（1）在报表设计视图中打开将要进行分组的报表。本示例打开"发货单"报表。

（2）单击工具栏中的"排序与分组"按钮 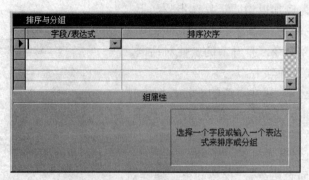，这时会出现一个的"排序与分组"对话框。如果在打开的报表中还没有进行分组，则将会有如图 4-59 所示的对话框。

图 4-59　"排序与分组"对话框

（3）在对话框中的"字段/表达式"列中，单击空白列表框时，在列表框右边出现一个下拉按钮。单击下拉按钮，可以打开一个列表框，列表框中包括了所有报表中的字段，可以根据需要选择一个字段。当选择了一个字段之后，就会在对话框下半部出现有关分组属性的 5 项内容：组标头、组页脚、分组形式、组间距和保持同页。同时，在"排序次序"列中，也出现了默认的排列方式。在"排序与分组"对话框中可以选取多个分组依据。

注意：在"字段/表达式"列中选取的字段不一定都是报表的一个分组依据，有可能只是按照该字段对报表中记录所进行的排序。查看一个字段是否是分组字段，需要看组属性中的"组标头"和"组页脚"两项是否被选中。如果其中一个属性为"是"，才可以认为是报表的一个分组字段或依据。

在本示例中将在"字段/表达式"列中选取"订单 ID"和"产品 ID"字段，将"订单 ID"字段设为分组依据，将"产品 ID"字段设为排序字段，如图 4-60 所示。

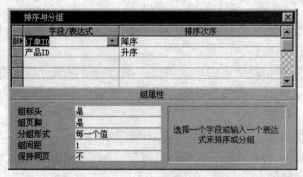

图 4-60　"排序与分组"对话框

提示：其实每一个分组字段同时也是一个排序字段，但不是报表中所有的排序字段都是分组字段，有可能都不是，要区分好两者的不同。

当把用于分组的字段放到组标头中时，Access 就按指定的字段对记录进行分组，把属于同一组的记录放在一起。如果在"排序与分组"对话框中选取多个分组依据，创建的报表将按照多个字段或表达式对记录进行分组。Access 在分组时，首先按第一字段或表达式分组，当记录属于同一组时再按照下一个字段或表达式分组，依此类推。

4.5.4 添加当前的日期或时间

在打印报表时，通常需要在页眉或页脚中加入时间，以便于以后的查阅。加入时间的步骤如下：

（1）在设计视图中打开报表。

（2）打开"插入"菜单，单击"日期与时间"命令，打开"日期与时间"对话框，如图 4-61 所示。

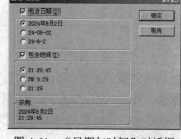

（3）若要包含日期，选中"包含日期"复选框。复选框下面的三个选项为日期的格式，单击选择需要的日期格式。同理，若要包含时间，选中"包含时间"复选框，再从下面的三个选项中选择需要的时间格式。

图 4-61 "日期与时间"对话框

（4）单击"确定"按钮完成设置。

另外，还可以利用函数来显示时间。Access 中提供了 Date 函数和 Now 函数两种方式显示时间。Date 函数显示当前日期；Now 函数显示当前日期和时间。

4.5.5 添加页号

页码的加入使得报表更加容易管理。和在报表中加入时间类似，加入页码的简单步骤如下：

（1）在设计视图中打开报表。

（2）打开"插入"菜单，单击"页码"命令，打开"页码"对话框，如图 4-62 所示。

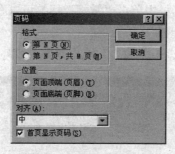

图 4-62 "页码"对话框

（3）在"页码"对话框中，选择页码的格式、位置和对齐方式。对于对齐方式，有下列可选选项：

- 左：页码显示在左边缘。
- 中：页码居中，位于左右边距之间。
- 右：页码显示在右边缘。
- 内：奇数页页码打印在左侧，偶数页页码打印在右侧。
- 外：偶数页页码打印在左侧，奇数页页码打印在右侧。

如果要在第一页显示页码，将"首页显示页码"复选框选中。另外，也可以在报表的设计视图中用表达式设置页码。下面是一些常用的页码表达式及其结果：

表达式：=[Page]

结果：1, 2, 3

表达式：="Page " & [Page]

结果：Page 1, Page 2, Page 3

表达式：="Page " & [Page] & " of " & [Pages]

结果：Page 1 of 3, Page 2 of 3, Page 3 of 3

表达式：=[Page] & " of " & [Pages] & " Pages"

结果：1 of 3 Pages, 2 of 3 Pages, 3 of 3 Pages

4.6　打印报表

虽然窗体或其他的 Access 组件都可以进行打印输出，但与报表相比，意义和作用都不是那么重要。在 Access 中设计好的报表必须通过一定方式进行输出，虽然现在可以通过网络进行数据的传送，但目前采用的主要方法仍是打印机打印输出。在本节我们主要介绍有关报表打印的设置和操作。

4.6.1　设置输出格式

对于已经创建完毕的报表，它的输出格式主要与打印的页面设置有关。页面设置包括页边距、打印方向和页中列等，这些页面设置属性可以在"页面设置"对话框中进行设置，也可以利用修改系统的默认值来加以改变。

报表打印输出的页面设置可以利用"页面设置"对话框进行，在这里我们主要讨论如何设置默认的打印设置。

打印的默认设置按照下面的操作过程进行：在"工具"菜单中单击"选项"命令则出现如图 4-63 所示的对话框。在对话框中单击"常规"标签可以看到在该标签中列有关于页面边距的默认设置值，可根据要求修改相应的数值。

注意：更改上述的这些选项并不影响已有窗体和报表的页边距设置。

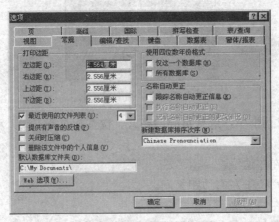

图 4-63　"选项"对话框

4.6.2　打印报表

在第一次打印报表之前，需要仔细检查目前所设置的页边距、页方向和其他页面设置的选项，不要忙中出错，造成不正确的打印结果。具体的打印过程如下：

（1）在数据库窗口中选定报表，或在"设计视图"、"打印预览"或"布局预览"中打开相应的报表。

（2）单击"文件"→"打印"命令，出现如图 4-64 所示的对话框。

（3）在"打印"对话框中进行以下设置：

● 在"打印机"栏指定打印机的型号。

● 在"打印范围"栏中指定打印所有页或者确定打印页的范围。

● 在"份数"栏中指定复制的份数和是否需要对其进行分页。

如果使用的计算机还没有真正安装打印机，可以在该对话框中，选取"打印到文件"复选框，将输出报表打印到.prn 文件中。再利用输出的文件在其他地方进行打印。

（4）单击"确认"按钮。

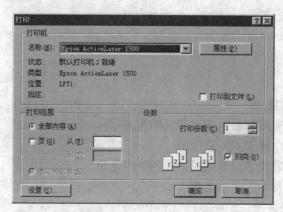

图 4-64　"打印"对话框

4.6.3　快捷键

在 Access 的报表"打印预览"视图和"布局预览"视图中可以使用系统已经定义的快捷键来加快一些常用操作的进行，具体如表 4-2 所示。

表 4-2　在报表"打印预览"视图和"布局预览"视图中的快捷键

操作目的	快捷键
打开"打印"对话框	P 或 Ctrl + P
打开"页面设置"对话框	S
放大或缩小页面的某一部分	Z
取消"打印预览"或"布局预览"	C 或 Esc 键
移到页码框；输入页码后按 Enter 键	F5 键
查看下一页	Page Dn 或下箭头键
查看上一页	Page Up 或上箭头键
向下滚动一点距离	下箭头键
向下滚动一屏	Page Dn 键
移动到页的底部	Ctrl +下箭头键
向上滚动一点距离	上箭头键
向上滚动一屏	Page Up 键
移动到页的顶部	Ctrl +上箭头键
向右滚动一点距离	右箭头键

续表

操作目的	快捷键
移动到页的最右边	End 键或 Ctrl +右箭头键
移到页的右下角	Ctrl + End 键
向左滚动一点距离	左箭头键
移动到页的左边	Home 键或 Ctrl +左箭头键
移到页的左上角	Ctrl + Home 键

习题四

一、选择题

1. 页眉页脚的作用是（   ）。
    A. 用于显示报表的标题、图形和说明性文字
    B. 用来显示整个报表的汇总说明
    C. 用来显示报表的字段名或对记录的分组名称
    D. 打印表或查询中的记录数据

2. （   ）只能在报表的开始处。
    A. 页面页眉节   B. 页面页脚节   C. 组页眉节   D. 报表页眉节

3. 下列叙述正确的是（   ）。
    A. 设计视图只能用于创建报表结构
    B. 在报表的设计视图中可以对已有的报表进行设计和修改
    C. 设计视图可以浏览记录
    D. 设计视图只能对于未创建的报表进行设计

4. 下列叙述正确的是（   ）。
    A. 纵栏式报表将记录数据的字段标题信息安排在每页主体节区内显示
    B. 纵栏式报表将记录数据的字段标题信息安排在页面页眉内显示
    C. 表格式报表将记录数据的字段标题信息安排在每页主体节区内显示
    D. 纵栏式报表将记录数据的字段标题信息安排在页眉页脚节区内显示

5. 主要用在封面的是（   ）。
    A. 页面页眉节   B. 页面页脚节   C. 组页眉节   D. 报表页眉节

二、填空题

1. 报表设计中，可以通过在组页眉或组页脚中创建_____来显示记录的分组汇总数据。

2. 报表中大部分内容是从基表、_____或 SQL 语句中获得的。

3. 在 Microsoft Access 中，创建的报表可以分为 4 种基本类型：纵栏式报表、表格式报表、邮件归并报表和_____。

4. 报表中执行计算分为两种：一是对字段进行计算；二是_____。

5. 查看一个字段是否是分组字段，需要看组属性中的_____和"组页脚"两项是否被选中。

第 5 章　数据访问页

本章学习目标

- 了解数据访问页的基础知识
- 掌握创建数据访问页的几种方法
- 学会如何编辑已有数据访问页

5.1　初识数据访问页

从 20 世纪 90 年代以来，计算机网络的发展带来了一场前所未有的信息革命，Internet 不仅成为了人们获取信息的新途径，而且扮演着越来越重要的角色。其中，WWW 是人们从 Internet 上获得的最主要的服务形式，WWW 使用 Web 页的形式，使人们可以很方便地从网络上获取文字、数据、图像和声音等各种信息，WWW 的出现使计算机网络进入了多媒体时代。

Access 作为面向 21 世纪的数据库工具，提供了"数据访问页"这样一个新的数据库对象，作为数据库系统和 WWW 的接口，使得 Access 的数据库系统与 Internet 联系了起来，使用户可以通过 Internet 或其他的网络途径访问数据库的信息。

与其他的 Web 页一样，Access 的数据访问页也是以 HTML 文件的形式保存的，可以用 IE 等常用的 Web 浏览器浏览。

5.1.1　数据访问页的视图

数据访问页有两种视图方式：页视图和设计视图。

1. 页视图

页视图是查看所生成的数据访问页样式的一种视图方式，在数据库窗口的"页"对象中双击页对象，系统将以页视图方式打开该数据访问页，如图 5-1 所示。

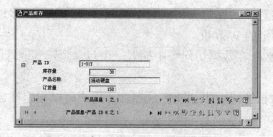

图 5-1　数据访问页的页视图

2. 设计视图

以设计视图方式打开数据访问页通常是对数据访问页进行修改，如要改变数据访问页的结构或显示内容等。

单击要打开的数据访问页名称，然后单击"设计"按钮，即可以打开数据访问页的设计视图。例如,以这种方式打开"产品库存"数据访问页,如图 5-2 所示。

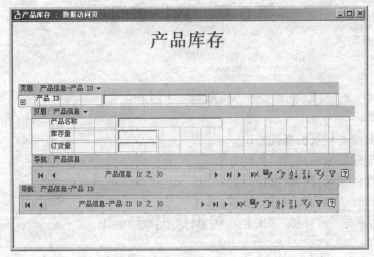

图 5-2   数据访问页的设计视图

此外,右击页名,并从弹出的快捷菜单中单击"设计视图"命令也可以打开数据访问页的设计视图。

"设计视图"是创建与设计数据访问页的一个可视化的集成界面,在该界面下可以修改数据访问页。打开数据访问页的设计视图时,系统会同时打开工具箱,如图 5-3 所示。如果工具箱没有打开,则可通过选择"视图"菜单中的"工具箱"命令或单击"工具箱"按钮来打开工具箱。

图 5-3   工具箱

与其他数据库对象设计视图所有的标准工具箱比较,数据访问页的工具箱中增加了一些专用于网上浏览数据的工具。主要包括:

    (绑定的 HTML):在当前数据访问页中添加一个绑定的 HTML 控件,用户可以将绑定的 HTML 设置分组数据访问页的默认控件。

    (滚动文字):在数据访问页中插入一段移动的文本或者在指定框内滚动的文本。

    (展开/收缩):在数据访问页中插入一个展开或收缩按钮,以便显示或隐藏已被分组的记录。

    (绑定的动态链接):在数据访问页中插入一个包含超链接地址的文本字段,使用该字段可以快速链接到指定的 Web 页。

    (图像的超链接):在数据访问页中插入一个包含超链接地址的图像,以便快速链接到指定的 Web 页。

    (影片):在数据访问页中创建影片控件,用户可以指定播放影片的方式,如打开数据页、鼠标移过等。

5.1.2   在 IE 中浏览数据访问页

创建一个数据访问页的真正目的是使得数据库的访问者可以在网络中利用 Web 浏览器直接对数据库进行访问,查询有关产品、公司概况和职员情况等信息。例如,公司将订单放在 WWW 中,客户就可以直接通过网络进行订货,而无须推销员再挨家挨户地进行产品的推销。

通常用户是使用 Web 浏览器来对一个数据访问页进行访问的。Web 浏览器使用各种不同协议来访问 Internet 服务器并与之进行通信，其中最基本的协议就是超文本传输协议（HTTP），该协议最初创建的目的是用来发布和浏览链接的文本文档，但是后来被扩展为显示和运行图形、声音、图像及其他多媒体信息。用户可以使用不同的浏览器来对一个 Access 中的数据访问页进行访问。图 5-4 所示的数据访问页就是利用 IE 5.0 对"罗斯文商贸"数据库中的"产品"数据页进行访问时的界面。

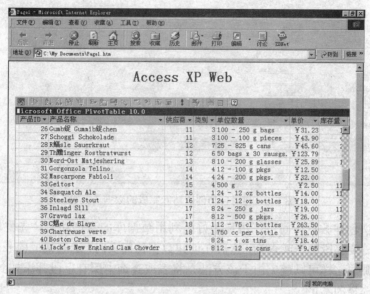

图 5-4　Internet Explorer 浏览数据访问页

5.2　创建数据访问页

5.2.1　利用自动创建功能创建数据访问页

在数据访问页的新建功能里，还可以使用其中的"自动创建数据页：纵栏式"选项来快速地生成一个新的数据访问页。

该方法的特点就是快速，只需在"新建数据访问页"对话框中选择"自动创建数据页：纵栏式"选项，然后再选择新建数据访问页中数据字段的来源表或查询（如图 5-5 所示，选择"客户"表）。然后，再单击对话框中的"确定"按钮，就可以由系统自动地生成一个数据访问页。

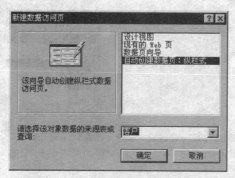

图 5-5　"新建数据访问页"对话框

　　利用该功能创建了一个以"客户"表为数据来源的数据访问页,如图 5-6 所示。从打开"新建数据访问页"对话框开始,到生成图 5-6 的数据访问页,前后一共只需几秒的时间。

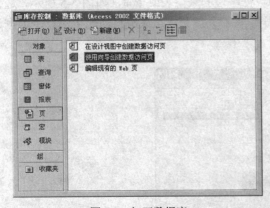

图 5-6　利用自动创建功能完成的数据访问页

　　利用该方法创建数据访问页,用户最好是利用数据库的查询功能,先生成一个只包含数据访问页中所需要字段的表或查询,然后在创建数据访问页时,选取生成的表或查询作为数据访问页数据来源。这样可以避免由于该方法是将表或查询中所有字段都添加到数据访问页中,而对字段没有选择的不足。

5.2.2　使用向导创建数据访问页

　　Access 同样为用户提供了一个数据访问页向导功能。利用数据访问页向导可以加速一个数据访问页的建立,通过每一步的对话框提问,使用户在提供创建数据访问页所需信息的同时,能够对新建数据访问页的内容有所了解。下面我们就来介绍数据访问页向导的使用。

　　(1)在如图 5-7 所示的"库存控制"数据库窗口,双击"使用向导创建数据访问页"选项。

　　(2)在"数据页向导"对话框中,在"表/查询"下拉列表框中选择"表:产品信息",在"可用字段"列表框中选择"产品 ID"、"产品名称"、"库存量"和"订货量"字段,通过单击 ＞ 按钮,逐一添加至"选定的字段"列表框中,如图 5-8 所示,单击"下一步"按钮。

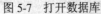

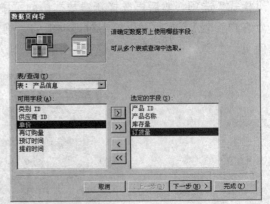

图 5-7　打开数据库　　　　　　　　　　　　图 5-8　添加字段

　　(3)在图 5-9 所示的对话框中为报表选择是否添加分组级别。在对话框左侧列出的字段中，选择"产品 ID"字段，单击 > 按钮，这时在对话框右侧的显示区中就能看到"产品 ID"被单独放置在其他字段上方，字体显示为蓝色。表示报表中的内容将按照"产品 ID"的不同而分组显示。

（4）在图 5-9 所示的对话框的左下方，有一个"分组选项"按钮，如果要另行设置分组间隔，可单击此按钮，这时出现如图 5-10 所示的"分组间隔"对话框。在"分组间隔"下拉列表框中选择一种分组间隔，单击"确定"按钮。返回到图 5-9 所示的设置分组级别对话框中，单击"下一步"按钮。

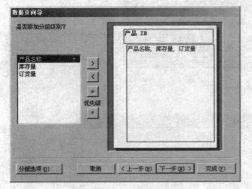

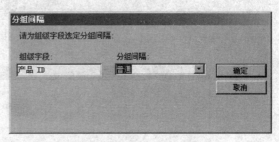

图 5-9　确定分组级别　　　　　　　　　　图 5-10　设置分组间隔

（5）设置完分组字段后，弹出图 5-11 所示的确定排序次序和数据汇总情况的对话框。在第 1 个下拉列表框中选择"库存量"字段，同时单击列表框右侧的"升序"按钮，这时就会看到字段排序方式由"升序"变成"降序"，表示在报表中，库存量将会按照降序的排序方式显示出来。

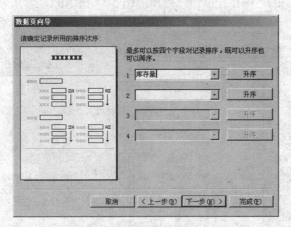

图 5-11　确定排序次序和汇总信息

注意：在设定排序字段时，最多可以按照 4 个字段对记录进行排序。如果指定了多个排序字段，系统首先按第一个字段排序，当第一个字段值相同时，再按第二个字段排序，依此类推。

（6）完成上述操作后，"数据页向导"要求给数据页指定标题。将刚刚所创建的数据页名称指定为"产品库存"，并选择"打开数据页"单选按钮，如图 5-12 所示，单击"完成"按钮。

（7）创建后的数据页如图 5-13 所示，在这张数据页中可以看到产品库存是以"产品 ID"分组显示出来的。在每一种产品下都会显示出相应产品的库存量、产品名称和订货量。

图 5-12　指定名称

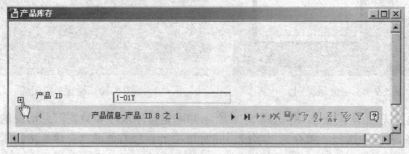

图 5-13　"产品库存"数据访问页

（8）单击工具栏上的"保存"按钮，弹出如图 5-14 所示的"另存为数据访问页"对话框，为数据访问页命名为"产品库存"并选择该数据访问页的保存路径，然后单击"保存"按钮。

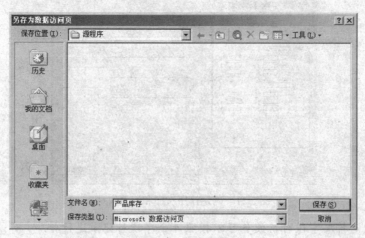

图 5-14　保存数据页

在生成的数据页中单击"产品 ID"前的田，就出现如图 5-15 所示的"产品库存"数据页。

5.2.3　利用设计视图创建数据访问页

上一节介绍了使用数据页向导来创建"产品库存"数据页，从图 5-15 可以看到，使用向导创建的"产品库存"数据页十分不美观。下面使用设计视图继续对上节设计的"产品库存"

页进行设计，使得设计的数据页能够更美观。

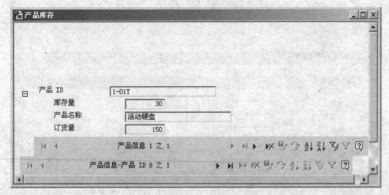

图 5-15 展开"产品库存"数据页

（1）打开数据库窗口，单击"对象"栏中的"页"选项，双击"使用向导创建数据访问页"选项。

（2）选择"产品库存"数据页，然后单击"设计"按钮，就可以进入"产品库存"数据页的设计视图，在视图中的上方为数据页添加标题"产品库存"，如图 5-16 所示。

（3）在打开设计视图的同时除了出现如图 5-16 所示的设计视图外，在窗口的右侧还会显示如图 5-17 所示的"字段列表"窗格，可以将这个字段列表框中的字段添加的设计视图中。

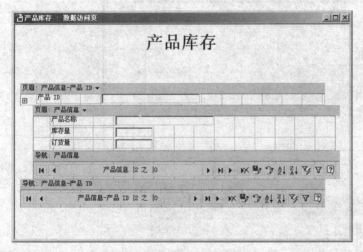

图 5-16 打开设计视图

图 5-17 "字段列表"窗格

注意：如果数据库中包含其他数据表，这里也可以选择其他数据表中的字段，但是需要先建立两个表之间的连接。

（4）将"产品信息"数据表中的"单价"字段添加到设计视图中，方法是单击"单价"字段并按住不放将其拖动到设计视图，添加后的效果如图 5-18 所示。

（5）添加了"单价"字段后，因为在设计视图中含有 2 个导航按钮组，显示重复，将上方的导航按钮组删除，如图 5-19 所示。

（6）下面为"产品库存"数据页选择主题，单击"格式"→"主题"命令，弹出如图 5-20 所示的"主题"对话框。在对话框的左侧显示了 Access 提供的多种数据页主题，这里选择"边缘"主体，同时勾选对话框左侧下方的"鲜艳颜色"、"活动图形"和"背景图像"复选框。

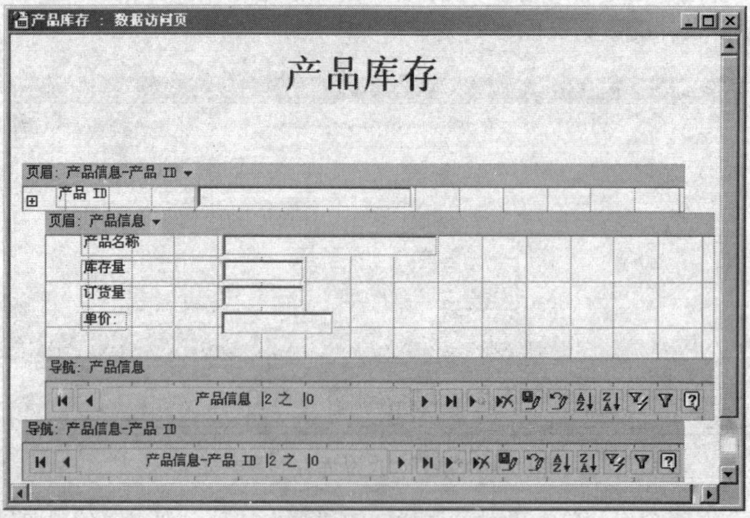

图 5-18 添加"单价"字段

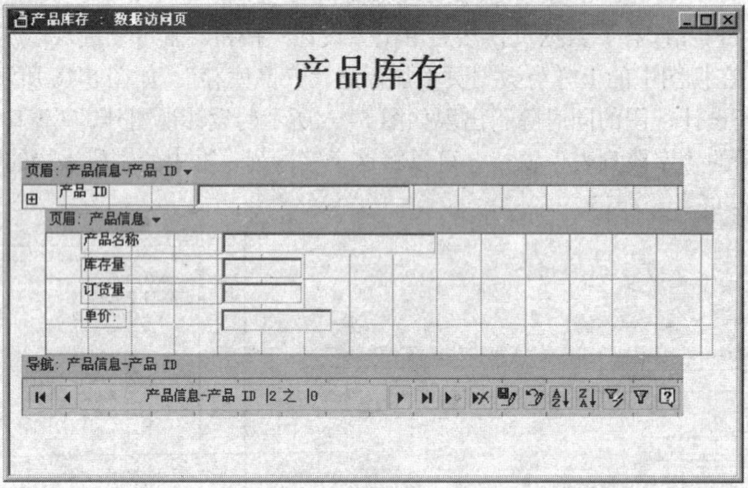

图 5-19 删除一个导航按钮

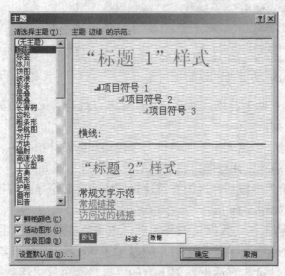

图 5-20 设置主题

注意: 在选择数据页主题的时候，可能需要先安装这些主题。

（7）选择完主题后，单击"确定"按钮，最后的设计视图如图 5-21 所示。

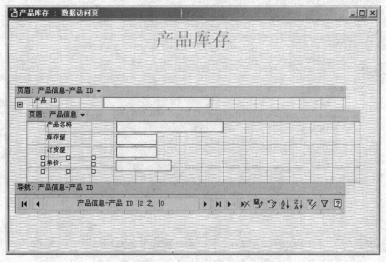

图 5-21　最终的设计视图

（8）为了和上一节设计的"产品库存"数据页相比较，将本节的数据页另存为"产品库存 1"，单击"文件"→"另存为"命令，弹出如图 5-22 所示的对话框，将其重新命名为"产品库存 1"。

图 5-22　"另存为"对话框

（9）单击如图 5-22 所示的"确定"按钮，弹出如图 5-23 所示的"另存为数据访问页"对话框，为数据访问页命名为"产品库存 1"并选择该数据访问页的保存路径，然后单击"保存"按钮。

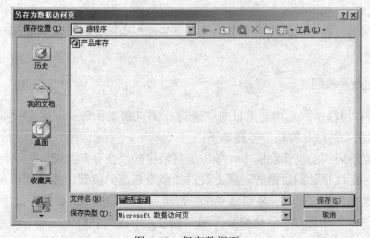

图 5-23　保存数据页

（10）最终的"产品库存"数据页如图 5-24 所示，将该数据页和上一节设计的数据页相比可以看出它比上一节的数据页显示美观多了。

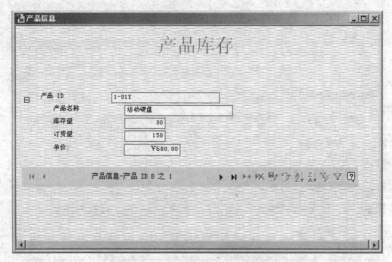

图 5-24　"产品库存"数据页

5.3　编辑数据访问页

在创建了数据访问页之后，用户可以对数据访问页中的节、控件或其他元素进行编辑和修改，这些操作都需要在数据访问页的设计视图中进行。

5.3.1　添加标签

标签在数据访问页中主要用来显示描述性文本信息，如页标题、字段内容说明等。如果要向数据访问页中添加标签，操作步骤如下：

（1）在数据访问页的设计视图中，单击工具箱中的"标签"按钮。

（2）将鼠标指针移到数据访问页上要添加标签的位置，按住鼠标左键拖动，拖动时会出现一个方框来确定标签的大小，大小合适后松开鼠标左键。

（3）在标签中输入所需的文本信息，并利用"格式"工具栏的工具来设置文本所需的字体、字号和颜色等。

（4）右击标签，从弹出的快捷菜单中选择"属性"命令，打开标签的属性窗口，修改标签的其他属性。

5.3.2　添加命令按钮

命令按钮的作用很多，利用它可以对记录进行浏览和操作等。下面在数据页中添加一个"查看下一个记录"的命令按钮，步骤如下：

（1）在数据访问页的设计视图中，单击工具箱中的"命令"按钮。

（2）将鼠标指针移动到数据访问页上要添加命令按钮的位置，按下鼠标左键。

（3）松开鼠标左键，此时屏幕显示"命令按钮向导"对话框，如图 5-25 所示，在该对话框"类别"下拉列表框中选择"记录浏览"，在"操作"下拉列表框中选择"转至下一项记录"。

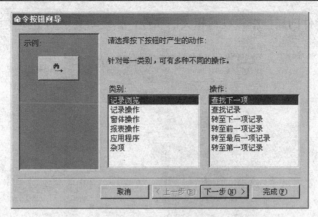

图 5-25　选择按下按钮时产生的动作

（4）单击"下一步"按钮，在显示的对话框中要求用户选择按钮上面显示文本还是图片，在这里选择"图片"，这里选择"图片"，如图 5-26 所示。

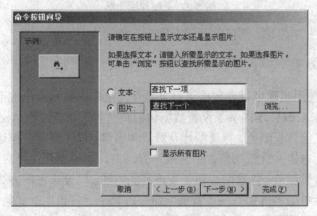

图 5-26　确定按钮上显示的内容

（5）单击"下一步"按钮，在显示的对话框中输入按钮的名称，如输入"下一记录"。然后单击"完成"按钮。

（6）用鼠标调整该命令按钮的大小和位置，如果需要，可以右击命令按钮，从弹出的快捷菜单中选择"属性"命令，打开命令按钮的属性窗口，根据需要修改命令按钮的属性。

在该数据页视图中，单击新添加的命令按钮，则会显示订单的下一记录。可见，使用命令按钮可以实现对数据访问页的记录浏览功能，除此之外，命令按钮的作用还有很多，用户可以按照上面的步骤试一试命令按钮的其他功能。

5.3.3　添加滚动文字

用户上网浏览时，会发现许多滚动的文字，很容易吸引人的注意力。在 Access 中，用户可以利用"滚动文字"控件来添加滚动文字。操作步骤如下：

（1）在数据访问页的设计视图中，单击工具箱中的"滚动文字"按钮。

（2）将鼠标指针移到数据访问页上要添加滚动文字的位置，按住鼠标左键拖动，以便确定滚动文字框的大小。

（3）在滚动文字控件框中输入要滚动显示的文字：欢迎访问本页！。

（4）选中滚动文字框，右击，从弹出的快捷菜单中单击"属性"命令，显示如图 5-27 所

示，打开滚动文字控件的属性框，设置相关的属性，如滚动文字的字体类型、字号大小、滚动
方向等。

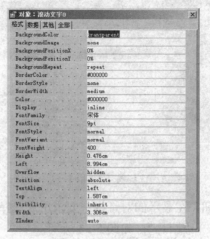

图 5-27   控件属性框

（5）换到页视图方式下，就可以看到沿横向滚动的文字。

5.3.4   设置背景

在 Access 中，使用主题可以使数据访问页具有一定的图案和颜色效果，但这不一定能够
满足用户需要，所有 Access 还提供了设置数据访问页背景的功能。在 Access 数据访问页中，
用户可以设置自定义的背景颜色、背景图片及背景声音等，以便增强数据访问页的视觉效果和
音乐效果。但在使用自定义背景颜色、图片或声音之前，必须删除已经应用的主题。

本节介绍设置背景颜色、背景图片和背景声音的方法。以设计视图方式打开需要设置背景
的数据访问页，然后单击"格式"→"背景"命令，显示"背景"级联菜单。

如果在"背景"级联菜单中单击"颜色"命令，则会显示"颜色"级联菜单，如图 5-28
所示，从中单击所需的颜色，即可将指定的颜色设置为数据访问页的背景颜色。

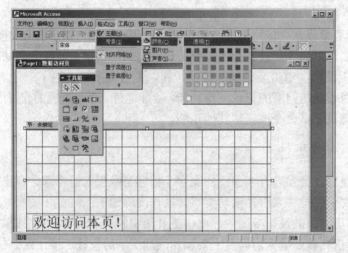

图 5-28   选择背景颜色

如果在背景级联菜单中单击"图片"命令，则显示"插入图片"对话框，如图 5-29 所示，
在该对话框中找到作为背景的图片文件，然后单击"确定"按钮。

图 5-29　"插入图片"对话框

如果在"背景"级联菜单中单击"声音"命令，则显示"插入声音文件"对话框，如图 5-30 所示，在该对话框中找到需要的背景声音文件，然后单击"插入"按钮。这样，当以后每次打开该数据访问页时，就会自动播放该背景音乐。

图 5-30　"插入声音文件"对话框

5.3.5　添加 Office 电子表格

Office 电子表格类似于 Microsoft Excel 工作表，用户可以在 Office 电子表格中输入原始数据、添加公式及执行电子表格运算等。

在 Access 数据库中，用户可以在数据访问页中添加 Office 电子表格，在数据访问页中添加了 Office 电子表格后，用户可以利用数据访问页的页视图或 Internet Explorer 浏览器查看和分析相关的数据。具体操作步骤如下：

（1）以设计视图方式打开需要插入 Office 电子表格的数据访问页。

（2）单击工具箱中的"Office 电子表格"按钮，然后单击在数据访问页中要插入电子表格的位置，即可在数据访问页中插入一张空白的电子表格，如图 5-31 所示。

接下来就可以利用 Office 电子表格提供的工具栏进行相关的数据操作了。

图 5-31　在数据访问页中添加 Office 电子表格

习题五

一、选择题

1. 在 Access 数据库中的数据发布在 Internet 上可以通过（　　）。
   A. 查询　　　　　　　　B. 窗体　　　　　　C. 表　　　　　　　D. 数据访问页
2. Access 通过数据访问页可以发布的数据（　　）。
   A. 只能是静态数据　　　　　　　　B. 只能是数据库中保持不变的数据
   C. 只能是数据库中变化的数据　　　D. 是数据库中保存的数据
3. 在数据访问页的工具箱中，为了插入一段滚动的文字应有选择的图标是（　　）。
   A. 　　　　　　　B. 　　　　　　C. 　　　　　D.
4. 在数据访问页的工具箱中，为了插入一个按钮应该选择的图标是（　　）。
   A. *Aa*　　　　　　B. 　　　　　　C. 　　　　　D.
5. 标签在数据访问页中主要用来显示（　　）。
   A. 图像信息　　　　　　　　　B. 数据信息
   C. 描述性文本信息　　　　　　D. 其他

二、填空题

1. 数据访问页有两种视图方式：_____和设计视图。
2. 用户可以将_____设置分组数据访问页的默认控件。
3. 在 Access 中，用户可以利用_____控件来添加滚动文字。
4. 在 Access 中需要发布数据库中的数据时，可以采用的对象是_____。
5. 在数据访问页的工具箱中，图标的名称是_____。

第 6 章 宏

本章学习目标

- 认识宏和宏的基本概念
- 掌握宏的设计方法
- 掌握宏的执行和调试
- 了解宏的高级操作及常用的宏操作

6.1 Access 宏概述

在 Access 中，我们可以利用宏打开或关闭窗体或报表，显示或隐藏工具栏，检索并更新特定记录等工作。具体地说，我们可以创建某个宏，当用户单击某个命令按钮时运行该宏来打印某个报表。

宏的定义就是用来自动完成特定任务的操作或操作集，即宏是一个或多个操作的集合，其中每个操作实现特定的功能。将多个操作集合在一起，可以自动完成各种简单的重复性工作。宏可以是包含操作序列的一个宏，也可以是某个宏组，使用条件表达式可以决定在某些情况下运行宏时，某个操作是否执行。

学习宏之前，先对 Access 中的几个概念加以介绍：

（1）操作序列。一般在 Access 中，宏都是由一个操作序列所组成的。图 6-1 中显示的是"罗斯文商贸"数据库中的宏，在该宏中包含了 5 个基本的操作，这 5 个操作就构成了一个操作序列。每次运行"按金额汇总销售额"宏时，Access 都将执行这些操作。要运行该宏，只要在合适的地方引用该宏即可。

（2）宏组。宏组其实就是多个基本宏的集合。Access 中包括了许多基本的宏，将其中某些相关的宏分到不同的宏组中可以有助于方便地对数据库进行管理。要显示宏组中基本宏的名称，可以单击"宏"窗口的"视图"→"宏名"命令，或者单击工具栏上的"宏名"按钮 。

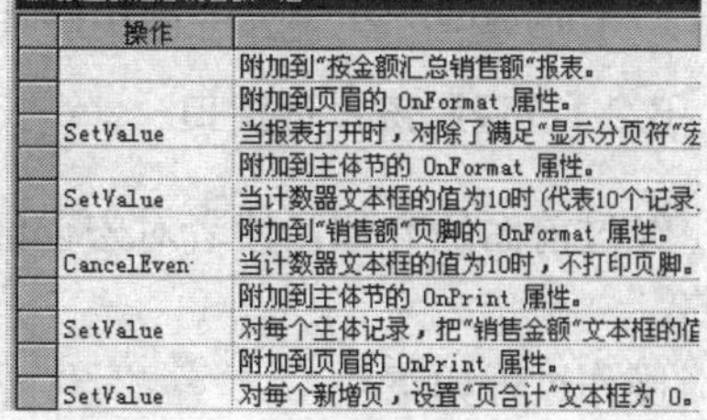

图 6-1 宏的操作序列示例

在图 6-1 中所显示的"按金额汇总销售额"宏就是一个宏组。在该图中，每个操作所对应的宏名没有显示出来，利用前面提到的方法将该图中操作的宏名打开，如图 6-2 所示，可以看到在"按金额汇总销售额"宏组中是由 5 个相关的宏构成的：隐藏分页符、显示分页符、隐藏页脚、页合计和新增页，每个宏都执行了一个相应的操作。

在图 6-2 中，"宏名"列用于标识宏。在宏组中执行宏时，Access 将执行操作序列中的操作。

在宏组中执行宏，调用宏的格式为：[宏组名]+句点+[宏名]。例如，在前面的示例中，引用"按金额汇总销售额"宏组中的"隐藏分页符"宏，可以使用句式：[按金额汇总销售额].[隐藏分页符]。

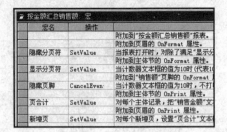

图 6-2　宏组示例

（3）条件操作。条件操作是宏的操作序列中的一种操作，只有当操作满足一定的条件，才能够执行。单击"宏"窗口的"视图"→"条件"命令，或者工具栏上的"条件"按钮，可以显示"条件"列。

同样对于"按金额汇总销售额"宏组，当显示条件操作之后，宏的设计视图如图 6-3 所示。例如，在"按金额汇总销售额"宏组中，要执行第二个 SetValue 和 CancelEven 操作，只有"条件"列中的表达式（[计数器]=10）为真。

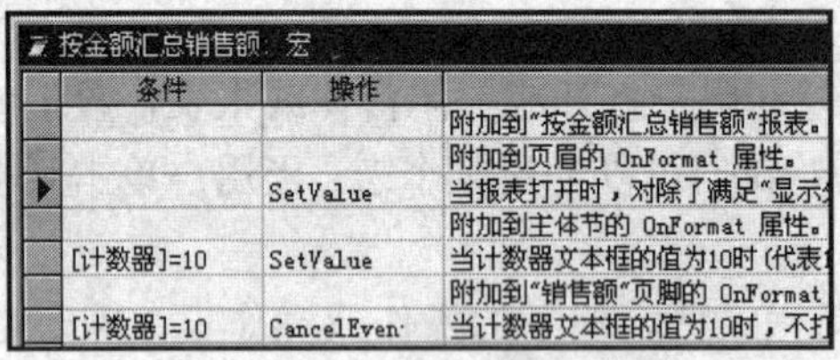

图 6-3　宏中条件操作示例

6.2　创建第一个宏

也许在使用和建立宏之前，读者正为自己对于 Access 的宏编程一无所知而不敢使用宏。其实，创建 Access 宏是一件轻松而有趣的工作，不同于以往的编程，用户不必涉及宏的编程代码，也没有太多的语法需要掌握，用户所要做的就是在宏的操作设计列表中安排一些简单的选择。下面就简单介绍宏的创建过程。

6.2.1　查看宏设计窗口

经过前面的介绍，读者对宏已经产生了一定的兴趣，那么就让我们先了解宏的"设计"窗口。

操作过程如下：

（1）从 Access 的其他窗口中切换到数据库窗口。

（2）在数据库窗口中单击"宏"选项，然后单击"新建"按钮，这时便打开了一个如图 6-4 所示宏的"设计"窗口。

提示：在打开的宏"设计"窗口中，系统会自动给窗体定义一个名称，在第一次保存该宏时，用户可以重新定义该宏。

与创建其他组件不同的是在单击"新建"按钮之后，没有出现一个关于新建宏的对话框，不要因此而放弃对 Access 宏的学习，其实通过下面的学习，会了解到正是因为 Access 宏创建过程的简单使得系统无须再添加什么向导之类的帮助。

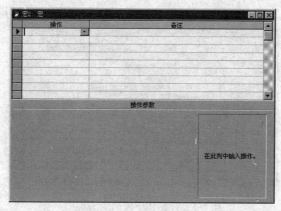

图 6-4 新建宏的"设计"窗口

宏设计窗口分为了上下两个部分，它的结构和 Access 表设计视图的结构一样。在窗口的上半部分，包含有"操作"和"备注"两列：在"操作"列中可以给每个基本宏指定一个或多个宏操作；"备注"列是可选的，用来帮助说明每个宏操作的功能，便于以后对宏的修改和维护。

在窗口的下半部分是宏的"操作参数"栏，用来定义宏操作的参数。当在上半部分所指定完成的操作不同时，"操作参数"栏中设置的操作参数也会不同。在建立每个基本宏时，需要对每一个宏操作设置其相应的宏操作参数。

6.2.2 创建宏

和创建其他 Access 组件一样，创建宏的操作是在"设计"视图中完成的。上面已经对宏设计视图加以了介绍，与建立其他组件所不同的是，在创建宏的过程中，用户几乎就像是在对一个对话框进行填充一样。创建宏所需要的基本操作都由系统提供，用户只需对其中的一些属性进行设置即可。

下面就以"罗斯文商贸"数据库中"供应商"宏作为例，来介绍宏的作用和简单创建过程。

先让我们了解"供应商"宏在所对应的"供应商"窗体中所发挥的作用，在数据库的"窗体"视图中打开"供应商"窗体，我们可以看到在窗体中有两个按钮："回顾产品"和"增加产品"（如图 6-5 所示）。当我们单击任一按钮之后，都会打开另一窗体，系统是如何完成上述操作的呢？这个过程中正是宏在其中发挥了作用。我们可以在窗体的设计视图中查看有关"回顾产品"命令按钮控件的属性定义。可以看到在它的属性表中，"单击"属性定义了一个"事件过程"，而这"事件过程"就是指在宏中所定义的有关操作。所以在"窗体"视图中单击该按钮之后，系统就会执行宏所对应的操作，如此宏和窗体便结合在了一起。

提示：在这里先完成该宏基本操作的创建，即打开"产品"窗体和指定打开窗体所放置位置的操作。其他操作将在以后逐一介绍。

下面就让我们具体实现上面对"回顾产品"命令按钮单击操作所定义宏的创建。

1. 直接创建宏

创建宏可以按照设计的一般过程，先指定操作，再为每个操作设置相应的操作参数。下面就先介绍这种方法，后面再介绍一种更为直接的方法。

操作过程如下：

（1）在数据库窗口中，单击"宏"选项，单击"新建"按钮 **新建(N)**。

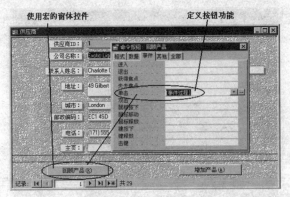

图 6-5　在窗体中使用宏的说明

（2）单击选取"操作"列的第一个单元格，然后再单击下拉按钮来显示出系统所提供的基本操作列表。在本示例中，我们从该列表中选取 OpenForm 基本操作。

（3）接着，在窗口的下半部分对操作参数进行设置。

在本示例中，窗口的下半部分出现如图 6-6（a）所示的操作参数属性项，其中包括"窗体名称"、"视图"、"筛选名称"、"Where 条件"、"数据模式"和"窗口模式"这 6 个选项。分别在这 6 个选项中，添入所需的内容即可。我们在"窗体名称"中指定打开窗体的名称为"产品列表"；"视图"指定打开窗体所使用的视图为"窗体"视图；"Where 条件"中指定打开窗体的条件是：[供应商 ID]=[Forms]![供应商]![供应商 ID]；在"数据模式"中指定窗体打开后，其中数据的显示模式为"只读"。

注意：在上面设定"Where 条件"中，第一个"供应商 ID"是指打开子窗体中所对应的记录，第二个"供应商 ID"是指在主窗体中所对应的记录。

提示：在 OpenForm 操作的参数属性项中，"数据模式"选项中包括："增加"、"只读"和"编辑"，选取不同模式，用户在打开窗体中对数据所能够进行的操作就会不同。"窗口模式"选项中包括："普通"、"隐藏"、"图标"和"对话框"，可以设置窗体打开后的模式。

（4）如果要在一个宏内还要添加更多的操作，移动到另一个操作行，并重复执行与上述步骤（2）、步骤（3）类似的操作。

对于打开的窗口，一般还需要利用 MoveSize 操作进一步地设置窗口的位置，否则，窗口打开后将放置在系统默认的位置，有可能不利于下一步的操作。单击"操作"列下面空白的操作行，从列表中选取 MoveSize 基本操作。这时，该操作所对应的操作参数如图 6-3（b）所示，其中包括："右"、"下"、"宽度"和"高度"。在其中输入相应的数值便可以完成对打开窗体放置位置的设定。

（a）　　　　　　　　　　　　　　　　　　　　　（b）

图 6-6　OpenForm 和 MoveSize 基本操作所需参数

提示：当输入设置后，系统会自动添加一个长度单位，在 Access XP 中文版中，单位为：厘米。

如果要移动窗口但不调整大小，输入"右"与"下"参数，但不要指定"宽度"与"高度"参数；如果要调整窗口大小但不移动，则与上述方法相反。

按照上述过程操作，我们便创建了一个宏，将它指定到"回顾产品"命令按钮后便可以完成打开"产品列表"窗体的功能。当然，这个宏目前还只是一个初步的设计，我们还需对它进行更进一步的设计。

2．向宏中添加操作

除了按照上述步骤完成宏的创建，还可以利用拖动的方法来完成相应的宏操作。

如果要快速创建一个在指定数据库对象上执行操作的宏，可以从数据库窗口中将对象直接拖移到宏设计窗口的操作行。我们利用此方法来完成"回顾产品"命令按钮的功能。

操作过程如下：

（1）在数据库窗口中，单击"宏"选项，单击"新建"按钮 ➋新建(N)。

（2）打开宏设计视图窗口后，单击"窗口"→"垂直平铺"命令重新放置宏设计视图窗口和数据库窗口，使得两个窗口能同时显示在屏幕上，如图 6-7 所示。

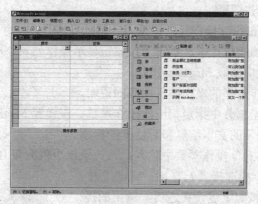

图 6-7　同时显示数据库窗口和"宏"窗口

（3）在数据库窗口中单击要拖动的对象类型的组件选项卡，从中选取相应的组件对象，并将其拖移到某个操作行内。如果拖移的是某个宏，将添加执行此宏的操作，而拖动其他组件对象，如表、查询、窗体、报表、Web 页或模块，将添加打开相应组件对象的操作。在本示例中，单击"窗体"选项，从中选取"产品列表"窗体，并将它拖动到宏设计窗口的一个空白操作行中。操作完成之后，自动会在"设计"视图的操作行中添加 OpenForm 操作名，在操作参数列表中添加窗体名称、视图和窗口模式。

可以看到利用动移方法能够直接建立一个宏，不仅完成在操作列中添加了相应的操作，同时还在"操作参数"栏中设置了操作参数，所以使用这种方法来完成一些简单的操作是比较方便的。

6.3　Access 宏的编辑

前面介绍了两种创建宏的方法，可以利用任一方法实现宏的创建。但是，创建完毕一个宏之后，还常常需要对开始创建的宏进行编辑，添加新的操作或修改以往操作的不足。例如，前面的操作示例并没有考虑到如果在"供应商"窗体中没有供应商的输入，那么在单击"回顾产品"按钮之后就无法打开一个与之对应的"产品列表"窗体。

对于前面的创建中可能出现的问题，如何解决它呢？首先应该在打开"产品列表"窗体操作之前对"供应商 ID"字段进行检查，查看该项是否满足条件，否则，进行停止宏运行的操作。对于停止宏运行这个操作，最好能够提供一个提示，这样可以方便用户理解出现了什么问题。

按照上面的分析，我们先介绍如何向宏中添加操作。

6.3.1　添加新操作

当完成了一个宏的建立之后，还常常会根据实际中的需要再向宏中添加一些新的操作。下面通过解决上面所提出的问题来介绍对宏添加新操作的方法。

操作过程如下：

（1）在数据库窗口中打开需要修改的宏。

（2）按照添加的新操作与其他操作的关系，将新操作添加到"操作"列的不同位置中。如果新添的操作与其他操作没有直接关系，可以在"设计"窗口的"操作"列中单击第一个空白行；如果新添的操作位于两个操作行之间，则单击插入行下面的操作行的行选定器，然后在工具栏上单击"插入行"按钮 。

在本示例中，在 OpenForm 操作行之前插入一新的操作行。

（3）在由上步选定的操作行中，单击下拉按钮显示操作列表，从列表中选取要使用的操作。在本示例中，从列表中选取 MsgBox 操作。

（4）接着，为在上步选择的操作键入相应的说明。

（5）最后在窗口下半部分中指定相应的操作参数。在设置 MsgBox 操作参数时，需要指明提示对话框的类型、提示的文本信息和对话框的标题。

在本示例中，在"信息"操作参数中输入：该记录缺少供应商 ID 信息；在"发嘟嘟声"中选择"是"；在"类型"中选择"无"；在"标题"中输入：输入供应商 ID。按照上述设置之后，输出的提示对话框如图 6-8 所示。

（6）如果还需要添加其他操作，可以重复以上步骤（2）～（5）的操作。

在本示例中，再在 MsgBox 操作之后添加一个停止宏运行的操作，即 StopMacro 操作。按照上述过程，我

图 6-8　示例中创建的提示对话框

们可向已有的宏添加两个操作，但是这只是第一步，在下面将介绍对宏执行设定条件。

提示：系统包含有 5 种提示对话框的基本类型：无、重要、警告？、警告！和信息。使用不同的对话框类型，在输出时的显示也不相同。

6.3.2　设定条件

对宏中的操作设置一定的条件是非常有必要和有用的。例如，如果按照上一小节的操作过程只是在宏中添加了新的操作，而没有设置一定的条件，就会在每次单击"回顾产品"命令按钮时都会出现一个提示对话框。下面就介绍设定宏操作条件的过程。

操作过程如下：

（1）在数据库窗口中，在宏设计视图中打开需要修改的宏。

（2）选择需要设定条件的操作，将光标移到该操作的"条件"行中。如果在宏设计视图中没有显示"条件"列，单击工具栏上的"条件"按钮 。

（3）在选取的"条件"行中，根据需要输入相应的条件表达式。如果需要用"生成器"来创建表达式，单击工具栏上的"生成器"选项 。如果输入的条件为真时，Access 执行该

行中的操作；否则，Access 不执行该行的操作。

在本示例中，在执行 MsgBox 操作和 StopMacro 操作之前，需要对"供应商 ID"字段进行判断，检查该字段是否为空字段。所以，在 MsgBox 操作的"条件"行中输入的条件表达式为：IsNull([供应商 ID])；在 StopMacro 操作的"条件"行中输入相同的表达式。但是，Access 允许用户利用省略符号"…"（表示该行中的内容与上一行相同）来省略输入相同的表达式。宏示例最后的设计内容如图 6-9 所示。

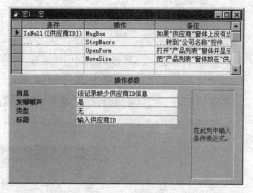

图 6-9　在"条件"列中输入条件表达式

按照上述步骤对宏设定条件之后，当执行该宏时，Access 会对"供应商 ID"字段进行判断，如果结果为"真"，则执行提示对话框的显示，并停止宏的运行；否则，将打开"产品列表"窗体，并移动到指定的位置。

在 Access 执行一个宏包含的操作时，只对"条件"行中条件表达式的操作进行判断。

提示： 如果条件表达式的结果为假时，Access 将忽略这个操作，以及紧挨着此操作并且在"条件"行中以省略号表示的所有操作。然后执行下一个包含其他条件，或没有条件设定的操作。

6.3.3　复制宏操作

前面我们基本介绍完了一个宏的创建过程，对于宏有关的操作还包括对宏进行保存和复制等操作。

在将一个宏应用到窗体或报表之前最好将宏加以保存，而且系统会出现一个提示对话框提示用户。虽然仍可以以后再对宏加以保存，但是还是应该预先完成该操作，否则有可能出现不应有的错误。

在 Access 中，对一个宏进行复制时可以是对整个宏进行复制，或是对宏中的某个操作进行复制。在复制某个操作时，需要利用"行选定器"先选定要复制的操作，然后，再利用工具栏上的"复制"按钮📋对选取的内容进行复制。

提示： 在进行复制操作时，Access 将同时复制相关的操作参数、宏和条件表达式。

6.4　宏的执行和调试

在执行宏时，Access 将从宏的起始点启动，并执行宏中所有操作，一直执行到宏组中另一个宏或者到宏的结束点为止。

可以从其他宏或事件过程中直接执行宏，或者将执行宏作为对窗体、报表、控件中发生的事件做出的响应。例如，可以将某个宏附加到窗体中的命令按钮上，这样在用户单击按钮时就会执行相应的宏。也可以创建执行宏的自定义菜单命令或工具栏按钮而将某个宏指定至组合键中，或者在打开数据库时自动执行宏。

当创建了一个宏后可能会需要对宏进行一些调试。这一节主要就宏的执行和调试进行讲解。

6.4.1　直接执行宏

在 Access 中，用户可以直接执行创建好的宏。通常我们经常在如下面所列的几种情况之下直接执行宏：

- 在宏设计视图窗口中单击工具栏上的"执行"按钮 <!-- --> 执行宏。
- 在数据库窗口的"宏"选项卡中双击相应的宏名执行宏。
- 在窗体设计视图或报表设计视图中利用菜单选项执行宏，单击"工具"→"宏"→"执行宏"命令，然后单击"宏名"对话框中相应的宏。
- 在 Access 的其他地方利用菜单执行宏，在"工具"菜单上单击"执行宏"命令，然后在对话框中选择宏名（如图 6-10 所示），单击"确定"按钮。

通常情况下，直接执行宏只是进行测试。可以在确保宏的设计无误之后，将宏附加到窗体、报表或控件中，以对事件作出响应。

图 6-10　"执行宏"对话框

6.4.2　宏与控件结合

除了前面所说的直接执行宏之外，我们还可以将宏与窗体或报表中的控件结合在一起执行，使宏成为某一基本操作中所包含的操作，使操作集成，能够完成更多的功能。

在 6.2.2 节中系统地介绍了一个宏的创建过程。对于该示例，当完成了一个宏的创建之后，就需要将它与窗体中的命令按钮控件相结合，使得在窗体中使用该控件时能够实现某些特定的功能。下面将讲述宏与控件结合的过程。

首先，在设计一个窗体或报表时，我们常常在设计之时就会考虑该窗体或报表将用来完成什么功能，利用什么途径来实现功能。就以前面所列举的例子来说，"供应商"窗体中就是用来介绍有关每个供应商情况的窗体，在窗体中查询者可以获取一些基本的情况，例如，公司名称、联系人、所属国家、地区、城市和联系电话等信息，同时在该窗体还可以对供应商所供应的产品加以了解，或者进行订购。

接着，就需要考虑如何实现上述所要完成的功能。如果将供应商所有的情况都列在窗体中会显得十分拥挤，用户查询起来也十分不便。根据命令按钮控件的特点，可以利用单击按钮而打开一个子窗体，在子窗体中列出有关产品的信息。但是如何实现利用按钮打开子窗体的功能呢？这就需要下一步的设计。

提示：读者可能会注意到，上面的步骤还没有真正涉及窗体的实质制作。在设计 Access 窗体或报表时，必须在制作之前进行一个总体设计，只有这样才能事半功倍，否则，将会浪费大量时间。

"供应商"窗体的制作包括制作一个包含有供应商基本情况的主窗体，两个分别包含有关于供应商提供原有产品情况和添加新产品的子窗体。在主窗体中除了包含有一些显示基本情况的文本框和选项卡等控件之外，还有和本节内容有关的命令按钮控件。这时我们就应该开始一个宏的创建，因为一个控件本身并不包含特殊操作，如果没有对控件进行设置，它只会是窗体中的一个图形而已，例如，如果命令按钮不给它指定单击它之后完成的操作，它将在单击之后没有任何反应。所以，当创建完窗体的一个基本轮廓之后就需要开始进行如 6.2 节所进行的宏创建，为相应的控件创建相应的宏。然后，在窗体的"设计"视图中为创建的命令按钮指定对应的宏，在"回顾产品"按钮的属性项中设置"单击"属性与宏对应，这样单击"回顾产品"按钮所完成的操作应与前面创建的宏示例相同。

注意：并不是窗体或报表中的所有控件都需要创建一个宏，系统也为控件提供了一些基本的操作宏，可以利用这些宏来进行简单的操作。但是，如果用户想要执行特殊的操作就必须亲自来进行宏的创建。

提示：窗体和报表中的控件的属性项中有一个"事件"选项，其中包括了可以对该控件进行的基本操作，可以在这些操作属性项中设置特定的宏，当在控件中进行相应的基本操作之后，系统便会自动完成特定宏中所包含的操作。

6.4.3　单步执行

在建立宏的过程中，我们还常常会遇到一些问题，做任何事情不可能一次就会成功。如果一个宏中存在错误，只能依靠系统提供的调试功能来修改错误，其中一个主要的方法就是单步执行宏。

使用单步执行宏可以观察到宏的流程和每一个操作的结果，并且可以排除导致错误或产生非预期结果的操作。

操作过程如下：

（1）打开相应的宏。

（2）在工具栏上单击"单步"按钮 🔳。

（3）按照在 6.4.1 节所介绍的执行宏操作来执行该宏，则可以看到如图 6-11 所示的"单步执行宏"对话框。

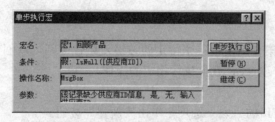

图 6-11　"单步执行宏"对话框

（4）该对话框中，包括有 3 个按钮："单步执行"、"暂停"和"继续"。

提示：如果要在宏执行过程中暂停宏的执行，然后再以单步执行宏，按 Ctrl +Pause Break 组合键即可。

如果用户创建的宏中存在错误，在按照上述过程单步执行宏时将会在对话框中显示"操作失败"对话框（如图 6-12 所示）。Access 将在该对话框中显示出错操作的操作名称、参数及相应的条件。利用该对话框可以了解在宏中出错的操作，然后，单击"暂停"按钮进入宏"设计"视图窗口中对出错宏进行相应的操作修改。

图 6-12　"操作失败"对话框

6.5　高级宏操作

在 Access 中，宏所能够完成的操作功能是十分强大的。可以通过建立宏组在一个宏中完成更多、更复杂的操作；在工具栏上添加一个自定义的宏键，单击宏键可以完成一定的操作；在宏与宏之间，可以发生嵌套关系。这些功能的实现都为 Access 宏增添了许多特色。

6.5.1　建立宏组

在建立宏时，如果要在一个位置上将几个相关的宏构成组，而不希望对其单个追踪，可以将它们组织起来构成一个宏组。下面介绍建立宏组的方法。

操作过程如下：

（1）在数据库窗口中单击"宏"选项，单击"新建"按钮。

（2）单击工具栏上的"宏名"按钮██。

（3）在"宏名"栏内，键入宏组中的第一个宏的名字。

（4）按照 6.3.1 节中所介绍的方法，在新建宏中添加需要宏执行的操作。

（5）如果希望在宏组内包含其他的宏，重复步骤（3）、（4）。

保存宏组时，指定的名字是宏组的名字。这个名字也是显示在数据库窗口中的宏和宏组列表的名字。如果要引用宏组中的宏，用语法：宏组名.宏名。

提示：在前面所讲述的"供应商"宏示例中，包括了 5 个宏，它们分别完成"供应商"窗体在使用中的相应操作功能。

6.5.2　创建宏键

将一个操作或操作集合赋值给某个特定的按键或组合键则可以创建一个快捷键。在按下特定的按键或组合键时，Access 就会执行相应的操作。

操作过程如下：

（1）单击数据库窗口的"宏"选项，单击"新建"按钮。

（2）单击工具栏上的"宏名"按钮██。

（3）在"宏名"列中键入要使用的按键或组合键。

（4）添加按键或组合键对应的操作或操作集。例如，添加一个 RunMacro 操作，使得在按下 Ctrl+P 组合键时执行"打印当前记录"宏。

（5）重复步骤（3）、（4）来设置其他的赋值键。

提示：在保存宏组后，每次打开数据库时新的赋值键将会生效。

注意：如果把操作集赋值给一个组合键，而该组合键已被 Access 应用，则新的赋值键操作将取代原有的 Access 赋值键。

6.5.3　宏的嵌套

在 Access 中，用户可以十分容易地完成对一个已有宏的引用，这样可以为用户节省设计的时间。从其他的宏或 Visual Basic 程序中执行宏就是将 RunMacro 操作添加到相应的宏或程序中。

如果要在其他宏中引用一个已有的宏，则是将 RunMacro 操作添加到宏中。具体操作方法是：单击空白操作行的操作列表中的 RunMacro，并且将 MacroName 参数设置为要执行的已有宏的宏名。这样在执行新创建的宏时，便可以执行已有宏中设置的操作，而不必再在新建的宏中逐一添加所需的操作。

　　如果要在 Visual Basic 程序中完成已有宏中相同的操作，则将 RunMacro 操作添加到 Visual Basic 程序中。具体操作方法是：在程序中添加 DoCmd 对象的 RunMacro 方法，然后指定要执行的宏名。例如，下列 RunMacro 方法将执行宏 Macro1：

　　DoCmd.RunMacro "Macro1"

6.6　常用宏操作

　　宏的操作是非常丰富的，表 6-1 列出了一部分宏操作。如果你只是做一个小型的数据库，程序的流程用宏就可以完全实现，而无须使用 VBA。

　　有的操作是没有参数的，如 Beep，而有的操作必须指定参数才行，如 OpenForm。通常，按参数排列顺序来设置操作的参数是很好的方法，因为选择某一参数将决定该参数后面的参数的选择。下面对 Microsoft Access 常用的宏作一个简单的介绍。

表 6-1　常用宏操作

操作	说明
Beep	通过计算机的扬声器发出嘟嘟声
Close	关闭指定的 Microsoft Access 窗口。如果没有指定窗口，则关闭活动窗口
GoToControl	把焦点移到打开的窗体、数据表中当前记录的特定字段或控件上
Maximize	放大活动窗口，使其充满 Microsoft Access 窗口
Minimize	将活动窗口缩小为 Microsoft Access 窗口底部的小标题栏
MsgBox	显示包含警告信息或其他信息的消息框
OpenForm	打开窗体，并通过选择窗体的数据输入与窗口方式，来限制窗体所显示的记录
OpenReport	在设计视图或打印预览中打开报表或立即打印报表
PrintOut	打印打开数据库中的活动对象，也可以打印数据表、报表、窗体和模块
Quit	退出 Microsoft Access
RepaintObject	完成指定数据库对象的屏幕更新。更新包括对象的所有控件的所有重新计算
Restore	将处于最大化或最小化的窗口恢复为原来的大小
RunMacro	运行宏。该宏可以在宏组中
SetValue	对窗体、窗体数据表或报表上的字段、控件或属性的值进行设置
StopMacro	停止当前正在运行的宏

习题六

一、选择题

1. 要限制宏命令的操作范围，可以在创建宏时定义（　　）。
　　A．宏操作对象　　　　　　　　　　　B．宏条件表达式
　　C．窗体或报表控件属性　　　　　　　D．宏操作目标

2. 能够设计宏的设计器是（　　）。

　　A．窗体设计器　　　　　B．表设计器　　　　C．报表设计器　　D．宏设计器

3. 在宏的表达式中要引用报表 test 上控件 txtName 的值，可以使用式（　　）。

　　A．txtName　　　　　　　　　　　　　B．test!txtName

　　C．Reports!txtName　　　　　　　　　D．Report!txtName

4. 为窗体或报表上的控件设置属性的宏命令是（　　）。

　　A．Echo　　　　　　B．MsgBox　　　　C．Beep　　　　　　D．SetValue

5. 有关宏操作，以下叙述错误的是（　　）。

　　A．宏的条件表达式中不能引用窗体或报表的控件值

　　B．所有宏操作都可以转化为相应的模块代码

　　C．使用宏可以启动其他应用程序

　　D．可以利用宏组来管理相关的一系列宏

二、填空题

1. 有多个操作构成的宏，执行时是按_____执行的。

2. VBA 的自动运行宏，必须命名为_____。

3. 定义_____有利于数据库中宏对象的管理。

4. 如果要引用宏组中的宏，采用的语法是_____。

5. 实际上，所有宏操作都可以转换为相应的模块代码，它可以通过_____来完成。

第 7 章　模块

本章学习目标

- 了解模块的基本概念
- 认识 VBA 的基本语法
- 了解面向对象程序设计基础
- 学会 VBA 程序调试方法
- 学会窗体模块设计方法

7.1　模块基础

7.1.1　模块简介

模块是 Access 系统中的一个重要对象，它以 VBA（Visual Basic for Application）语言为基础编写，以函数过程（Function）或子过程（Sub）为单元的集合方式存储。在 Access 中，模块分为类模块和标准模型两种类型。

1. 类模块

窗体模块和报表都属于类模块，它们从属于各自的窗体或报表。在窗体或报表的设计视图环境下可以用两种方法进入相应的模块代码设计区域：一是单击工具栏的"代码"按钮进入；二是为窗体或报表创建事件过程时，系统会自动进入相应代码设计区域。

窗体模块和报表模块通常都含有事件过程，而过程的运行用于响应窗体或报表上的事件。使用事件过程可以控制窗体或报表的行为，以及它们对用户操作的响应。

窗体模块和报表模块中的过程可以调用标准模块中已经定义好的过程。

窗体模块和报表模块具有局部特性，其作用范围局限在所属窗体或报表内部，而生命周期则是伴随着应用程序的运行而开始、关闭而结束。

2. 标准模块

标准模块一般用于存放供其他 Access 数据库对象使用的公共过程。在 Access 系统中可以通过创建新的模块对象而进入其代码设计环境。

标准模块通常安排一些公共变量或过程供类模块中的过程调用。在各个标准模块内部也可以定义私有变量和私有过程仅供本模块内部使用。

标准模块中的公共变量和公共过程具有全局特性，其作用范围为整个应用程序，生命周期是伴随着应用程序的运行而开始、关闭而结束。

3. 将宏转换为模块

在 Access 系统中，根据需要可以将设计好的宏对象转换为模块代码形式。

7.1.2　创建模块

过程是模块的单元组成，由 VBA 代码编写而成。过程分两种类型：Sub 子过程和 Function

函数过程。

1. 在模块中加入过程

模块是装着 VBA 代码的容器。在窗体或报表的设计视图中，单击工具栏中的"代码"按钮或者创建窗体或报表的事件过程可以进入类模块的设计和编辑窗口；单击数据库窗口中的"模块"对象标签，然后单击"新建"按钮即可进入标准模块的设计和编辑窗口。

一个模块包含一个声明区域，包含一个或多个子过程（以 Sub 开头）或函数过程（以 Function 开头）。模块的声明区域是用来声明模块使用的变量等项目。

（1）Sub 过程。又称为子过程。执行一系列操作，无返回值。定义格式如下：

```
Sub 过程名
    [程序代码]
End Sub
```

可以引用过程名来调用该子过程。此外，VBA 提供了一个关键字 Call，可显示调用一个子过程。在过程名前加入 Call 是一个很好的程序设计习惯。

（2）Function 过程。又称为函数过程。执行一系列操作，有返回值。定义格式如下：

```
Function 过程名
    [程序代码]
End Function
```

函数过程不能使用 Call 来调用执行，需要直接引用函数过程名，并由接在函数过程名后的括号所辨别。

2. 在模块中执行宏

在模块的过程定义中，使用 DoCmd 对象的 RunMacro 方法，可以执行设计好的宏。其调用格式为：

```
Docmd.RunMacro MacroName[,RepeatCount][,RepeatExpression]
```

其中 MacroName 是可选项，为数值表达式，在每一次运行宏时进行计算，结果为 False(0) 时，停止运行宏。

7.2　VBA 程序设计基础

7.2.1　VBA 简介

VBA（Visual Basic for Application）是 Microsoft Office 系列软件的内置编程语言，VBA 的语法与独立运行的 Visual Basic 编程语言互相兼容。它使得在 Microsoft Office 系列应用程序中快速开发应用程序更加容易，且可以完成特殊的、复杂的操作。

相信大多数的读者对于 Visual Basic 都比较熟悉，至少应该是听说过。Visual Basic（以下简称 VB）就是微软公司推出的可视化 Basic 语言，用它来编程非常简单。因为它简单，而且功能强大，所以微软公司将它的一部分代码结合到 Office 中，形成我们今天所说的 VBA。它的很多语法都继承自 VB，所以可以像编写 VB 语言那样来编写 VBA 程序，以实现某个功能。当这段程序编译通过以后，Office 将这段程序保存在 Access 中的一个模块中，并通过类似在窗体中激发宏的操作那样来启动这个"模块"，从而实现相应的功能。

VBA 提供了一个编程环境和一门语言，应用它可以自行定义应用程序以扩展 Office 的性能，将 Office 与其他软件相集成，并使 Office 一体化为一系列商业处理的一环。通过使用 VBA 构建定制程序会使你充分利用 Office 提供的功能和服务。

在 Office 中提供的 VBA 开发界面称为 VBE（Visual Basic Editor），在 VBE 中可编写 VBA 函数和过程。Access 的 VBE 界面与 Word、Excel 和 PowerPoint 的 VBA 开发界面基本一致。

1. VBE 界面

在 Access 中，可以有多种方式打开 VBE 窗口。可以先单击数据库窗口的"模块"对象，然后双击所要显示的模块名称，就会打开 VBE 窗口并显示该模块的内容；也可以单击数据库窗口工具栏上的"新建"按钮，就会在 VBE 中创建一个空白模块；还可以通过在数据库窗口中，单击"工具"→"宏"→"Visual Basic 编辑器"命令打开 VBE。

用 VBE 打开一个已有的 Northwind 数据库中的"启动"模块时，窗口如图 7-1 所示。在图 7-1 所示的 VBE 窗口中，VBE 界面由主窗口、工程资源管理器窗口、属性窗口和代码窗口组成。通过主窗口的"视图"菜单可以显示其他的窗口，这些窗口包括：对象窗口、对象浏览器窗口、立即窗口、本地窗口和监视窗口，通过这些窗口可以方便用户开发 VBA 应用程序。

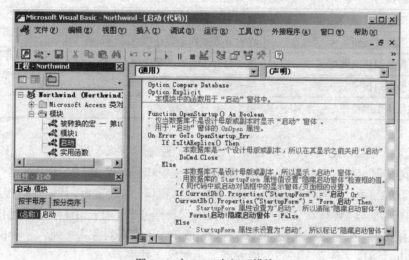

图 7-1 在 VBE 中打开模块

（1）菜单。VBE 共有文件、编辑、视图、插入、调试、运行、工具、外接程序、窗口和帮助 10 个菜单。各个菜单的说明如表 7-1 所示。

表 7-1 菜单及其说明

菜单	说明
文件	文件的保存、导入、导出等基本操作
编辑	基本的编辑命令
视图	控制 VBE 的视图
插入	进行过程、模块、类或文件的插入
调试	调试程序的基本命令，包括监视、设置断点等
运行	运行程序的基本命令，如运行、中断等命令
工具	用来管理 VB 的类库等的引用、宏以及 VBE 编辑器的选项
外接程序	管理外接程序
窗口	设置各个窗口的显示方式
帮助	用来获得 Microsoft Visual Basic 的链接帮助以及网络帮助资源

（2）工具栏。默认的情况下在 VBE 窗口中显示的是标准工具栏，用户可以通过"视图"菜单的"工具"子菜单来显示"编辑"、"调试"和"用户窗体"工具栏，甚至是自行定义工具栏的按钮。标准工具条上包括了创建模块时常用的命令按钮，关于这些命令按钮及功能的介绍如表 7-2 所示。

表 7-2　标准工具栏常用按钮功能

按钮	按钮名称	功能
	视图 Microsoft Access 按钮	切换 Access 2000 窗口
	插入按钮	单击该按钮右侧箭头，弹出下拉列表框，含有"模块"、"类模块"和"过程" 3 个选项，选一项即可插入新模块
	运行子过程/用户窗体按钮	运行模块中的程序
	中断按钮	中断正在运行的程序
	重新设置按钮	结束正在运行的程序
	设置模式按钮	在设计模式和非设计模式之间切换
	工程资源管理器按钮	用于打开工程资源管理器
	属性窗口按钮	用于打开属性窗口
	对象浏览器按钮	用于打开对象浏览器

（3）窗口。在 VBE 窗口中，提供了工程资源管理器窗口、属性窗口、代码窗口、对象窗口、对象浏览器窗口、立即窗口、本地窗口、监视窗口等多个窗口，可以通过"视图"菜单控制这些窗口的显示。下面对常用的工程资源管理器窗口、属性窗口、代码窗口作简单的介绍。

1）工程资源管理器窗口。工程资源管理器的列表框列出了在应用程序中用到的模块文件。可单击"查看代码"按钮显示相应的代码窗口，或单击"查看对象"按钮，显示相应的对象窗口，也可单击"切换文件夹"按钮，隐藏或显示对象文件夹。

2）属性窗口。属性窗口列出了所选对象的各种属性，可"按字母序"和"按分类序"查看属性。可以编辑这些对象的属性，这通常比在设计窗口中编辑对象的属性要方便和灵活。

为了在属性窗口显示 Access 类对象，应先在设计视图中打开对象。双击工程窗口上的一个模块或类，相应的代码窗口就会显示相应的指令和声明，但只有类对象在设计视图中也打开时，对象才在属性窗口中被显示出来。

3）代码窗口。在代码窗口中可以输入和编辑 VBA 代码。可以打开多个代码窗口来查看各个模块的代码，而且可以方便地在代码窗口之间进行复制和粘贴。代码窗口对于代码中的关键字以及普通代码通过不同颜色加以区分，使之一目了然。

2．在代码窗口中编程

VBE 的代码窗口包含了一个成熟的开发和调试系统。在代码窗口的顶部是两个组合框，左边是对象组合框，右边是过程组合框。对象组合框中列出的是所有可用的对象名称，选择某一对象后，在过程组合框中将列出该对象所有的事件过程。在工程资源管理器窗口中双击任何 Access 类或模块对象都可以在代码窗口中打开相应的代码，然后就可以对它进行检查、编辑和复制。

进行过 VB 编程的用户，一定对 VB 的方便友好的编程界面十分喜欢。VBE 继承了 VB 编辑器的众多功能，例如自动显示快速信息、快捷的上下文关联帮助及快速访问子过程等功能。如图 7-2 所示，在代码窗口中输入命令时，VBA 编辑器自动显示关键字列表供用户参考和选择。

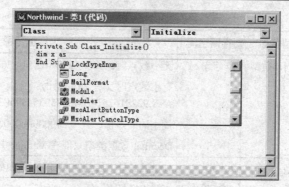

图 7-2　自动显示快速信息

　　应用上述的代码窗口的功能，可以轻松地进行 VBA 应用程序的代码编写。正确地编写 VBA 应用程序的代码，首先要注意的就是程序的书写格式，下面作简要的介绍。

　　（1）注释语句。通常，一个好的程序一般都有注释语句。这对程序的维护及代码的共享都有重要的意义。在 VBA 程序中，注释可以通过使用 Rem 语句或用 "'" 号实现。例如下面的代码中分别使用了这两种方式进行注释。

```
Rem  声明两个变量
Dim MyStr1, MyStr2 As String
MyStr1 = "Hello": Rem MyStr1 赋值为"Hello"
MyStr2 = "World"        'MyStr2MyStr1 赋值为"World"
```

其中 Rem 注释在语句之后要用冒号隔开，因为注释在代码窗口中通常以绿色显示，因此可以避免写错。

　　（2）连写和换行。通常情况下，程序语句为一句一行，但有时候对于十分短小的语句，可能需要在一行中写几句代码，这时需要用到 ":" 来分开几个语句。对于太长的代码可以用到空白加下划线 "_" 将其截断为多行。

7.2.2　VBA 基础知识

1. 数据类型

　　VBA 同其他的编程语言一样，都要对数据进行操作。为此，VBA 支持多种数据类型，为用户编程提供了方便。表 7-3 列出了 VBA 程序中主要的数据类型，以及它们的存储要求和取值范围。

表 7-3　VBA 支持的数据类型

数据类型	类型名称	存储空间	取值范围
Byte	字节型	1 字节	$0 \sim 255$
Boolean	布尔型	2 字节	True 或 False
Integer	整型	2 字节	$-32\,768 \sim 32\,767$
Long	长整型	4 字节	$-2\,147\,483\,648 \sim 2\,147\,483\,647$
Single	单精度浮点型	4 字节	负数：$-3.402823E38 \sim -1.40898E\text{-}45$； 正数：$1.40898E\text{-}45 \sim 3.402823E38$
Double	双精度浮点型	8 字节	负数：$-1.79769313486232E308 \sim -4.9406564584847E\text{-}324$； 正数：$4.9406564584847E\text{-}324 \sim 1.79769313486232E308$
Currency	货币型	8 字节	$-922\,337\,203\,685\,477.5808 \sim 922\,337\,203\,685\,477.5807$

数据类型	类型名称	存储空间	取值范围
Decimal	十进制小数型	14 字节	无小数点时：+/-79 228 162 514 264 337 593 543 950 335 有小数点时又有 28 位数时： +/-7.9228162514264337593543950335； 最小的非零值：+/-0.000000000000000 0000000000001 Decimal 数据类型只能在 Variant 中使用
Date	日期型	8 字节	100 年 1 月 1 日到 9999 年 8 月 31 日
Object	对象	4 字节	任何对象引用
String (fixed)	定长字符串	10 字节+ 字符串长	0 到大约 20 亿
String (variable)	变长字符串	字符串长	1 到大约 65 400
Variant (数字)	变体数字型	16 字节	任何数字值，最大可达 Double 的范围
Variant (字符)	变体字符型	22 字节+ 字符串长	与变长 String 有相同的范围
Type	自定义类型	所有元素 所需数目	每个元素的范围与它本身的数据类型的范围相同

其中 Variant 数据类型是所有没被显式声明为其他类型变量的数据类型。Variant 是一种特殊的数据类型，除了定长 String 数据及用户定义类型外，可以包含任何种类的数据。Variant 也可以包含 Empty、Error、Nothing 及 Null 等特殊值。通常，数值 Variant 数据保持为其 Variant 中原来的数据类型。可以用 Variant 数据类型来替换任何数据类型，这样会更有适应性。Empty 值用来标记尚未初始化的 Variant 变量。内含 Empty 的 Variant 在数值的上下文中表示 0，如果是用在字符串的上下文中则表示零长度的字符串。Null 是表示 Variant 变量含有一个无效数据。在 Variant 中，Error 是用来指示在过程中出现错误时的特殊值。这可以让程序员，或应用程序本身，根据此错误值采取另外的行动。

和其他的语言类似，VBA 可以自定义数据类型，使用 Type 语句就可以实现这个功能。用户自定义类型可包含一个或多个某种数据类型的数据元素、数组或一个先前定义的用户自定义类型。Type 语句的语法如下：

```
Type TypeName
     定义语句
End Type
```

例如下面的 Type 语句，定义了 MyType 数据类型，它由 MyFirstName、MyLastName、MyBirthDate 和 MySex 组成。

```
Type MyType
MyFirstName As String    '定义字符串变量存储一个名字
MyLastName As String     '定义字符串变量存储姓
MyBirthDate As Date      '定义日期变量存储一个生日日期
MySex As Integer         '定义整型变量存储性别
End Type
```

2. 变量、常量、数组和表达式

VBA 代码中声明和使用指定的常量或变量来临时存储数值、计算结果或操作数据库中的任意对象。

（1）变量的声明。声明变量有两个作用，一是指定变量的数据类型，二是指定变量的适用范围。VBA 应用程序并不要求在过程中使用变量以前明确地进行声明。如果使用一个没有明确声明的变量，Visual Basic 会默认地将它声明为 Variant 数据类型。

虽然默认的声明很方便，但可能会在程序代码中导致严重的错误。因此使用前声明变量是一个很好的编程习惯。在 VBA 中可以强制要求在过程中使用变量前必须进行声明，方法是在模块通用节中包含一个 Option Explicit 语句。它要求在模块级别中强制对模块中的所有变量进行显式声明。

使用 Dim 语句来声明变量，该语句的功能是：声明变量并为其分配存储空间。Dim 语句的语法如下：

Dim Variable_Name As DataType

其中变量名称可以像命名字段名一样，但是变量名不能包括空格键或其他字符（除了下划线 "_"）。另外变量不能使用 VBA 关键字作为名字，因为关键字也称为保留字。例如下面声明了字符串变量 MyName。

Dim MyName As String

声明之后，就可以通过表达式给它赋值。可以在同一行内声明多个变量。例如，

Dim Var1,Var2 As Integer, Var3 As String

其中 Var1 的类型为 Variant，因为声明时没有指定它的类型。在变量声明时，对于用户自定义的数据类型与常规的数据类型没有区别，只要在使用之前定义了该数据类型即可。

（2）常量的声明。常量可以看作是一种特殊的变量，它的值经设置后就不能够更改或赋予新值。对于程序中经常出现的常数值，以及难以记忆且无明确意义的数值。使用声明常量可使代码更容易读取与维护。使用 Const 语句来声明常数并设置其值，Const 语句的语法如下：

Const Const_Name = expression

例如，下面的语句声明了一个常数 PI。

Const PI=8.1415926

同样的可以在同一行里声明多个常量。

（3）变量和常量的作用域。变量和常量的作用域决定变量在 VBA 代码中的作用范围。变量在第一次声明时开始有效，用户可以指定变量在其有效范围可以反复出现。一个变量有效，被称为是可见的，意味着可为其赋值，并可在表达式中使用它。否则变量是不可见的。当变量不可见时使用这个变量，实际是创建一个同名的新变量。对于常量也是一样。

可以在声明变量和常量的时候，对它的作用域作相应的声明，如果希望一个变量能被数据库中所有过程所访问，需要在声明时加上 Public 关键字。可以用 Private 语句显式地将一个变量的适用范围声明为在模块内，但这不是必须的，因为 Dim 和 Static 所声明的变量默认为在模块内私有。

下面的语句使用 Public 关键字声明 Var1 可以在整个程序中引用，而第二句所声明的变量 Var2 只能被变量所在的模块使用。对于常量情况完全一样。

Public Dim Var1 As String

Dim Var2 As String

（4）静态变量和非静态变量。使用 Dim 语句声明的变量，在过程结束之前，一直保存着它的值，但如果在过程之间调用时就会丢失数据，这种变量称为非静态变量，与之对应的是静态变量。可以使用 Static 语句声明静态变量，使用 Static 声明的变量在模块内一直保留其值，直到模块被复位或重新启动。即便是在非静态过程中，用 Static 语句来显式声明只在过程中可见的变量，其存活期也与定义了该过程的模块的存活期一样长。

Static 语句的语法与 Dim 相同，只是将 Dim 关键字换为 Static 而已。下面的语句声明了一个静态变量 MySex。

Static MySex As Boolean

清除过程中的静态变量的方法是：单击"运行"→"重新设置"命令。也可以用 Static 关键字来声明函数和子程序，以便在模块的生存期内保留函数和子程序内的所有局部变量。

（5）数组。可以用一个数组来表示一组具有相同数据类型的值。数组是单一类型的变量，可以存储很多值，而常规的变量只能存储一个值。定义了数组之后，可以引用整个数组，也可以只引用数组的个别元素。

数组的声明方式和其他的变量是一样的，它可以使用 Dim、Static、Private 或 Public 语句来声明。标量变量（非数组）与数组变量的不同在于通常必须指定数组的大小。若数组的大小被指定，则它是个固定大小数组。若程序运行时数组的大小可以被改变，则它是个动态数组。数组是否从 0 或 1 开始索引可以根据 Option Base 语句的设置而定，如果 Option Base 没有指定为 1，则数组索引从 0 开始。也可以使用 To 子句进行设定。若声明为动态数组，则可以在执行代码时去改变数组大小。可以利用 Static、Dim、Private 或 Public 语句来声明数组，并使括号内为空。

下面的语句声明了 3 个数组，其中 Array1 是大小为 11 的数组，Array2 是一个 10×20 的二维数组，而 Array3 则是动态数组。

Dim Array1(10) As String
Dim Array2(1 To 10, 1 To 20) As String
Dim Array3() As String

在使用数组变量的某个值时，只需引用该数组名并在其后的括号中赋以相应的索引即可。

（6）表达式。表达式用来求取一定运算的结果，由变量、常量、函数、运算符和圆括号构成，VBA 中包含丰富的运算符。算术运算符、关系运算符、逻辑运算符和连接运算符，可以完成各种运算。各种运算符及其描述依次如表 7-4 至表 7-7 所示，具体的每个运算符的功能和用法这里就不作介绍。

表 7-4　算术运算符

符号	描述
^	求幂
-	负号
*	乘
/	除
\	整除
Mod	求余
+	加
-	减

表 7-5　比较运算符

符号	描述
=	等于
<>	不等于
<	小于

符号	描述
>	大于
<=	小于等于
>=	大于等于
Is	对象引用比较

表 7-6　逻辑运算符

符号	描述
Not	逻辑非
And	逻辑与
Or	逻辑或
Xor	逻辑异或
Eqv	逻辑等价
Imp	逻辑隐含

表 7-7　连接运算符

符号	描述
+或&	字符串连接

表达式就是由各种运算符将变量、常量和函数连接起来构成的。但是在表达式的书写过程中要注意运算符不能相邻，乘号不能省略，括号必须成对出现。对于包含多种运算符的表达式，在计算时，将按预定顺序计算每一部分，这个顺序被称为运算符优先级。各种运算符的优先级顺序为从函数运算符、算术运输符、连接运算符、关系运算符到逻辑运算符逐渐降低。如果在运算表达式中出现了括号，则先执行括号内的运算，在括号内部，仍按运算符的优先顺序计算。

3. 程序控制语句

VBA 中的程序，按其语句代码执行的先后顺序，可以分为顺序程序结构、条件判断结构和循环程序结构。对于不同的程序结构要采用不同的控制语句方能达到预定的效果。下面介绍 VBA 中的这些控制语句。

（1）If 条件句。If 语句利用应用程序根据测试条件的结果对不同的情况作出反应。If 条件语句有 3 种形式，简单地介绍如下：

1）If…Then。在程序需要作出"或者"的选择时，应该使用该语句。该语句又有两种形式，分别为单行形式和多行形式。

单行形式的语法为：

If 条件 Then 语句

其中，"条件"是一个数值或一个字符串表达式。若"条件"为 True（真），则执行 Then后面的语句。"语句"可以是多个语句，但多个语句要写在一行。例如，

If I> 10 Then A = A + I　I=0　B=2*A

多行形式的语法为：

If 条件 Then

语句

End If

可以看出，与单行形式相比，区别在于执行的语句通过 End If 来标志结束，对于执行多条不方便写在同一行的语句时，使用这种形式会使代码整齐美观。例如上面的那个条件句可以写成：

```
If I> 10 Then
A = A + I
I=0
B=2*A
End If
```

2）If...Then...Else。如果程序必须在两种条件中选择一种，则使用 If...Then...Else。语法格式为：

```
If  条件  Then
语句
Else
语句
End If
```

若"条件"为 True，则执行 Then 后面的语句；否则，执行 Else 后面的语句。例如下面的代码，判断如果 UpdateFlag 的值为 True 则显示一条消息"Update Successfully"，否则显示一条信息"Failed！"。

```
If UpdateFlag Then
        MsgBox "Update Successfully"
Else
        MsgBox "Failed"
End If
```

3）If…Then…ElseIf…Else。如果要从 3 种或 3 种以上的条件中选择一种，则要使用 If…Then…ElseIf…Else。语法格式为：

```
IF  条件 1 Then
        语句
ElseIf  条件 2 Then
        语句
[ElseIf  条件 2 Then
        语句]…
Else
        语句
End If
```

若"条件 1"为 True，则执行 Then 后的语句；否则，再判"条件 2"，为 True 时，执行随后的语句，依次类推，当所有的条件都不满足时，执行 Else 块的语句。

例如，下面的语句通过对销售额进行判断，给出雇员的评价和佣金。

```
If Sales>15000 Then
        Commission=Sales*0.08
        Rating="Excellent"
ElseIf Sales>8000 And Sales<=15000 Then
Commission=Sales*0.06
        Rating="Good"
ElseIf Sales>8000 And Sales<=8000 Then
        Commission=Sales*0.05
        Rating="Adequate"
```

```
Else
    Commission=Sales*0.04
    Rating="Need Improvement"
End If
```

（2）Select Case 语句。从上面的例子可以看出，如果条件复杂，分支太多，使用 If 语句就会显得累赘，而且程序变得不易阅读。这时可使用 Select Case 语句来写出结构清晰的程序。

Select Case 语句可根据表达式的求值结果，选择执行几个分支中的一个。其语法如下：

```
Select Case 表达式
Case 表达式 1
    语句
Case 表达式 2
    语句
    …
Case 表达式 3
    语句
Case Else
    语句
End Select
```

Select Case 语句的语法中的 Select Case 后的表达式是必要参数，可为任何数值表达式或字符串表达式；在每个 Case 后出现表达式，是多个"比较元素"的列表，其中可包含"表达式"、"表达式 To 表达式"、"Is<比较操作符>表达式"几种形式。每个 Case 后的语句都可包含一条或多条语句。

在程序执行时，如果有一个以上的 Case 子句与"检验表达式"匹配，则 VBA 只执行第一个匹配的 Case 后面的语句。如果前面的 Case 子句与"检验表达式"都不匹配，则执行 Case Else 子句中的语句。

例如，下面改写上文 If 语句的雇员佣金：

```
Select Case Sales
Case Is>15000
    Commission=Sales*0.08
    Rating="Excellent"
Case 8000 To 15000
Commission=Sales*0.06
    Rating="Good"
Case 8000 To 8000
    Commission=Sales*0.05
    Rating="Adequate"
Case Else
    Commission=Sales*0.04
    Rating="Need Improvement"
End Select
```

（3）Do…Loop 语句。在许多实例中，用户需要重复一个操作直到满足给定条件才终止操作。例如，用户希望检查单词、句子或文档中的每一个字符，或对有许多元素的数组赋值。循环就可用于这种情况下，一个较为通用的循环结构的形式是 Do…Loop 语句，它的语法如下：

```
Do[{While | Until} 条件]
    [语句]
    [Exit Do]
```

```
    [语句]
    Loop
或
    Do
    [语句]
    [Exit Do]
    [语句]
    Loop [{While|Until} 条件]
```

其中，"条件"是可选参数，是数值表达式或字符串表达式，其值为 True 或 False。如果条件为 Null（无条件），则被当作 False。While 子句和 Until 子句的作用正好相反，如果指定了前者，则当"条件"是真时继续执行，如果指定了后者，则当"条件"为真时循环结束。如果把 While 或 Until 子句放在 Do 子句中，则必须满足条件才执行循环中的语句；如果把 While 或 Until 子句放在 Loop 子句中，则在检测条件前先执行循环中的语句。

在 Do...Loop 中可以在任何位置放置任意个数的 Exit Do 语句，随时跳出 Do...Loop 循环。Exit Do 通常用于条件判断之后，例如 If...Then，在这种情况下，Exit Do 语句将控制权转移到紧接在 Loop 命令之后的语句。如果 Exit Do 使用在嵌套的 Do...Loop 语句中，则 Exit Do 会将控制权转移到 Exit Do 所在位置的外层循环。

例如下面的代码，通过循环为一个数组赋值。

```
Dim MyArray(10) As Integer
Dim i As Integer
i=0
Do While i<=10
MyArray(i)=i
i=i+1
Loop
```

（4）While…Wend 语句。在 VBA 中支持 While…Wend 循环，它与 Do While…Loop 结构相似，但不能在循环的中途退出。它的语法为：

```
While  条件
语句
Wend
```

如果条件为 True，则所有的语句都会执行，一直执行到 Wend 语句。然后再回到 While 语句，并再一次检查条件，如果条件还是为 True，则重复执行，如果不为 True，则程序会从 Wend 语句之后的语句继续执行。While...Wend 循环也可以是多层的嵌套结构。每个 Wend 匹配最近的 While 语句。

例如上面的 Do...loop 的代码，可以用如下 While…Wend 来实现。

```
Dim MyArray(10) As Integer
Dim i As Integer
i=0
While i<=10
MyArray(i)=i
i=i+1
Wend
```

在 VBA 中提供 While…Wend 结构是为了与 Visual Basic 的早期版本兼容，用户应该逐渐抛弃这种用法，而使用 Do...Loop 语句这种结构化与适应性更强的方法来执行循环。

（5）For…Next 语句。For 循环可以将一段程序重复执行指定的次数，循环中使用一个计数变量，每执行一次循环，其值都会增加（或减少）。语法格式如下：

```
For 计数器=初值 To 末值 [步长]
语句
[Exit For]
语句
Next [计数器]
```

其中，"计数器"是一个数值变量。若未指定"步长"，则默认为 1。如果"步长"是正数或 0，则"初值"应大于等于"末值"；否则，"初值"应小于等于"末值"。VBA 在开始时，将"计数器"的值设为"初值"。在执行到相应的 Next 语句时，就把步长加（减）到计数器上。

在循环中可以在任何位置放置任意个 Exit For 语句，随时退出循环。Exit For 经常在条件判断之后使用（如 If...Then），并将控制权转移到紧接在 Next 之后的语句。可以将一个 For...Next 循环放置在另一个 For...Next 循环中，组成嵌套循环。不过在每个循环中的计数器要使用不同的变量名。

下面的代码是使用 For...Next 循环为 MyArray 数组赋值。

```
Dim MyArray(10) As Integer
Dim i As Integer
For i=0 To 10
MyArray(i)=i
Next i
```

（6）For Each...Next 语句。For Each...Next 语句针对一个数组或集合中的每个元素，重复执行一组语句。语法格式为：

```
For Each 元素 In 组或集合
语句
[Exit For]
语句
Next 元素
```

For Each...Next 语句中的元素用来遍历集合或数组中所有元素的变量。对于集合来说，这个元素可能是一个 Variant 变量，一个通用对象变量或任何特殊对象变量。对于数组而言，这个元素只能是一个 Variant 变量。组或集合是数组或对象集合的名称。

如果集合中至少有一个元素，就会进入 For...Each 块执行。一旦进入循环，便先针对组或集合中第一个元素执行循环中的所有语句。如果在该组中还有其他的元素，则会针对它们执行循环中的语句，当组中的所有元素都执行完了，便会退出循环，然后从 Next 语句之后的语句继续执行。

可以在循环中任何位置放置任意个 Exit For 语句，以便随时退出循环。Exit For 经常在条件判断之后使用（如 If...Then），并将控制权转移到紧接在 Next 之后的语句。可以将一个 For Each...Next 循环放在另一个之中来组成嵌套式 For Each...Next 循环，但是每个循环的元素必须是唯一的。

下面的代码定义一个数组并赋值，然后使用 For Each...Next 循环在 Debug 窗口中打印数组中每一项的值。

```
Sub demo()
Dim MyArray(10) As Integer
Dim i As Integer
Dim x As Variant
For i = 0 To 10          '数组赋值
```

```
        MyArray(i) = i
    Next i
    For Each x In MyArray        'For Each...Next 循环
        Debug.Print x            '打印数组中的每一项
    Next x
    End Sub
```

运行时在 Debug 窗口中的输出如图 7-3 所示。

（7）With…End With 语句。With 语句可以对某
个对象执行一系列的语句，而不用重复指出对象的名
称。例如，要改变一个对象的多个属性，可以在 With
控制结构中加上属性的赋值语句，这时候只是引用对

图 7-3　运行结果

象一次而不是在每个属性赋值时都要引用它。它的语法格式如下：

```
With 对象
    语句
End With
```

下面的例子显示了如何使用 With 语句来给同一个对象的几个属性赋值。

```
With MyLabel
    .Height = 2000
    .Width = 2000
    .Caption = "This is MyLabel"
End With
```

当程序一旦进入 With 块，对象就不能改变。因此不能用一个 With 语句来设置多个不同的
对象。可以将一个 With 块放在另一个之中，而产生嵌套的 With 语句。但是，由于外层 With
块成员会在内层的 With 块中被屏蔽住，所以必须在内层的 With 块中，使用完整的对象引用来
指出在外层的 With 块中的对象成员。

（8）Exit 语句。Exit 语句用于退出 Do...Loop、For...Next、Function、Sub 或 Property 代
码块。它包含 Exit Do、Exit For、Exit Function、Exit Property 和 Exit Sub 几个语句。

下面的示例使用 Exit 语句退出 For...Next 循环、Do...Loop 循环及子过程。

```
Sub ExitStatementDemo()
Dim I, MyNum
    Do                               '建立无穷循环
        For I = 1 To 1000            '循环 1000 次
            MyNum = Int(Rnd * 1000)  '生成一随机数
            Select Case MyNum        '检查随机数
                Case 7: Exit For     '如果是 7，退出 For...Next 循环
                Case 29: Exit Do     '如果是 29，退出 Do...Loop 循环
                Case 54: Exit Sub    '如果是 54，退出子过程
            End Select
        Next I
    Loop
End Sub
```

（9）GoTo 语句。无条件地转移到过程中指定的行，它的语法为：

```
GoTo 行标签
```

其中行标签用来指示一行代码。行标签可以是任何字符的组合，以字母开头，以冒号（:）
结尾。行标签与大小写无关，必须从第一列开始标注行标签。GoTo 语句将用户代码转移到行

标签的位置，并从该点继续执行。

下面的示例使用 GoTo 语句在一个过程内的不同程序段间作流程控制，不同程序段用不同的行标签来区分。

```
Sub GotoStatementDemo()
Dim Number, MyString
    Number = 1          '设置变量初始值
    ' 判断 Number 的值以决定要完成哪一个程序区段（以"行标签"来表式）
    If Number = 1 Then GoTo Line1 Else GoTo Line2
Line1:      '行标签
    MyString = "Number equals 1"
    GoTo LastLine       '完成最后一行
Line2:      '行标签
    '下列的语句根本不会被完成
    MyString = "Number equals 2"
LastLine:   '行标签
    Debug.Print MyString       '将 Number equals 1 显示在"立即"窗口
End Sub
```

太多的 GoTo 语句，会使程序代码不容易阅读及调试。在 VBA 中使用 GoTo 语句只有一个目的，就是用 On Error GoTo Label 语句处理错误。

4. 过程和模块

过程是 VBA 代码的容器。在 VBA 中有 3 种过程，分别是子过程、函数过程和属性过程。虽然在某些情况下，三者的功能会有所重合，但是每种过程都有其独特的、唯一的用途。而模块则是过程的容器。模块有两种基本类型：类模块和标准模块。模块中的每一个过程都可以是一个函数过程或一个子程序。

（1）子过程。子过程是一系列由 Sub 和 End Sub 语句所包含的 VBA 语句，它们会执行动作却不能返回一个值。使用子过程可以执行动作、计算数值，以及更新并修改内置的属性设置。

Sub 语句必须声明一个子过程名。对于事件除了过程有非常程式化的名称，过程命名通常要遵循标准的变量命名约定，必须以字母开头，长度不能超过 255 个字符，不能包含空格和标点，不能是 VBA 的关键字、函数和操作符名称。子过程可有参数，如常数、变量或是表达式等来调用它。如果一个子过程没有参数，则它的子语句必须包含一个空的圆括号。

可以在 VBE 的代码窗口中直接输入代码编写子过程，例如下面的代码实现了两个简单的子过程。其中 Int_Add 子过程求两个整数的和，并将其输出到立即窗口中，Demo 子过程则调用 Int_Add 子过程求 1 和 2 的和。

```
Sub Demo()
    Call Int_Add(1, 2)   '调用 Int_Add 子过程求 1 和 2 的和
End Sub

Sub Int_Add(a As Integer, b As Integer)
Dim Result As Integer
Result = a + b
Debug.Print Result
End Sub
```

将这段代码粘贴到一个新建的模块中，单击工具栏上的"运行"命令按钮，在弹出的如

图 7-4 所示的"宏"对话框中选择运行 Demo 子过程。

运行结果如图 7-5 所示。

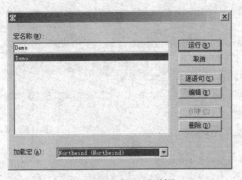

图 7-4　"宏"对话框　　　　　　　　　　　图 7-5　运行结果

在 Access 的窗口设计视图中，使用工具栏的"控件向导"命令按钮，在往窗体中添加控件的同时，会有向导提示自动生成 30 多个功能的 VBA 代码。可以在窗体的设计视图中，将工具栏上的"控件向导"命令按钮激活。例如，这时候选择按钮控件在窗体上绘制，然后出现如图 7-6 所示的"命令按钮向导"，可以在其中选择不同的操作，则会依据所选的操作生成相应的子过程。

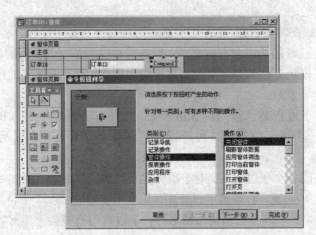

图 7-6　命令按钮向导

这里选择了关闭窗口的操作，则生成了如下的关闭窗口的子过程代码。

```
Private Sub Close_Cmd_Click()
On Error GoTo Err_Close_Cmd_Click
    DoCmd.Close
Exit_Close_Cmd_Click:
    Exit Sub
Err_Close_Cmd_Click:
    MsgBox Err.Description
    Resume Exit_Close_Cmd_Click
End Sub
```

（2）函数过程。函数过程是一系列由 Function 和 End Function 语句所包含起来的 VBA 语句。函数过程和子过程有两点不同，首先，函数可以返回一个值，所以在表达式中可以将其当作变量一样使用；其次，函数不能作为事件处理过程。其他方面两者很类似，例如，Function

过程可经由调用者过程通过传递参数，常数、变量或是表达式等都可以来调用它。函数要在过程的一个或多个语句中指定一个值给函数名称来返回值。

下面这个函数过程求两个整数的和，将这段代码粘贴在代码窗口中，可以通过在立即窗口中数据一个问号后接函数名来激活函数，如图 7-7 所示，激活这个函数，求 3 与 4 的和为 7。

```
Function Int_Sum(a As Integer, b As Integer)
    Dim Result As Integer
    Int_Sum = a + b
End Function
```

图 7-7　在立即窗口中激活函数

（3）属性过程。Property 过程是一系列的 Visual Basic 语句，它允许程序员去创建并操作自定义的属性。Property 过程可以用来为窗体、标准模块及类模块创建只读属性。声明 Property 过程的语法如下：

[Public | Private] [Static] Property {Get | Let | Set} 属性名 [(参数)] [As 类型]

语句

End Property

Property 过程通常是成对使用的：Property Let 与 Property Get 一组，而 Property Set 与 Property Get 一组，这样声明的属性既可读又可写。单独使用一个 Property Get 过程声明一个属性，那么这个属性是只读的。Property Set 与 Property Let 功能类似，都可以设置属性。不同的是 Property Let 将属性设置为等于一个数据类型，而 Property Set 则将属性设置等于一个对象的引用。

例如，下面的代码使用 Property Let 语句，定义给属性赋值的过程，使用 Property Get 语句，定义获取属性值的 Property 过程。该属性用来标识画笔的当前颜色。

```
Dim CurrentColor As Integer
Const BLACK = 0, RED = 1, GREEN = 2, BLUE = 3

'设置绘图盒的画笔颜色属性
'模块级变量 CurrentColor 设为用于绘图的颜色值
Property Let PenColor(ColorName As String)
    Select Case ColorName        '检查颜色名称字符串
        Case "Red"
            CurrentColor = RED          '设为 Red
        Case "Green"
            CurrentColor = GREEN        '设为 Green
        Case "Blue"
            CurrentColor = BLUE         '设为 Blue
        Case Else
            CurrentColor = BLACK        '设为默认值
    End Select
```

```
End Property

'用一个字符串返回画笔的当前颜色
Property Get PenColor() As String
    Select Case CurrentColor
        Case RED
            PenColor = "Red"
        Case GREEN
            PenColor = "Green"
        Case BLUE
            PenColor = "Blue"
    End Select
End Property

'下面的代码通过调用 Property Let 过程
'来设置绘图盒的 PenColor 属性
PenColor = "Red"

'下面的代码通过调用 Property Get 过程
'来获取画笔的颜色
ColorName = PenColor
```

7.3　面向对象程序设计基础

7.3.1　理解对象、属性、方法和事件

VBA 是一种面向对象的语言，因此进行 VBA 的开发，必须理解对象、属性、方法和事件这几个概念。

学好 VB 的诀窍之一就是要以"对象"的眼光去看待整个程序设计，而这个诀窍对于 VBA 的学习来说也同样适用。"对象"是面向对象程序设计的核心，明确这个概念对理解面向对象程序设计来说至关重要。对象的概念源自生活之中。对象就是一个事物，对象可以是任何事物：一座房子、一张桌子、一部电脑、一次旅行等。所以在现实生活中，我们随时随地都在和对象打交道。

如果把问题抽象一下，会发现这些现实生活中的对象有两个共同的特点：第一，它们都有自己的状态，如一个球有自己的质地、颜色、大小；第二，它们都具有自己的行为，如一个球可以滚动、停止或旋转。在面向对象的程序设计中，对象的概念就是对现实世界中对象的模型化，它是代码和数据的组合，同样具有自己的状态和行为。只不过在这里对象的状态用数据来表示，称为对象的属性；而对象的行为用对象中的代码来实现，称为对象的方法。不同的对象有不同的方法，当然也不排除有部分重叠。

对于 VBA 来说，最重要 VBA 应用程序对象就是用户所创建的窗体中出现的控件，所有的窗体、控件和报表等都是对象。而窗体的大小、控件的位置等都是对象的属性。这些对象可以执行的内置操作就是该对象的方法，通过使用这些方法可以控制对象的行为。

在 Access 的窗体设计视图中，可以通过"属性"窗口查看和设置对象的各个属性，如图 7-8 所示，通过上面的下拉列表框可以选择不同的对象进行查看。

对象的事件是一种特定的操作，它在某个对象上发生或对某个对象发生。例如发生在窗体上的单击、数据更改、窗体打开或关闭及许多其他类型的操作，都是事件。通常情况下，事件的发生是用户操作的结果。VBA是基于事件驱动编程模型的，事件驱动编程是应用程序中的对象响应用户操作。在事件驱动的应用程序中，并不是按照预订的顺序执行，而是通过响应各种事件来运行不同的代码过程。这些事件可以是由用户操作引起的，也可是来自系统、其他应用程序和应用程序的内部消息触发。通过使用事件过程，可以为在窗体、报表或控件上发生的事件添加自定义的事件响应。

图 7-8　查看对象的属性

用户不必关心所使用的对象需要响应的事件类型，因为在 Access 中的每一个窗体和控件都有一个预定义的事件集，它们能够自动识别属于事件集中的事件。对象所识别的事件类型多种多样，但多数类型为大多数控件所共有。例如一个命令按钮和窗体都有可以对 Click、Dblick 的事件作出响应。某些事件只可能发生在某些对象上。相同事件发生在不同对象上所得到的反应是不一样的，造成这种差异是因为这些事件的事件过程不同。

类包含新对象的定义，通过创建类的新实例，可以创建新对象，而类中定义的过程就成为该对象的属性和方法。可以通过"对象浏览器"窗口查看各个库中的类，从而可以了解使用这些类创建的对象的属性、方法和事件。"对象浏览器"窗口如图 7-9 所示。在窗口中可以查看各个库中的类的列表，在列表框右侧的窗格中显示在类中定义的对象的属性、方法和事件。其中以 标志的是属性， 标志的是方法，而 标志的则是事件。对于选中的属性、方法和事件，在窗口的最下方会有简单的说明。

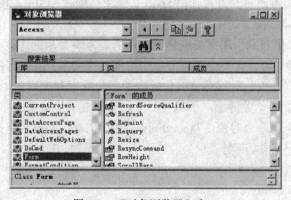

图 7-9　"对象浏览器"窗口

7.3.2　VBA 的对象语法

前面介绍了对象和对象的属性、方法等概念，在编程的过程中需要引用对象、属性和方法。属性和方法不能够单独使用，它们必须和对应的对象一起使用。用于分隔对象和属性以及方法的操作符是"."，称作点操作符。

引用属性的语法如下：

对象.属性名

一般的属性都是可读写的，这样就可以通过上面的语法读取或是为属性赋值。例如下面的代码读取 MyForm 对象的 Width 属性，设置 MyForm 对象的 Caption 属性。

```
Width=MyFrom.Width
MyForm.Caption="My Form"
```

引用方法的语法为：

```
对象.方法名 (参数 1,参数 2…)
```

如果引用的方法没有参数，则可以省略括号。例如下面的代码引用 MyForm 对象的 Refresh 方法。

```
Form.Refresh
```

在 Access 中，要确定一个对象可能需要通过多重对象来实现。例如要确定在 MyForm 窗体对象上的一个命令按钮控件 Cmd_Button1。需要使用加重运算符"！"来逐级确定对象。

```
MyForm!Cmd_Button1
```

7.3.4　创建对象和类模块

1．创建对象

创建对象的最简单方法是在窗体的设计视图中通过工具栏创建各种控件对象。但是对这种方法可以创建的对象十分少，所以对于大多数对象需要通过用对象变量创建对象引用。

除了存储值以外，变量可引用对象。如同给变量赋值一样，可把对象赋给变量。引用包含对象的变量比反复引用对象本身有更高的效率。

用对象变量创建对象引用，首先要声明变量。声明对象变量的方法和声明其他变量一样，要用 Dim、ReDim、Static、Private 和 Public。语法如下：

```
Dim | ReDim | Static | Private | Public  对象变量  As [New]类
```

其中可选的 New 关键字可隐式地创建对象。如果使用 New 来声明对象变量，则在第一次引用该变量时将新建该对象的实例，因此不必使用 Set 语句来给该对象引用赋值。

如果在对象变量的声明时，没有使用 New 关键字，则要使用 Set 语句将对象赋予变量：

```
Set 对象变量 = [New] 对象表达式
```

通常使用 Set 将一个对象引用赋给变量时，并不是为该变量创建该对象的一份副本，而是创建该对象的一个引用。可以有多个对象变量引用同一个对象。因为这些变量只是该对象的引用，而不是对象的副本，因此对该对象的任何改动都会反应到所有引用该对象的变量。不过，如果在 Set 语句中使用 New 关键字，那么实际上就会新建一个该对象的实例。

例如下面的代码声明一个对象变量 anyForm 并使用 New 关键字隐式地创建对象，它可以引用应用程序中的任何窗体,声明了一个能够引用应用程序中的任何文本框 anyText 对象变量，然后用 Set 语句为 anyText 赋值。

```
Dim anyForm As New Form
Dim anyText As TextBox
Set anyText=New TextBox
```

还可以利用 CreateObject 或 GetObject 函数，初始化对象变量。CreateObject 创建一个 ActiveX 对象并返回该对象，这样就可以将 CreateObject 返回的对象赋给一个对象变量，实现变量的初始化。如果要使用当前实例，或要启动该应用程序并加载一个文件，可以使用 GetObject 函数。

CreateObject 函数的语法为：

```
CreateObject(类名称)
```

例如下面的代码创建一个到 Word 的引用。

```
Dim WordApp As Object     '定义存放引用对象的变量
```

```
Set WordApp = CreateObject("word.application")
```

GetObject 返回文件中的 ActiveX 对象的引用，函数的语法为：

```
GetObject(路径,类名称)
```

其中"路径"用来指定包含对象的文件的路径和文件名。例如下面的代码使用 GetObject 函数可以访问 C:\CAD\SCHEMA.CAD 文件中的 FIGMENT.DRAWING 对象，并将该对象赋给对象变量。

```
Dim CADObject As Object
Set CADObject = GetObject("C:\CAD\SCHEMA.CAD"，"FIGMENT.DRAWING")
```

虽然过程结束时，过程中声明的变量被取消了，但下面的做法仍不失为一个良好的编程习惯：使用对象变量显式地退出已经自动化的应用程序，并通过将对象变量设置为 Nothing 关键字来取消这个对象变量。下面的示例过程展示了如何声明对象变量并赋值使用，在过程结束后取消对象变量。

```
Sub SendDataToWord()
    '定义对象变量
    Dim wdApp As Word.Application
    Dim wdDoc As Word.Document

    '实例化对象变量
    Set wdApp = New Word.Application
    Set wdDoc = wdApp.Documents.Add

    '在新文档中添加文本然后保存
    With wdDoc
        .Range.Text = "Automation is cool!"
        .SaveAs "C:\AutomateWord.doc"
        .Close
    End With

    '取消对象变量
    Set wdDoc = Nothing
    wdApp.Quit
    Set wdApp = Nothing
End Sub
```

要运行该过程，可以将以上代码复制到任意 Access 的代码模块中，然后在菜单中单击"工具"→"引用"命令，在弹出的如图 7-10 所示的"引用"对话框中设置对 Word 对象库的引用，即可运行该段代码。

2. 创建类模块

用户可以自己编写类模块，以创建自定义的对象、属性和方法。单击"插入"→"类模块"命令，可以新建一个类模块，这时可以在属性窗口中为类设置名称和 Instancing 属性。类模块的属性窗口如图 7-11 所示。其中名称属性用来指定类的名称，因为类模块是对象的构架，因此在为类命名时，最好用一个能够表达该类的功能的名称。Instancing 属性用来设置当用户设置了一个到该类的引用时，这个类在其他工程中是否可见。这个属性有两个值：Private 和 PublicNotCreatable。如果 Instancing 属性的值设置为 Private，引用用户工程的工程在对象浏览器中不能够看到这个类模块，它也不能够使用这个类的实例进行工作。如果设置为 PublicNotCreatable，则引用工程可以在对象浏览器中看到这个类模块。引用工程可以使用类模块的一个实例进行工作，但是被引用的用户工程要先创建这个实例。引用工程本身不能够真正的创建实例。

图 7-10　"引用" 对话框

可以通过 "插入" 菜单的 "过程" 命令向类模块中插入子过程、函数或属性。"添加过程" 对话框如图 7-12 所示，用户可以通过该对话框选择添加过程的种类及范围。

图 7-11　类模块的属性窗口

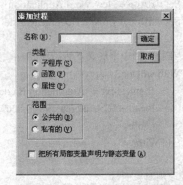

图 7-12　"添加过程" 对话框

由于一个类模块代表了一个在运行时可按需要创建的对象，因此非常希望客户程序在开始使用对象或是退出它之后能够完成某些处理。这就可以由 Class_Initialize 和 Class_Terminate 子过程来完成。一旦对象被调入内存，在此对象的引用还没有返回到创建此对象的客户程序之前，他的 Class_Initialize 子过程就被调用。当对象引用被设置为 Nothing 时，Class_Terminate 子过程被调用。

下面是一个简单的类模块的例子，创建了一个名为 MyClass 的类。在类模块中声明了一个模块级变量 MyName，在对象初始化时，将 MyName 的值赋为 MyClass，用户可以通过 Name 属性来读取或是设置 MyName 变量的值。在对象退出时将 MyName 变量赋为空字符串，代码如下。

```
Option Compare Database
Option Explicit
Dim MyName As String        '声明模块级变量用来存储 Name 属性的值

'返回属性值
Public Property Get Name() As Variant
```

```
        Name = MyName
End Property

'设置属性值
Public Property Let Name(ByVal vNewValue As Variant)
        MyName = vNewValue
End Property

'对象初始化处理
Private Sub Class_Initialize()
        MyName = "MyClass"
End Sub

'对象退出时处理
Private Sub Class_Terminate()
        MyName = ""
End Sub
```

在下面的代码中，创建 MyClass 类的实例 MyFirstClass 对象，读取和设置该对象的 Name 属性，并通过立即窗口查看。代码如下：

```
Public Sub MyClass_Test()
Dim MyFirstClass As MyClass          '声明 MyFirstClass 对象
    Set MyFirstClass = New MyClass      '使用 New 关键字为 MyFirstClass 对象赋值
    Debug.Print MyFirstClass.Name       '在立即窗口中输出 MyFirstClass 对象 Name 属性值
    MyFirstClass.Name = "MyClass New Name"     '为 MyFirstClass 对象 Name 属性赋新值
    Debug.Print MyFirstClass.Name       '在立即窗口中输出 MyFirstClass 对象 Name 属性值
    Set MyFirstClass = Nothing          '退出 MyFirstClass 对象
End Sub
```

在立即窗口中的运行结果如图 7-13 所示。

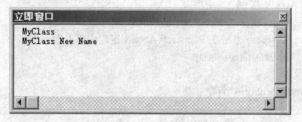

图 7-13　运行结果

7.3.5　使用 Access 的对象模型

Access 对象是由 Access 定义的一种对象，它与 Access 界面或应用程序的窗体、报表和数据访问页相关，而且，可以用来对输入和显示数据所采用的界面的元素进行编程。VBA 通过使用 Access 的集合和对象可以操纵 Access 中的窗体、报表、页，以及它们所包含的控件。可以利用这些功能强大的存取对象来格式化和显示数据，并使得用户向数据库中添加数据成为可能。另外，Access 还提供了许多可以用来与 Access 应用程序一起工作的其他对象，如 CurrentProject、CurrentData、CodeProject、CodeData、Screen、DoCmd 对象等。可以利用"对象浏览器"和 VBA 的帮助来获得个别对象、属性、过程和事件的信息。下面介绍一些常用的

Access 对象的使用。

1. Application 对象

Application 对象引用活动的 Microsoft Access 应用程序。使用 Application 对象，可以将方法或属性设置应用于整个 Microsoft Access 应用程序。在 VBA 中使用 Application 对象时，首先确认 VBA 对 Microsoft Access 10.0 对象库的引用，然后创建 Application 类的新实例并为其指定一个对象变量，如以下示例所示：

```
Dim appAccess As New Access.Application
```

也可以通过用 CreateObject 函数来创建 Application 类的新实例：

```
Dim appAccess As Object
Set appAccess = CreateObject("Access.Application")
```

创建 Application 类的新实例之后，可以使用 Application 对象提供的属性和功能创建和使用其他 Access 对象。例如，可以使用 OpenCurrentDatabase 或 NewCurrentDatabase 方法打开或新建数据库；可以通过用 Application 对象的 CommandBars 属性返回对 CommandBars 对象的引用，可以使用该引用来访问所有的 Microsoft Office XP 命令栏对象和集合。还可以通过 Application 对象处理其他 Microsoft Access 对象。

下面的这段代码创建一个 Application 对象，使用 Application 对象的 OpenCurrentDatabase 方法打开 NorthWind 数据库，再使用它的子对象 DoCmd 的 OpenForm 方法打开"订单"窗体。其中 Application 对象的 OpenCurrentDatabase 方法可以打开一个已有 Microsoft Access 数据库（.mdb）作为当前的数据库。

```
Option Compare Database
'声明 Application 对象
Dim appAccess As Access.Application
Sub DisplayForm()
    '将字符串初始化为数据库路径
    Const strConPathToSamples = "C:\Program Files\Microsoft Office\Office10\Samples\"
    strDB = strConPathToSamples & "Northwind.mdb"
    '新建 Microsoft Access 实例
    Set appAccess = CreateObject("Access.Application")
    '使用 OpenCurrentDatabase 方法在 Microsoft Access 窗口中打开数据库
    appAccess.OpenCurrentDatabase strDB
    '打开"订单"窗体
    appAccess.DoCmd.OpenForm "订单"
End Sub
```

2. Form 对象、Forms 集合和 Control 对象、Controls 集合

Form 对象引用一个特定的 Microsoft Access 窗体。Form 对象是 Forms 集合的成员，该集合是所有当前打开窗体的集合。在 Forms 集合中，每个窗体都从 0 开始编排索引。通过按名称或按其在集合中的索引引用窗体，可以引用 Forms 集合中的单个 Form 对象。如果要引用 Forms 集合中指定的窗体，最好是按名称引用窗体，因为窗体的集合索引可能会变动。如果窗体名称包含空格，那么名称必须用方括号（[ ]）括起来。引用 Forms 集合中的单个 Form 对象的语法如表 7-8 所示。

每个 Form 对象都有一个 Controls 集合，其中包含该窗体上的所有控件。要引用窗体上的控件，可以显式或隐式地引用 Controls 集合。例如下面的代码引用 OrderForm 窗体上名为 NewData 的控件：

```
'隐式引用
```

Forms!OrderForm!NewData
' 显式引用
Forms!OrderForm.Controls!NewData

表 7-8　引用 Forms 中 Form 的语法

语法	示例
Forms!formname	Forms!OrderForm
Forms![formname]	Forms![Order Form]
Forms("formname")	Forms("OrderForm")
Forms(index)	Forms(0)

3.　Modules 集合和 Module 对象

Modules 集合包含 Microsoft Access 数据库中所有打开的标准模块和类模块。所有打开的模块都包含在 Modules 集合中，无论模块是未经编译的、已经编译的、处于中断模式还是包含正在运行的代码。Module 对象引用标准模块或类模块。可以返回对 Modules 集合中特定的标准或类 Module 对象的引用。

下面的代码返回一个对 Modules 集合中指定窗体 Module 对象的引用并将其赋予一个模块对象变量。

```
Dim MyModule As Module
Set MyModule = Modules!Form_Employees
```

4.　DoCmd 对象

使用 DoCmd 对象的方法，可以从 Visual Basic 运行 Microsoft Access 操作。这些操作可以包括执行诸如关闭窗口、打开窗体和设置控件值等任务。例如，可以使用 DoCmd 对象的 OpenForm 方法来打开一个窗体，或使用 Hourglass 方法将鼠标指针改为沙漏图标。

DoCmd 对象的大多数方法都有参数，某些参数是必需的，其他一些是可选的。如果省略可选参数，这些参数将被假定为特定方法的默认值。

下面的代码在"窗体"视图中打开一个窗体并移到一条新记录上。

```
Sub ShowNewRecord()
    DoCmd.OpenForm "Employees", acNormal
    DoCmd.GoToRecord , , acNewRec
End Sub
```

7.4　VBA 程序调试

调试是查找和解决 VBA 程序代码错误的过程。当程序代码执行时，会产生两种类型的错误：

（1）开发错误。开发错误是语法错误和逻辑错误。语法错误可能由输入错误、标点丢失或是不适当地使用某些关键字等产生的。例如，遗漏了配对的语句（例如，If 和 End If 或 For 和 Next），程序设计上违反了 VBA 的规则（例如，拼写错误、少一个分隔点或类型不匹配等）。逻辑错误是指应用程序未按设计执行，或生成了无效的结果。这种错误是由于程序代码中不恰当的逻辑设计而引起的。这种程序在运行时并未进行非法操作，只是运行结果不符合要求。

（2）运行时错误。运行时错误是在程序运行的过程中发生的。有运行时错误的代码在一般情况下运行正常，但是遇到非法数据或是系统条件禁止代码运行时（如磁盘空间不足等）就会发生错误。

编写容易理解、可维护的代码和使用有效的调试工具可以减少和排除上述的错误。

7.4.1 良好的编程风格

为了避免不必要的错误，应该保持良好的编程风格。通常应遵循以下几条原则：

- 模块化：除了一些定义全局变量的语句及其他的说明性语句之外，具有独立作用的非说明性语句和其他代码，都要尽量地放在 Sub 过程或 Function 过程中，以保持程序的简洁性，并清晰明了地按功能来划分模块。
- 多注释：编写代码时要加上必要的注释，以便以后或其他用户能够清楚地了解程序的功能。
- 变量显式声明：在每个模块中加入 Option Explicit 语句，强制对模块中的所有变量进行显式声明。
- 良好的命名格式：为了方便地使用变量，变量的命名应采用统一的格式，尽量做到能够"顾名思义"。
- 少用变体类型：在声明对象变量或其他变量时，应尽量使用确定的对象类型或数据类型。少用 Object 和 Variant。这样可加快代码的运行，且可避免出现错误。

7.4.2 "调试"工具栏及功能

VBE 提供了"调试"菜单和"调试"工具栏，工具栏如图 7-14 所示。单击"视图"→"工具栏"→"调试"命令，即可弹出"调试"工具栏。

图 7-14   "调试"工具栏

"调试"工具栏上各个按钮的功能说明如表 7-9 所示。

表 7-9   "调试"工具栏命令按钮说明

命令按钮	按钮名称	功能说明
	设计模式按钮	打开或关闭设计模式
	行子窗体/用户窗体按钮	如果光标在过程中则运行当前过程，如果用户窗体处于激活状态，则运行用户窗体。否则将运行宏
	中断按钮	终止程序的执行，并切换到中断模式
	重新设置按钮	清除执行堆栈和模块级变量并重新设置工程
	切换断点按钮	在当前行设置或清除断点
	逐语句按钮	一次执行一句代码
	逐过程按钮	在代码窗口中一次执行一个过程或一条语句代码
	跳出按钮	执行当前执行点处的过程的其余行
	本地窗口按钮	显示本地窗口
	立即窗口按钮	显示立即窗口
	监视窗口按钮	显示监视窗口

命令按钮	按钮名称	功能说明
6ó	快速监视按钮	显示所选表达式的当前值的"快速监视"对话框
	调用堆栈按钮	显示"调用堆栈"对话框，列出当前活动过程调用

7.4.3　调试方法及技巧

1. 执行代码

VBE 提供了多种程序运行方式，通过不同的运行方式，可以对代码进行各种调试工作。

（1）逐语句执行代码。逐语句执行是调试程序时十分有效的工具。通过单步执行每一行程序代码，包括被调用过程中的程序代码可以及时、准确地跟踪变量的值，从而发现错误。如果要逐语句执行代码，可单击工具栏上的"逐语句"按钮，在执行该命令后，VBE 运行当前语句，并自动转到下一条语句，同时将程序挂起。

对于在一行中有多条语句用冒号隔开的情况，在使用"逐语句"命令时，将逐个执行该行中的每条语句。

（2）逐过程执行代码。如果希望执行每一行程序代码，不关心在代码中调用的子过程的运行，并将其作为一个单位执行，可单击工具栏上的"逐过程"按钮。逐过程执行与逐语句执行的不同之处在于执行代码调用其他过程时，逐语句是从当前行转移到该过程中，在此过程中一行一行地执行，而逐过程执行则将调用其他过程的语句当作一个语句，将该过程执行完毕，然后进入下一语句。

（3）跳出执行代码。如果希望执行当前过程中的剩余代码，可单击工具条上的"跳出"按钮。在执行"跳出"命令时，VBE 会将该过程未执行的语句全部执行完，包括在过程中调用的其他过程。执行完过程后，程序返回到调用该过程的过程，"跳出"命令执行完毕。

（4）运行到光标处。单击"调用"→"运行到光标处"命令，VBE 就会运行到当前光标处。当用户可确定某一范围的语句正确，而对后面语句的正确性不能保证时，可用该命令运行程序到某条语句，再在该语句后逐步调试。这种调试方式通过光标来确定程序运行的位置，十分方便。

（5）设置下一语句。在 VBE 中，用户可自由设置下一步要执行的语句。当程序已经挂起时，可在程序中选择要执行的下一条语句，右击，并在弹出菜单中选择"设置下一条语句"命令。

2. 暂停代码运行

VBE 提供的大部分调试工具，都要在程序处于挂起状态才能有效，这时就需要暂停 VBA 程序的运行。在这种情况下，程序仍处于执行状态，只是暂停的正在执行的语句之间，变量和对象的属性仍然保持，当前运行的代码在模块窗口中被显示出来。

如果要将语句设为挂起状态，可采用以下几种方法：

（1）断点挂起。如果 VBA 程序在运行时遇到了断点，系统就会在运行到该断点处时将程序挂起。可在任何可执行语句和赋值语句处设置断点，但不能在声明语句和注释行处设置断点。不能在程序运行时设置断点，只有在编写程序代码或程序处于挂起状态才可设置断点。

可以在模块窗口中，将光标移到要设置断点的行，按 F9 键，或单击工具栏条上的"切换断点"按钮设置断点，也可以在模块窗口中，单击要设置断点行的左侧边缘部分，即可设置断点。

如果要消除断点，可将插入点移到设置了断点的程序代码行，然后单击工具栏上的"切换断点"按钮，或在断点代码行的左侧边缘单击。

（2）Stop 语句挂起。给过程中添加 Stop 语句，或在程序执行时按 Ctrl+Pause Break 组合键，也可将程序挂起。Stop 语句是添加在程序中的，当程序执行到该语句时将被挂起。它的作用与断点类似。但当用户关闭数据库后，所有断点都会自动消失，而 Stop 语句却还在代码中。如果不再需要断点，则可单击"调试"→"清除所有断点"命令将所有断点清除，但 Stop 语句须逐行清除，比较麻烦。

3. 查看变量值

VBE 提供了多种查看变量值的方法，下面简单介绍各种查看变量值的方式。

（1）在代码窗口中查看数据。在调试程序时，希望随时查看程序中的变量和常量的值，这时候只要鼠标指向要查看的变量和常量，就会直接在屏幕上显示当前值。这种方式最简单，但是只能查看一个变量或常量。如果要查看几个变量或一个表达式的值，或需要查看对象及对象的属性，就不能直接通过鼠标指向该对象或表达式在代码窗口中查看了。

（2）在本地窗口中查看数据。可单击工具栏上的"本地窗口"按钮打开本地窗口。本地窗口有 3 个列表，分别显示"表达式"、表达式的"值"和表达式的"类型"。有些变量，如用户自定义类型、数组和对象等，可包含级别信息。这些变量的名称左边有一个加号按钮，可通过它控制级别信息的显示。

列表中的第一个变量是一个特殊的模块变量。对于类模块，它的系统定义变量为 Me。Me 是对当前模块定义的当前类实例的引用。因为它是对象引用，所以能够展开显示当前类实例的全部属性和数据成员。对于标准模块，它是当前模块的名称，并且也能展开显示当前模块中所有模块级变量。在本地窗口中，可通过选择现存值，并输入新值来更改变量的值。在本地窗口中查看变量如图 7-15 所示。

（3）在监视窗口中查看变量和表达式。程序执行过程中，可利用监视窗口查看表达式或变量的值。可单击"调试"→"添加监视"命令，设置监视表达式。通过监视窗口可展开或折叠级别信息、调整列标题大小及就地编辑值等。在监视窗口中查看变量如图 7-16 所示。

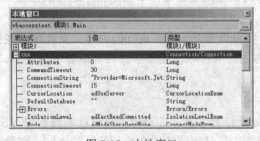

图 7-15　本地窗口

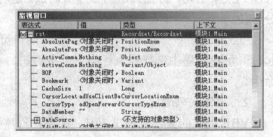

图 7-16　监视窗口

（4）使用立即窗口查看结果。使用立即窗口可检查一行 VBA 代码的结果。可以键入或粘贴一行代码，然后按下 Enter 键来执行该代码。可使用立即窗口检查控件、字段或属性的值，显示表达式的值，或者为变量、字段或属性赋予一个新值。立即窗口是一种中间结果暂存器窗口，在这里可以立即求出语句、方法和 Sub 过程的结果。

可以将 Debug 对象的 Print 方法加到 VBA 代码中，以便在运行代码过程中，在立即窗口显示表达式的值或结果，这在前面的众多的示例中都有应用。

（5）跟踪 VBA 代码的调用。在调试代码过程中，当暂停 VBA 代码执行时，可使用"调用堆栈"对话框查看那些已经开始执行但还未完成的过程列表。如果持续在"调试"工具栏上单击"调用堆栈"按钮，Access 会在列表的最上方显示最近被调用的过程，接着是早些被调用的过程，依次类推。在"调用堆栈"对话框中查看过程如图 7-17 所示。

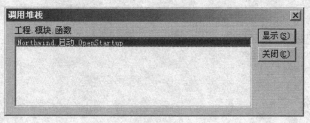

图 7-17　"调用堆栈"对话框

习题七

一、选择题

1. 以下可以得到"2*5=10"结果的 VBA 表达式为（　　）。

    A．"2*5"&"="&2*5　　　　　　　　B．"2*5"+"="+2*5

    C．"2*5"&"="&2*5　　　　　　　　D．2*5+"="+2*5

2. 假定窗体的名称为 fmTest，则把窗体的标题设置为 Access Test 的语句是（　　）。

    A．Me="Access Test"　　　　　　　　B．Me.Capton="Access Test"

    C．Me.text="Access Test"　　　　　　　D．Me.Name="Access Test"

3. 在表设计视图中，如果要限定数据的输入格式，应修改字段的（　　）属性。

    A．格式　　　　　　B．有效性规则　　C．输入格式　　　D．字段大小

4. VBA 中定义符号常量可以用关键字（　　）。

    A．Const　　　　　　B．Dim　　　　C．Public　　　D．Static

5. 以下关于运算优先级比较，叙述正确的是（　　）。

    A．算术运算符>逻辑运算符>关系运算符

    B．逻辑运算符>关系运算符>算术运算符

    C．算术运算符>关系运算符>逻辑运算符

    D．以上均不正确

二、填空题

1. 某个窗体已编写以下事件过程。打开窗体运行后，单击窗体，消息框的输出结果为 _____1_____。

```
Private Sub Form_Clik ()
 Dim k as Integer, n as Integer, m as Integer
 n=10 :m=1 :k=1
 Do While k<=n
  m=m*2
  k=k+1
 Loop
 MsgBox m
End Sub
```

2．在窗体上添加一个命令按钮（名为 Command1），然后编写如下程序：

```
Function m(x as Integer, y as Integer) as Integer
  m=IIf(x＞y,x,y)
End Function
Private Sub Command1_Click()
  Dim a as Integer, b as Integer
  a=1
  b=2
  MsgBox m(a,b)
End Sub
```

打开窗体运行后，单击命令按钮，消息框的输出结果为＿＿2＿＿。

3．以下是一个竞赛评分程序。8 位评委，去掉一个最高分和一个最低分，计算平均分（设满分为 10 分）。请填空补充完整。

```
Private Sub Form_Click()
  Dim Max as Integer, Min as Integer
  Dim i as Integer, x as Integer, s as Integer

  Dim p as Single
  Max=0
  For i=1 To 8
    x=Val (InputBox("请输入分数："))
    If ＿＿3＿＿ Then Max=x
    If ＿＿4＿＿ Then Min=x
    s=s+x
  Nexit i
  s=＿＿5＿＿
  p=s/6
  MsgBox "最后得分："& p
End Sub
```

第8章 综合实验指导

本章学习目标

- 熟悉、巩固 Access 基础知识
- 利用基础知识完成实验内容

实验1 构造工厂信息系统数据库模型

数据库需求分析是整个设计过程的基础。在分析阶段，设计者要和用户双方密切合作，共同收集和分析数据管理的内容和用户对处理的要求。

针对工厂信息系统，分别对采购部门、销售部门和库存保管部门进行详细的调研和分析；该系统的业务信息流程图如图 8-1 所示。

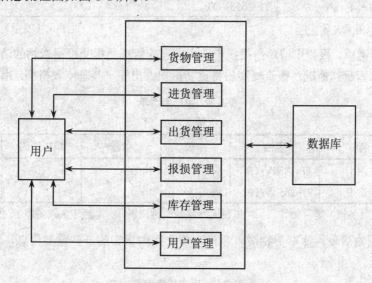

图 8-1 系统业务信息流程图

从图 8-1 可见，在本实例中主要是通过各种表格、单据进行货物管理和业务交流。这些表格和单据包含大量的数据信息，是建立数据库的重要基础。在实际工作过程中，有关工厂信息系统（简化后）涉及表格、单据和要求如下：

（1）货物信息单。货物信息单包括进、出以及报损所涉及的所有货物的一些重要信息，其基本表格格式如表 8-1 所示。

表 8-1 货物信息单

名称	以太网卡	规格	TF-3239V/TF	外形（图片）
简要说明	略			略
产地	深圳			

（2）进货单。进货单是供货单位向仓库中存储货物的清单。仓库管理员根据此清单核查货物情况，核查属实后将货物入库，其基本表格格式如表 8-2 所示。

表 8-2   进货单

供货单位_深圳普瑞尔公司   2002 年 5 月 25 日

序号	名称	规格	单位	数量	备注
1	以太网卡	TF-3239V/TF	块	1000	
2	以太网卡	TF-2653V/TF	块	1000	

供货人（签章）_王 炜   经手人（签章）_严 为

（3）出货单。出货单是出货单位从仓库中提取货物的重要的凭证。仓库管理员根据出单上的要求从仓库中提取货物交给接收人，其基本表格格式如表 8-3 所示。

表 8-3   出货单

出货单位_深圳普瑞尔公司   2002 年 7 月 20 日

序号	名称	规格	单位	数量	备注
1	以太网卡	TF-3239V/TF	块	1000	
2	以太网卡	TF-2653V/TF	块	1000	

接收人（签章）_陈 锋   经手人（签章）_严 为

（4）报损申请单。报损申请单是报损申请人向仓库管理员提交报损货物的清单。仓库管理员根据此清单核查货物情况，核查属实后将货物报损并出库，其基本表格格式如表 8-4 所示。

表 8-4   报损申请单

2002 年 7 月 20 日

序号	名称	规格	单位	数量	报损原因	备注
1	以太网卡	TF-3239V/TF	块	1000	略	
2	以太网卡	TF-2653V/TF	块	1000	略	

申请人（签章）姜 山   审批人（签章）钟 正   经手人（签章）严 为

（5）库存货物清单。库存货物清单包括当前仓库中货物的一些重要信息，其基本表格格式如表 8-5 所示。

表 8-5   库存货物清单

序号	名称	规格	单位	数量	入库时间	供货单位	经手人	备注
1	以太网卡	TF-3239V/TF	块	1000	2002/8/5	略	严为	
2	以太网卡	TF-2653V/TF	块	1000	2002/1/2	略	严为	

第一节   工厂信息数据库优化设计

实际工作中的表格往往不适合直接输入计算机中。例如上述的货物信息、出货单、进货单、报损申请单等，无法在计算机中直接建立这样的表，因此需要对实际的表格或清单进行优化设计。

（1）货物信息表设计。货物信息是工厂信息系统的一个基本表，它由货物名称、规格、产地、简要说明、外形（图片）等组成，其关系模式为：

货物关系（货物名称、规格、产地、简要说明、外形（图片））

另外为了对货物信息进行有效的管理和查询，往往要给货物编号，得到如下关系：

货物关系（编号、名称、规格、产地、简要说明、外形（图片））

也可用以下实体关系图 8-2 表示。

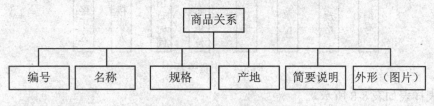

图 8-2　货物关系

对每一种货物都有唯一与之对应的编号，因此在货物关系中编号是主关键字，其他的非主属性都完全依赖于它。

货物信息表的样表如表 8-6 所示。

表 8-6　货物信息表

编号	名称	规格	产地	简要说明	外形（图片）
Sz0001	以太网卡	TF-3239V/TF	深圳	略	略
Sz0002	以太网卡	TF-2653V/TF	深圳	略	略

（2）进货表设计。进货表也是工厂信息系统的一个基表，它由编号、名称、规格、单位、数量、供货单位、供货时间、供货人和经手人组成。其实体关系如图 8-3 所示。

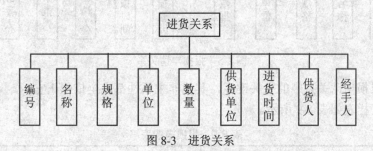

图 8-3　进货关系

编号也是进货表关系中的主关键字，其他非主属性都完全依赖于它。

进货表样表如表 8-7 所示。

表 8-7　进货表

编号	名称	规格	单位	数量	供货单位	供货时间	供货人	经手人
Sz0001	以太网卡	TF-3239V/TF	块	1000	深圳普瑞尔公司	2002/8/5	王炜	严为
Sz0002	以太网卡	TF-2653V/TF	块	1000	深圳普瑞尔公司	2002/1/2	王炜	严为

（3）出货表设计。出货表由编号、名称、规格、单位、数量、出货单位、出货时间、接收人和经手人组成，其关系模式为：

出货关系（编号、名称、规格、单位、数量、出货单位、出货时间、接收人、经手人）

该关系中，显然货物名称和货物编号之间存在依赖关系，每一编号就对应一种货物名称，所以可以将名称从出货关系中去掉。其实体关系如图 8-4 所示。

编号也是出货表关系中的主关键字，其他非主属性都完全依赖于它。

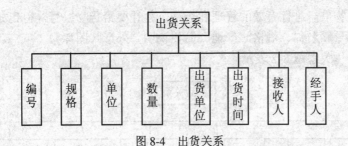

图 8-4　出货关系

出货表样表如表 8-8 所示。

表 8-8　出货表

编号	名称	规格	单位	数量	出货单位	出货时间	接收人	经手人
Sz0001	以太网卡	TF-3239V/TF	块	1000	深圳华大公司	2002/8/5	王炜	严为
Sz0002	以太网卡	TF-2653V/TF	块	1000	深圳华大公司	2002/1/2	王炜	严为

（4）报损申请表。报损申请表由编号、名称、规格、单位、数量、报损原因、报损时间、申请人、审批人和经手人组成。其实体关系如图 8-5 所示。

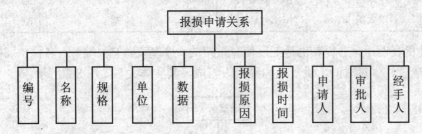

图 8-5　报损申请关系

编号也是报损申请关系中的主关键字，其他非主属性都完全依赖于它。

报损申请表样表如表 8-9 所示。

表 8-9　报损申请表

编号	名称	规格	单位	数量	报损原因	报损时间	申请人	审批人	经手人
Sz0001	以太网卡	TF-3239V/TF	块	1000	略	2002/8/5	姜山	钟正	严为
Sz0002	以太网卡	TF-2653V/TF	块	1000	略	2002/1/2	姜山	钟正	严为

（5）库存货物表。库存货物表也是工厂信息系统的一个基表，它由编号、名称、规格、单位、数量、入库时间、供货单位和经手人组成。其实体关系如图 8-6 所示。

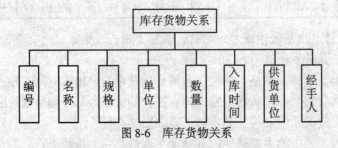

图 8-6　库存货物关系

编号是库存货物表关系中的主关键字，其他非主属性都完全依赖于它。

库存货物表样表如表 8-10 所示。

表 8-10　库存货物表

编号	名称	规格	单位	数量	入库时间	供货单位	经手人
Sz0001	以太网卡	TF-3239V/TF	块	1000	2002/8/5	略	严为
Sz0002	以太网卡	TF-2653V/TF	块	1000	2002/1/2	略	严为

根据上述设计得到工厂信息系统的关系结构数据模型如图 8-7 所示。

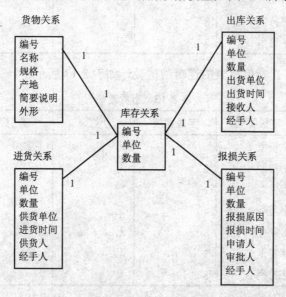

图 8-7　工厂信息系统的关系结构数据模型

第二节　工厂信息数据库逻辑设计

数据库逻辑设计的任务是将上述货物关系、出货关系、进货关系、报损申请关系和库存货物关系模型转换为数据库管理系统能够处理的具体形式。根据实际的情况分别确定以上各关系中的各个属性的名称、数据类型、值域范围等，并对各表进行数据结构设计、关键字设计、约束设计等。

（1）货物信息表设计。货物信息表的逻辑结构设计如表 8-11 所示。

表 8-11　货物信息表

字段名	字段类型	字段宽度	小数点	索引否	说明
ID	字符型	6	无	主索引	编号
NAME	字符型	20	无		名称
SPEC	字符型	10	无		规格
PRODUCED_AREA	字符型	40	无		产地
DESCRIPTION	备注型	4	无		简要说明
PICTURE	通用型	4	无		外形（图片）

约束：编号由大写字母和数字组成，前三位字母代表货物的类型，后三位数字代表序号。

（2）进货表设计。进货信息表的逻辑结构设计如表 8-12 所示。

表 8-12　进货表

字段名	字段类型	字段宽度	小数点	索引否	说明
ID	字符型	6	无	主索引	编号
UNIT	字符型	2	无		单位
AMOUNT	数值型	10	2		数量
IN_COM	字符型	40	无		供货单位
IN_TIME	日期型	8	无		进货时间
SALER	字符型	8	无		供货人
KEEPER	字符型	8	无		经手人

（3）出货表设计。出货信息表的逻辑结构设计如表 8-13 所示。

表 8-13　出货表

字段名	字段类型	字段宽度	小数点	索引否	说明
ID	字符型	6	无	主索引	编号
UNIT	字符型	2	无		单位
AMOUNT	数值型	10	2		数量
OUT_COM	字符型	40	无		出货单位
OUT_TIME	日期型	8	无		出货时间
RECEIVER	字符型	8	无		接收人
KEEPER	字符型	8	无		经手人

（4）报损申请表设计。报损申请表的逻辑结构设计如表 8-14 所示。

表 8-14　报损申请表

字段名	字段类型	字段宽度	小数点	索引否	说明
ID	字符型	6	无	主索引	编号
UNIT	字符型	2	无		单位
AMOUNT	数值型	10	2		数量
CAUSE	备注型	4	无		报损原因
DESTROY_TIME	日期型	8	无		报损时间
PROPOSER	字符型	8	无		申请人
CHECKER	字符型	8	无		审批人
KEEPER	字符型	8	无		经手人

（5）库存货物表设计。库存货物信息表的逻辑结构设计如表 8-15 所示。

表 8-15　库存货物表

字段名	字段类型	字段宽度	小数点	索引否	说明
ID	字符型	6	无	主索引	编号
UNIT	字符型	2	无		单位
AMOUNT	数值型	10	2		数量

（6）用户表设计。用户表的逻辑结构设计如表 8-16 所示。

表 8-16　用户表

字段名	字段类型	字段宽度	小数点	索引否	说明
USER_NAME	字符型	8	无		用户名
USER_PASSWORD	字符型	6	无		密码

实验 2　设计工厂信息系统数据表

第一节　建立空数据库——工厂信息管理数据库

单击工具栏上的"新建"按钮🗋或单击"文件"→"新建"菜单，在窗口右侧将出现如图 8-8 所示的"新建文件"窗格。

单击"新建文件"窗格下的"空数据库"选项，弹出如图 8-9 所示的对话框。

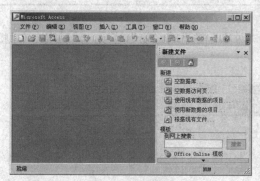

图 8-8　新建数据库　　　　　　　　　　图 8-9　输入数据库文件名

在文件名中输入要创建的数据库名（此处输入"工厂信息管理"），单击"创建"按钮，弹出如图 8-10 所示的窗口。

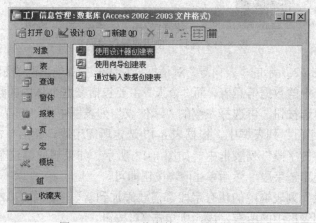

图 8-10　"工厂信息管理"数据库窗口

之后可以根据需要创建不同的对象。

第二节　数据表向导——产品信息数据表

工厂的产品信息表，结构如表 8-17 所示。

表 8-17　产品信息表

字段名	字段类型	格式	索引否	说明
产品 ID	数字	标准	有	产品编号
产品名称	数字	标准	无	产品名称
类别 ID	数字	标准	无	类别编号
供应商 ID	数字	标准	无	供应商编号
库存量	数字	标准	无	库存量
订货量	数字	标准	无	订货量
单价	货币	标准	无	单价
再订购量	数字	标准	无	后期订购量
预订时间	是/否	标准	无	预订时间
提前时间	文本	标准	无	提前交货的时间

（1）打开"工厂信息管理"数据库，选择"对象"栏下的"表"选项，然后双击右侧的"使用向导创建表"选项，如图 8-11 所示。

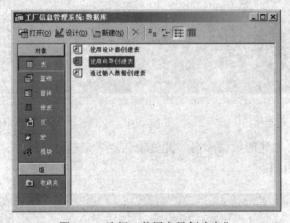

图 8-11　选择"使用向导创建表"

（2）弹出如图 8-12 所示的"表向导"对话框，对话框左侧列出两类示例表，其中"商务"主要包括了商业生产中的数据信息表，而"个人"主要包括家庭个体中的数据信息表。先选中窗口左侧"商务"单选按钮，再选择左侧的"示例表"列表框中的"产品"项。

（3）在"示例字段"列表框中，根据表 8-17 选定所需字段，然后单击 ⟩ 按钮，字段就会被添加到"新表中的字段"列表框中，如图 8-13 所示。如果想取消这个字段，在"新表中的字段"列表框中选定该字段，然后单击 ⟨ 按钮即可。

如果"示例字段"列表框中的所有字段都需要添加到新表中，单击 ⟩⟩ 按钮；如果想取消"新表中的字段"列表框中的所有字段，则单击 ⟨⟨ 按钮。

对于添加的字段，如果名称不合适，可以修改。先选中该字段，单击"重命名字段"按钮，然后即可对其进行修改。例如，将"停止"字段更改为"预订时间"，首先在"新表中的字段"列表框中选定"停止"字段，然后单击"重命名字段"按钮，如图 8-14 所示。

在弹出的"重命名字段"对话框中输入新名称"预订时间"，如图 8-15 所示，单击"确定"按钮。

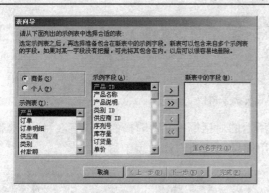

图 8-12　选定"产品"项

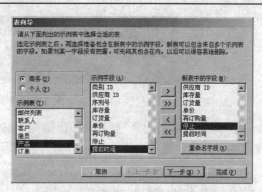

图 8-13　添加新表中的字段

图 8-14　"停止"字段

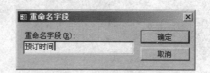

图 8-15　"预订时间"字段

注意：在"重命名字段"对话框中虽然改变了字段的名称，但其数据类型及其他信息还是保留以前的类型，所以在修改名称后仍需要通过表设计视图来修改这些信息。

（4）设定好字段后，单击"下一步"按钮，在弹出的如图 8-16 所示的对话框中设置表的名称和主键。在"请指定表的名称"文本框中输入"产品信息"，并选择"不，让我自己设置主键"单选按钮。

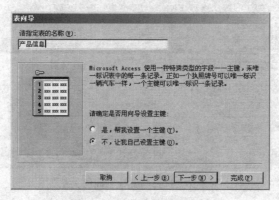

图 8-16　选择自动设置主键

注意：为了提高 Access 在查询、窗体和报表操作中的快速查找能力，要为表指定主键。主键可以包含一个或者多个字段，以保证每条记录都具有唯一的值。设定主键的目的在于保证表中的所有记录都能被唯一识别。如果表中没有可以用作唯一识别表中记录的字段，则可以使用多个字段组合成主键。

如果在保存新建的表之前没有定义主键，Access 会弹出窗口询问是否创建主键，如图 8-17 所示。如果单击"是"按钮，Access 都将会自动定义一个自动编号字段，并设置该字段为主键。每输入一条记录，Access 会自动给这个字段中的值增加 1。

（5）单击"否"按钮，系统弹出如图 8-18 所示的对话框，在字段下拉列表框中自行选定其中一个作为主键，这里选择"产品 ID"作为主键。

图 8-17　主键设置提示窗口

（6）单击"下一步"按钮，弹出如图 8-19 所示的对话框，可供选择的操作有 3 种，即"修改表的设计"、"直接向表中输入数据"和"利用向导创建的窗体向表中输入数据"。

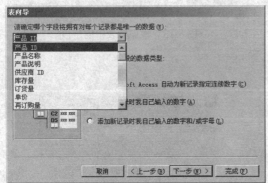

图 8-18　选择自定义主键

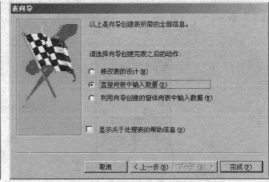

图 8-19　选择创建表之后的动作

若数据库中有其他表，则弹出如图 8-20 所示的对话框。

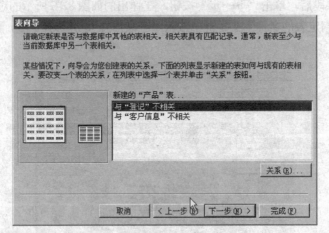

图 8-20　选择与其他表间的关系

（7）选择"直接向表中输入数据"单选按钮，然后单击"完成"按钮，直接进入"产品信息"数据表窗口，如图 8-21 所示，在此可以直接在表中录入信息。

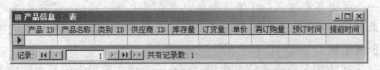

图 8-21　直接向表中输入数据

如果在如图 8-19 所示的窗体中选择"修改表的设计"，将进入该数据表的设计窗口，如图 8-22 所示。如果选择"利用向导创建的窗体向表中输入数据"，结果如图 8-23 所示，可以利用窗体向表中输入数据。

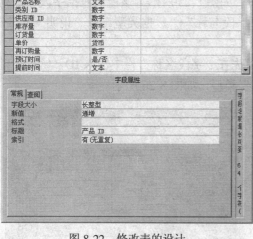

图 8-22 修改表的设计   图 8-23 利用窗体向表中输入数据

（8）单击工具栏上的"保存"按钮保存"产品"表。

第三节 设置数据表格式——设置雇员数据表

本节将在"工厂信息管理"数据库中设计一个"雇员"表，表的结构如表 8-18 所示。

表 8-18 "雇员"表

字段名	字段类型	格式	索引否	说明
雇员 ID	文本	标准	有	雇员编号
姓名	文本	标准	无	雇员姓名
所属部门	文本	标准	无	所属部门
头衔	文本	标准	无	头衔
出生日期	日期/时间	标准	无	出生日期
住宅住址	文本	标准	无	住宅住址
电话	数字	标准	无	电话号码
备注	备注	标准	无	备注

（1）运行 Access，打开"工厂信息管理"数据库，结果如图 8-24 所示。

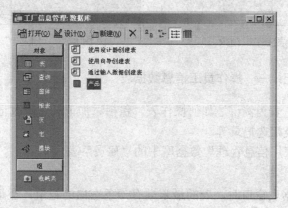

图 8-24 使用设计视图创建表

（2）单击"对象"栏下的"表"选项，双击窗口右侧创建方法列表中第一项"使用设计器创建表"，系统弹出"表1：表"字段属性窗口，如图 8-25 所示。该窗口包括字段输入列表和字段属性设置栏两部分。字段输入列表包括"字段名称"、"数据类型"和"说明"3 部分，用于设计表的结构。

（3）设计字段并设置各字段的数据类型。首先在"字段名称"栏中输入 ID，然后将鼠标移到"数据类型"栏，单击 ▾ 按钮，选择"数字"类型，如图 8-26 所示。

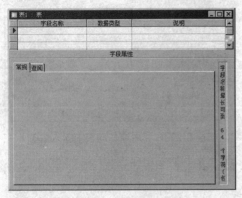

图 8-25　字段属性窗口

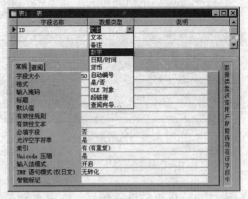

图 8-26　设置字段的数据类型

（4）按照上述方式，依次为"雇员"数据表创建雇员 ID、姓名、所属部门、头衔、出生日期、住宅住址、电话及备注字段，同时选择好相应的数据类型，并添加一些相应的字段说明，结果如图 8-27 所示。

（5）单击工具栏上的"保存"按钮保存"雇员"表。此时在表设计视图下单击工具栏上的"数据表视图"按钮，系统弹出如图 8-28 所示的"雇员"数据表窗口。

图 8-27　设计表中字段结果

图 8-28　"雇员"数据表视图

第四节　数据表记录——操作员工信息数据表

本节将以"雇员"表为例讲述如何操作表，包括添加记录、修改记录、删除记录、查找/替换记录、删除记录及筛选记录等。

首先需要打开"工厂信息管理"数据库中的"雇员"表。

1. 添加记录

方法一：打开数据表窗口时，表的最末端有一条空白的记录，在记录的行选定器上显示一个星号图标，表示可以从这里开始增加新的记录，直接在这里输入新记录即可。

方法二：单击“插入”→“新记录”命令，插入点光标即跳至最末端空白记录的第一个字段，如图 8-29 所示。输入完数据后，光标移到另一个记录时系统会自动保存该记录。

雇员：表

雇员ID	姓氏	名字	头衔	尊称	出生日期	雇用日期
2	王	伟	副总裁(销售)	博士	1962-02-19	1992-08-14
3	李	芳	销售代表	女士	1973-08-30	1992-04-01
4	郑	建杰	销售代表	先生	1968-09-19	1993-05-03
5	赵	军	销售经理	先生	1965-03-04	1993-10-17
6	孙	林	销售代表	先生	1967-07-02	1993-10-17
7	金	士鹏	销售代表	先生	1960-05-29	1994-01-02
8	刘	英玫	内部销售协调员	女士	1969-01-09	1994-03-05
9	张	雪眉	销售代表	女士	1969-07-02	1994-11-15
(自动						

记录：10 共有记录数：10

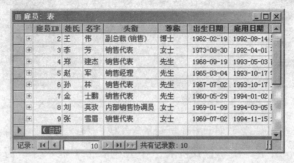

图 8-29　向表内添加记录

2. 修改记录

把光标移到要修改的单元格上，此刻光标变成一个空心的十字光标✥。单击，可以选中相应的单元格，如图 8-30 所示，直接输入即可取代旧数据。

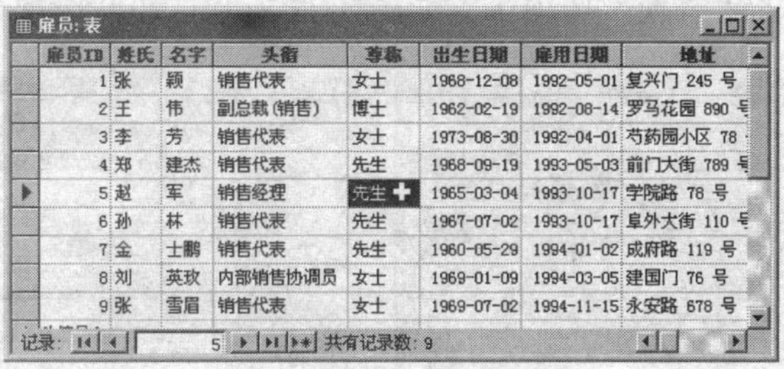

雇员：表

雇员ID	姓氏	名字	头衔	尊称	出生日期	雇用日期	地址
1	张	颖	销售代表	女士	1968-12-08	1992-05-01	复兴门 245 号
2	王	伟	副总裁(销售)	博士	1962-02-19	1992-08-14	罗马花园 890 号
3	李	芳	销售代表	女士	1973-08-30	1992-04-01	芍药园小区 78
4	郑	建杰	销售代表	先生	1968-09-19	1993-05-03	前门大街 789 号
5	赵	军	销售经理	先生	1965-03-04	1993-10-17	学院路 78 号
6	孙	林	销售代表	先生	1967-07-02	1993-10-17	阜外大街 110 号
7	金	士鹏	销售代表	先生	1960-05-29	1994-01-02	成府路 119 号
8	刘	英玫	内部销售协调员	女士	1969-01-09	1994-03-05	建国门 76 号
9	张	雪眉	销售代表	女士	1969-07-02	1994-11-15	永安路 678 号

记录：5 共有记录数：9

图 8-30　修改记录

如果只更正部分内容，可以在单元格内单击，出现闪烁的文本光标时就可以对原来的内容进行编辑修改了。

3. 删除记录

删除操作至少删除一行，即一条完整的记录。操作步骤如下。

（1）单击要删除的记录最左端的灰色列（称为行选定器），这时整条记录呈反白状态显示，表示已选中该条记录。

（2）如果需要选择连续的多条记录，可按 Shift+↑（↓）组合键，被选择区字段成反白色。

（3）按 Delete 键删除所有选中的记录。

4. 查找/替换记录

Access 除了对记录进行一些增加、删除和修改的基本操作外，还经常需要从成百上千的记录中挑选出某些记录或某些相同的内容进行专门的编辑。Access 提供了“查找/替换”命令，可以快速查找并进行记录更改。

假设要查看表中头衔为“销售代表”的雇员有哪些，然后再把他们的头衔都从“销售代表”改为“销售专员”，本例就来实现这样一个操作。在“雇员”表中，先查找“头衔”字段值为“销售代表”的记录，然后利用替换功能将其修改为“销售专员”，如果逐个去修改，不仅耽误时间也很容易遗漏，而使用“替换”功能可以快速实现这一目的。

（1）查找记录。

1）打开“雇员”表，选中“头衔”字段，被选择字段成反白色，如图 8-31 所示。

2）在选中的字段上右击，在弹出的快捷菜单中单击“查找”命令，如图 8-32 所示。

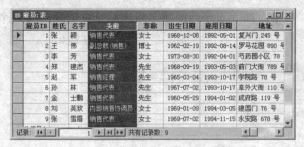
图 8-31　选中"头衔"字段

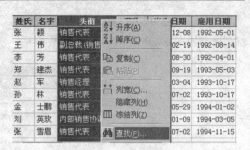
图 8-32　选择"查找"命令

3）系统弹出"查找和替换"对话框，包括"查找"和"替换"两个选项卡，单击"查找"选项卡，结果如图 8-33 所示。在"查找内容"下拉列表框中输入"销售代表"，"查找范围"下拉列表框中自动显示"头衔"字段，单击"查找下一个"按钮，就会反白显示查找到的内容。如果存在多个"头衔"是"销售代表"的记录，则每按一次"查找下一个"按钮，就向下查找一次。

（2）替换操作。

1）单击图 8-33 中的"替换"选项卡，如图 8-34 所示，在此选项卡中可以进行替换操作。

图 8-33　"查找"选项卡

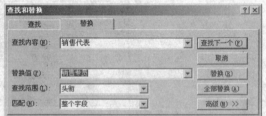
图 8-34　设置替换内容及范围

2）在"替换值"下拉列表框中输入"销售专员"，在"查找范围"下拉列表框中，通过下拉按钮选定为"头衔"，用同样方法将"匹配"下拉列表框设定为"整个字段"，然后单击"全部替换"按钮。

3）系统弹出如图 8-35 所示的"您将不能撤消该替换操作。是否继续？"对话框，如果选择"是"，系统直接显示出替换后的记录；如果选择"否"，那么这次设置将被取消。

4）单击"是"按钮，结果如图 8-36 所示。

图 8-35　提示窗口

图 8-36　替换后的记录显示

注意：在使用"查找"选项卡时，Access 搜索完所有记录，如果未找到匹配的记录，它会显示图 8-37 所示的对话框，提示用户没有找到搜索项，单击"确定"按钮可重新输入数据。

5. 筛选记录

筛选记录就是在表的众多记录中，显示所有符合条件的记录。Access 在筛选的同时还可以对数据视图中的表进行排序。

图 8-37　没有找到搜索项

Access 提供了 4 种筛选途径："按窗体筛选"、"按选定内容筛选"、"内容排除筛选"和"高级筛选/排序"。

（1）按窗体筛选。

使用"按窗体筛选"可以一次指定多个筛选准则，例如在"雇员"表中，筛选"尊称"字段为"女士"和"头衔"字段为"销售专员"的记录，操作步骤如下。

1）打开"雇员"数据表。

2）单击工具栏中的 按钮，或单击"记录"→"筛选"→"按窗体筛选"命令，如图 8-38 所示。

图 8-38　按窗体筛选

3）在弹出的筛选条件设置窗口中，在"头衔"栏中选择"销售专员"，在"尊称"栏中选择"女士"，如图 8-39 所示。

图 8-39　设置筛选条件

4）单击工具栏中的 按钮，或单击"筛选"→"应用筛选/排序"命令，这时 Access 立即按设定的筛选条件对记录进行过滤，并显示符合条件的记录，如图 8-40 所示。

图 8-40　按窗体筛选结果

（2）按选定内容筛选。

按选定内容筛选指选择与指定内容相同的记录，例如在"雇员"表中筛选姓为"张"的员工，其操作步骤如下：

1）将光标移到需要筛选的字段，选中该字段值"张"，如图 8-41 所示。

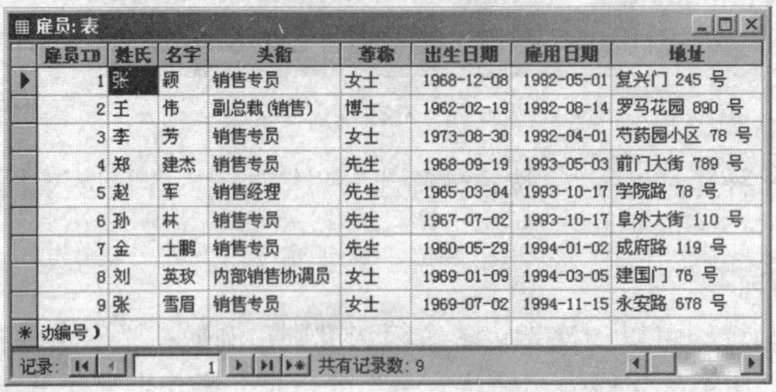

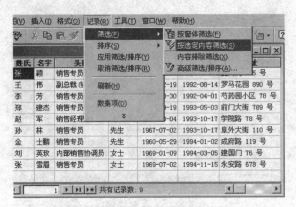

图 8-41　选定字段值

2）单击工具栏中的 按钮，或单击"记录"→"筛选"→"按选定内容筛选"命令，即开始筛选，如图 8-42 所示。

图 8-42　按选定内容筛选

3）筛选结果如图 8-43 所示，其中只有姓"张"的员工列表。表的状态栏显示"共有记录数"为符合选定内容的记录数目。如果要取消筛选，重新显示全部记录，则应单击工具栏中的 按钮，或单击"记录"→"取消筛选/排序"命令。

图 8-43　按选定内容筛选结果

（3）内容排除筛选。内容排除筛选和按选定内容筛选功能相反，即选择与被选内容不同的记录。例如，筛选"雇员"表中全体女员工（不是先生）的记录，操作步骤如下：

1）将光标移到需要筛选的字段"尊称"，选中"先生"，单击"记录"→"筛选"→"内容排除筛选"命令，即开始筛选，如图 8-44 所示。

2）筛选结果如图 8-45 所示，显示出所有女员工的记录。表的状态栏显示"共有记录数"为符合选定内容的记录数目。如果要取消筛选，重新显示全部记录，则单击工具栏中的 按钮，或单击"记录"→"取消筛选/排序"命令。

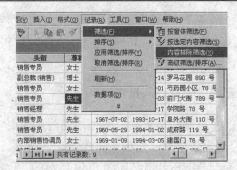

图 8-44 内容排除筛选

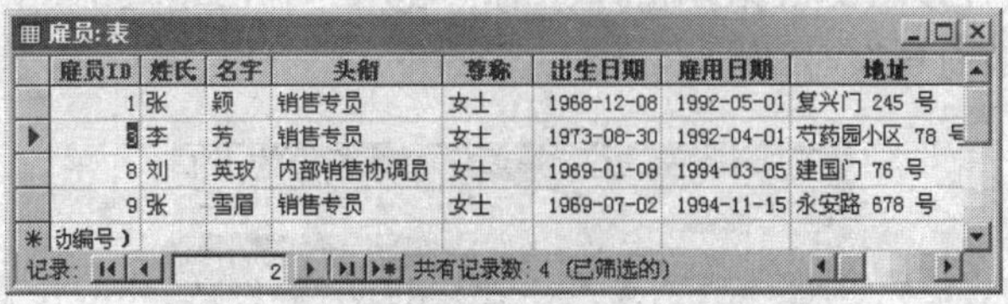

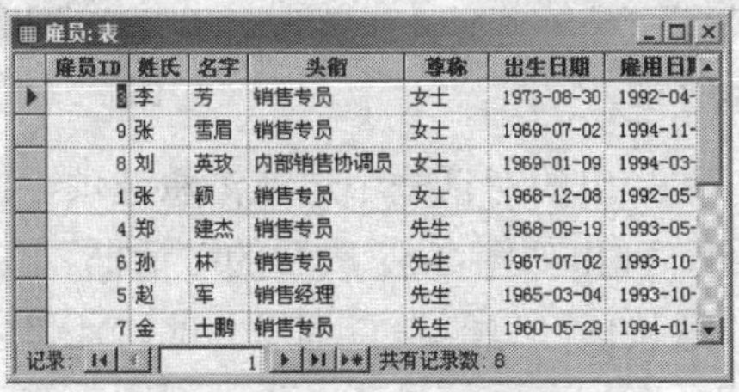

雇员ID	姓氏	名字	头衔	尊称	出生日期	雇用日期	地址
1	张	颖	销售专员	女士	1968-12-08	1992-05-01	复兴门 245 号
3	李	芳	销售专员	女士	1973-08-30	1992-04-01	芍药园小区 78 号
8	刘	英玫	内部销售协调员	女士	1969-01-09	1994-03-05	建国门 76 号
9	张	雪眉	销售专员	女士	1969-07-02	1994-11-15	永安路 678 号

图 8-45 内容排除筛选结果

（4）高级筛选/排序。按选定内容筛选和按窗体筛选虽然已经实现了按照一定规则筛选记录的功能，但当筛选准则较多时必须多次重复同一步骤，并且在此过程中无法实现排序。高级筛选/排序能弥补它们的不足，并可在筛选的同时进行排序。本例筛选“姓氏”和“出生日期”字段，并要求按“出生日期”字段降序排列，具体操作步骤如下：

1）打开“雇员”表，单击“记录”→“筛选”→“高级筛选/排序”命令，弹出筛选窗口，如图 8-46 所示。

2）将“姓氏”和“出生日期”字段添加到设计网格中。在“出生日期”字段下的“排序”单元格中通过下拉按钮指定该字段的排序方式为“降序”，如图 8-47 所示。

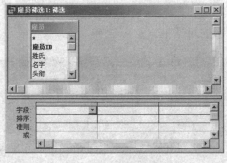

图 8-46 高级筛选

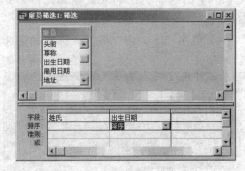

图 8-47 指定字段及排序方式

3）单击工具栏中的按钮，或单击“排序”→“应用筛选/排序”命令，这时 Access 立即按设定的筛选条件对记录进行过滤，并显示出符合条件的记录，如图 8-48 所示。

雇员ID	姓氏	名字	头衔	尊称	出生日期	雇用日期
3	李	芳	销售专员	女士	1973-08-30	1992-04-
9	张	雪眉	销售专员	女士	1969-07-02	1994-11-
8	刘	英玫	内部销售协调员	女士	1969-01-09	1994-03-
1	张	颖	销售专员	女士	1968-12-08	1992-05-
4	郑	建杰	销售专员	先生	1968-09-19	1993-05-
6	孙	林	销售专员	先生	1967-07-02	1993-10-
5	赵	军	销售经理	先生	1965-03-04	1993-10-
7	金	士鹏	销售专员	先生	1960-05-29	1994-01-

图 8-48 高级筛选/排序结果

实验 3　设计工厂信息系统查询

第一节　使用向导创建查询——设计雇员查询

下面使用简单查询向导创建查询，用来检索每个雇员与供应商签定合同的数量。

（1）打开"工厂信息管理"数据库，然后单击"查询"选项。

（2）单击窗口上部的"新建"按钮，弹出如图 8-49 所示的"新建查询"对话框。单击"简单查询向导"（也可以直接双击数据库窗口中的"使用向导创建查询"选项），系统弹出如图 8-50 所示的"简单查询向导"对话框。

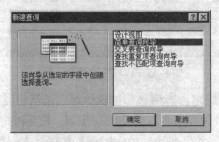

图 8-49　"新建查询"对话框

（3）在"表/查询"下拉列表框中选择表或查询，然后选择要检索数据的字段。在"雇员"表中选定"姓氏"和"名字"字段，在"供应商"表中选择"公司名称"字段。选定之后，系统将会自动在雇员和公司之间建立起联系。

注意：在此对话框中，可以根据需要从多个表中选取字段：先在一个表中选定所要的字段后，重新选取其他的表或查询，然后选择要使用的字段，重复此步骤直到选定需要的所有字段。

（4）单击"下一步"按钮，弹出如图 8-51 所示的对话框。

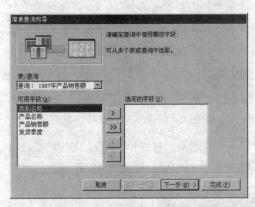

图 8-50　选定查询字段

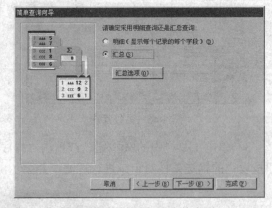

图 8-51　选定选择查询的类型

单击"汇总选项"按钮，在弹出的对话框中选取汇总选项中的计数功能。

（5）单击"下一步"按钮，弹出如图 8-52 所示的对话框。在对话框中可以输入新建查询的标题，或者接受系统提供的默认值（"雇员 查询"）。此时还可以选择查询生成之后的操作，即可以选择在数据表视图中打开查询查看信息或在设计视图中修改查询设计。

（6）单击"完成"按钮，可以显示结果，如图 8-53 所示。读者可以从最后一列中得到雇员所签定的合同数。

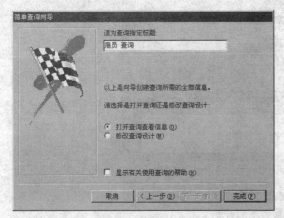

图 8-52　输入查询标题

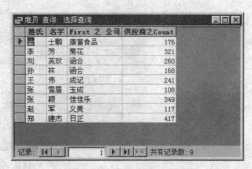

图 8-53　显示的查询结果

第二节　交叉表查询——设计合同查询

如图 8-54 所示为本节将要设计的交叉表查询，其中表左侧是雇员列表，表的上部是客户公司列表，行和列的交叉处显示每个雇员共与供应商签定过合同的数量和。

图 8-54　交叉表查询结果

（1）打开"工厂信息管理"数据库，然后单击"查询"选项。

（2）单击窗口上部的"新建"按钮，在"新建查询"对话框中，选中"交叉表查询向导"，单击"确定"按钮，弹出如图 8-55 所示的"交叉表查询向导"对话框。

（3）从查询列表中选取"雇员 查询"作为交叉表查询的对象。

注意：在选择交叉表查询对象时，选定的表或查询必须有足够的字段，应选择至少含 3 个数值字段（日期、文本字段）的表或查询。

（4）单击"下一步"按钮，向导进入如图 8-56 所示的对话框，选取查询对象中的若干字段作为交叉表查询结果行标题。选取字段后，示例窗格中会显示出查询结果的样式。在本示例中，选取用户的"姓氏"和"名字"字段作为行标题。

（5）单击"下一步"按钮，弹出如图 8-57 所示的向导对话框，从查询对象中选取"First 之公司名称"作为列标题。

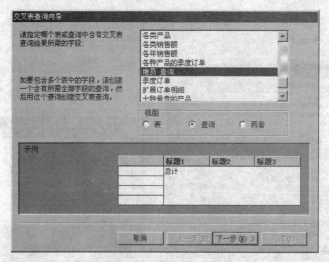

图 8-55　选取查询的对象

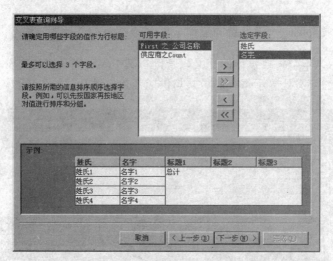

图 8-56　选取查询结果的行标题

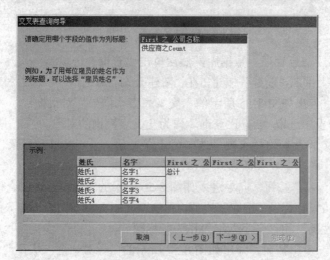

图 8-57　选取查询结果的标题字段

注意：在选取交叉表查询的行标题和列标题时，必须为向导的后续步骤留有相应的字段，否则将会出现如图 8-58 所示的提示的对话框。

图 8-58　提示对话框

（6）单击"下一步"按钮，弹出如图 8-59 所示的向导对话框。

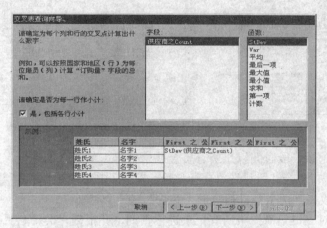

图 8-59　选取查询结果的计算字段

在"字段"列表框中选取相应的字段，在"函数"列表框中选取计算的方式。这里将"供应商之 Count"字段作为计算的字段。在列表框中选择对查询进行小计。

（7）单击"下一步"按钮，弹出如图 8-60 所示的向导对话框。可以输入新建查询的标题，或者接受系统提供的默认值。也可以选择在生成查询之后的操作，即可以选择在数据表视图中打开查询查看信息或在设计视图中修改查询设计。

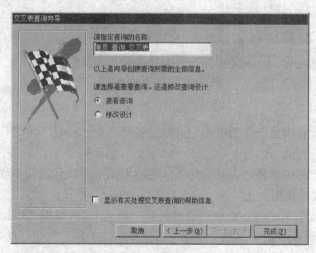

图 8-60　给查询命名

（8）单击"完成"按钮，弹出如图 8-54 所示的查询结果，列出了每个雇员与每个供应商所签定合同的数量和。

第三节　多表查询——会计管理系统科目统计

在 Access 实际应用中，通常会基于多个表来设计查询，而且多个表之间常常存在联系。本节介绍如何创建基于多个表的查询。其中查询的对象是“会计管理系统”数据库中的“会计科目一览表”和“日记簿”，内容分别如图 8-61 和图 8-62 所示。

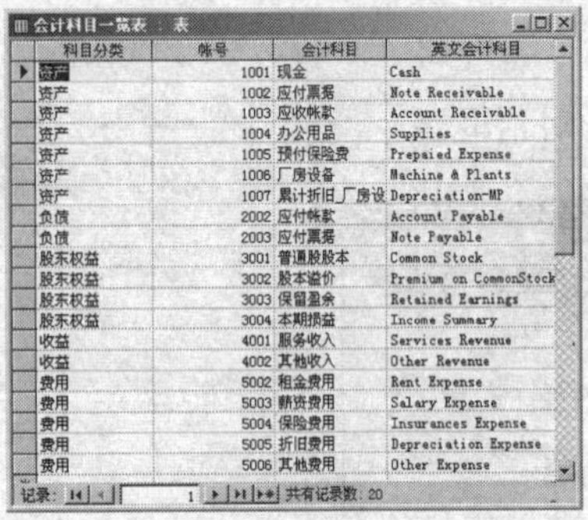

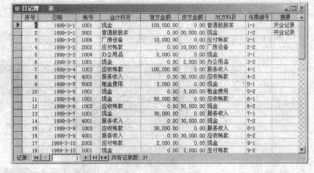

会计科目一览表 : 表

科目分类	帐号	会计科目	英文会计科目
资产	1001	现金	Cash
资产	1002	应付票据	Note Receivable
资产	1003	应收帐款	Account Receivable
资产	1004	办公用品	Supplies
资产	1005	预付保险费	Prepaied Expense
资产	1006	厂房设备	Machine & Plants
资产	1007	累计折旧_厂房设	Depreciation-MP
负债	2002	应付帐款	Account Payable
负债	2003	应付票据	Note Payable
股东权益	3001	普通股股本	Common Stock
股东权益	3002	股本溢价	Premium on CommonStock
股东权益	3003	保留盈余	Retained Earnings
股东权益	3004	本期损益	Income Summary
收益	4001	服务收入	Services Revenue
收益	4002	其他收入	Other Revenue
费用	5002	租金费用	Rent Expense
费用	5003	薪资费用	Salary Expense
费用	5004	保险费用	Insurances Expense
费用	5005	折旧费用	Depreciation Expense
费用	5006	其他费用	Other Expense

记录: 1 共有记录数: 20

图 8-61　会计科目一览表

日记簿 : 表

序号	日期	帐号	会计科目	借方金额	贷方金额	对方科目	传票编号	摘要
1	1999-3-1	1001	现金	100,000.00	0.00	普通股股本	1-1	开业记录
2	1999-3-1	3001	普通股股本	0.00	00,000.00	现金	1-2	开业记录
3	1999-3-2	1006	厂房设备	10,000.00	0.00	应付帐款	2-1	
4	1999-3-2	2002	应付帐款	0.00	10,000.00	厂房设备	2-2	
5	1999-3-3	1004	办公用品	2,000.00	0.00	现金	3-1	
6	1999-3-3	1001	现金	0.00	2,000.00	办公用品	3-2	
7	1999-3-4	1003	应收帐款	100,000.00	0.00	服务收入	4-1	
8	1999-3-4	4001	服务收入	0.00	00,000.00	应收帐款	4-2	
9	1999-3-5	5002	租金费用	3,000.00	0.00	现金	5-1	
10	1999-3-5	1001	现金	0.00	3,000.00	租金费用	5-2	
11	1999-3-6	1001	现金	50,000.00	0.00	应收帐款	6-1	
12	1999-3-6	1003	应收帐款	0.00	50,000.00	现金	6-2	
13	1999-3-7	1001	现金	30,000.00	0.00	服务收入	7-1	
14	1999-3-7	4001	服务收入	0.00	30,000.00	现金	7-2	
15	1999-3-9	1003	应收帐款	30,000.00	0.00	服务收入	8-1	
16	1999-3-9	4001	服务收入	0.00	30,000.00	应收帐款	8-2	
17	1999-3-10	2002	应付帐款	2,000.00	0.00	现金	9-1	
18	1999-3-10	1001	现金	0.00	2,000.00	应付帐款	9-2	

记录: 1 共有记录数: 37

图 8-62　日记簿

“日记簿”中记录一段时间以来所有资金往来信息，如收入的现金、支付的租金等，每一笔记录都对应于一个“会计科目”；“会计科目一览表”中对“会计科目”进行了分类，如“服务收入”和“其他收入”两个科目都属于“受益”这一个类别。

本例的任务是对“日记簿”中所有记录进行查询，并根据“会计科目一览表”中的分类对各科目进行汇总，并计算出合计金额，统计的结果如图 8-63 所示。

会计科目统计 : 选择查询

帐号	科目分类	会计科目	借方总计	贷方总计	借方余额	贷方余额
1001	资产	现金	241200	30000	211200	0
1003	资产	应收帐款	150000	50000	100000	0
1004	资产	办公用品	8200		8200	0
1005	资产	预付保险费	2000		2000	0
1006	资产	厂房设备	10000		10000	0
1007	资产	累计折旧_厂/		2000	0	2000
2002	负债	应付帐款	2000	10000	0	8000
3001	股东权益	普通股股本		150000	0	150000
3002	股东权益	股本溢价		5000	0	5000
4001	收益	服务收入		186200	0	186200
5002	费用	租金费用	3000		3000	0
5003	费用	薪资费用	9000		9000	0
5004	费用	保险费用	7800	2000	5800	0
5005	费用	折旧费用	2000		2000	0

记录: 1 共有记录数: 14

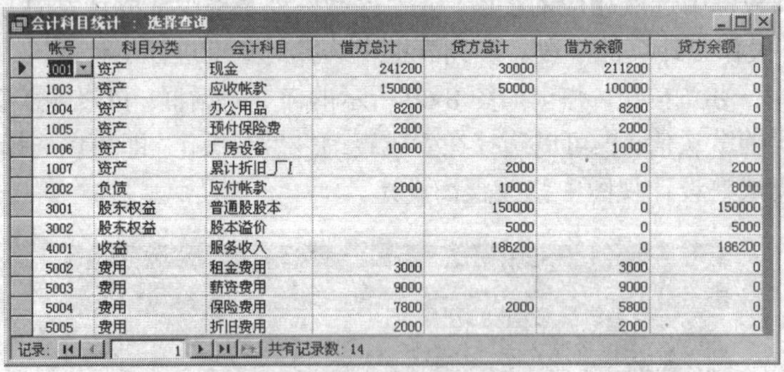

图 8-63　会计科目统计

1. 连接数据表

（1）打开“会计管理系统”数据库，可以看到有“会计科目一览表”和“日记簿”两个表。

（2）在“对象”栏中选择“查询”选项，然后双击“在设计视图中创建查询”选项，打开如图 8-64 所示的设计视图。

（3）在“显示表”对话框中选中“会计科目一览表”，再单击“添加”按钮，然后选中“日记簿”数据表，再次单击“添加”按钮，最后单击“关闭”按钮，结果如图 8-65 所示。

（4）在“会计科目一览表”和“日记簿”中相互对应的字段是“账号”，通过账号可以将两个表连接起来。在如图 8-65 所示的设计视图中单击“会计科目一览表”字段列表框中的“账号”字段，然后按住鼠标左键不放将其拖拽至“日记簿”字段列表框中的“账号”字段位置，此时鼠标显示成形状，如图 8-66 所示。

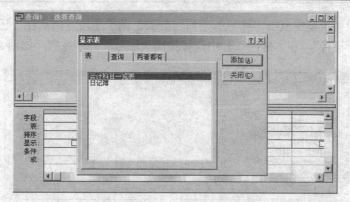

图 8-64 设计视图

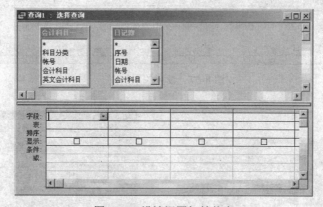

图 8-65 设计视图初始状态

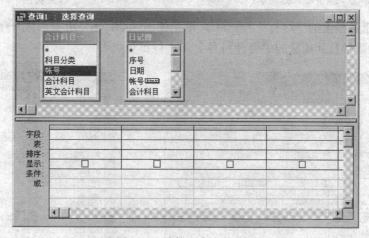

图 8-66 连接两个表的字段

（5）放开鼠标左键，则在两个表的"账号"字段之间显示一条黑线，说明两个表的连接已经建立，如图 8-67 所示。

（6）单击图 8-67 中的连接线（连接线变粗），然后右击，单击"联接属性"命令，如图 8-68 所示。

（7）弹出如图 8-69 所示的"联接属性"对话框。在此对话框中显示了"联接属性"的设计结果，选中第一个单选按钮"只包含两个表中联接字段相等的行"。

（8）单击"确定"按钮返回查询设计视图。之后要选择字段并设定查询条件。在"会计科目一览表"的字段列表框中双击"账号"、"科目分类"两个字段，然后在"日记簿"表字段列表框中双击"会计科目"，在"排序"行中选择按照"账号"升序排列，如图 8-70（a）所示。

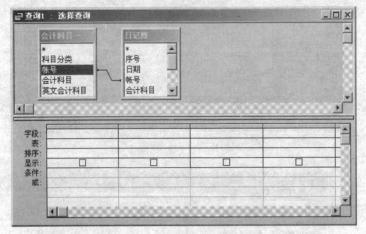

图 8-67　设置关系结束

图 8-68　连接线右键菜单

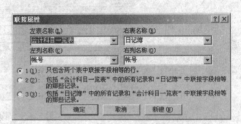

图 8-69　"联接属性"对话框

（9）单击工具栏上的"运行"按钮 ，结果如图 8-70（b）所示，按升序显示出"日记簿"表中存在的账号及其相应的"会计科目"和"科目分类"。

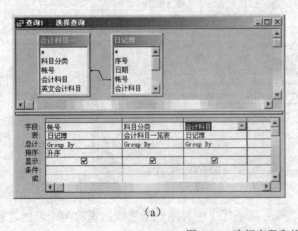

（a）

（b）

图 8-70　选择字段和设置排序

2. 设计查询

（1）单击数据库窗口上侧的 设计 按钮，回到设计视图。由于在查询中需要使用函数来对会计科目的借款和贷款进行累加汇总，所以在设计视图下方的设计网格中需要显示"总计"栏。在设计网格内的任意位置右击，在弹出的快捷菜单中单击"总计"命令，这时在设计网格中就会增加"总计"行，如图 8-71 所示。

图 8-71　显示总计行

（2）单击工具栏上的"运行"按钮 ！，结果如图 8-72 所示，与图 8-70（a）对比可以看到，凡是在"日记簿"表中相同的科目都合并在了一行中，如图 8-70（b）中有 12 个"现金"行，而现在只有一行了。

帐号	科目分类	会计科目
1001	资产	现金
1003	资产	应收帐款
1004	资产	办公用品
1005	资产	预付保险费
1006	资产	厂房设备
1007	资产	累计折旧_厂房设备
2002	负债	应付帐款
3001	股东权益	普通股股本
3002	股东权益	股本溢价
4001	收益	服务收入
5002	费用	租金费用
5003	费用	薪资费用
5004	费用	保险费用
5005	费用	折旧费用

记录：1　共有记录数：14

图 8-72　查询结果

（3）设计显示"日记簿"中的借方总计和贷方总计。借方总计是将"日记簿"中"借方金额"字段的所有记录累加而得的，贷方总计是将"日记簿"中"贷方金额"字段的所有记录累加而得的。

1）双击"日记簿"表字段列表框中的"借方金额"字段，此时在字段行中即显示"借方金额"，如图 8-73 所示。

字段	帐号	科目分类	会计科目	借方金额		
表	会计科目一览表	会计科目一览表	日记簿	日记簿		
总计	Group By	Group By	Group By	Group By		
排序	升序					
显示	☑	☑	☑	☑	☐	☐
条件						
或						

图 8-73　设置字段

2）因为此字段要显示的是"借方总计"，所以在"借方金额"单元格中重新输入"借方总计:借方金额"，如图 8-74 所示。

字段	帐号	科目分类	会计科目	借方总计:借方金额	
表	会计科目一览表	会计科目一览表	日记簿	日记簿	
总计	Group By	Group By	Group By	Group By	
排序	升序				
显示	☑	☑	☑	☑	☐
条件					
或					

图 8-74　设置"借方总计:借方金额"字段

注意："借方总计:借方金额"中间的冒号不能少，冒号的前面内容为查询结果中显示的列标题，冒号后面表示进行查询的字段。

3）因为"借方总计"字段中要显示"日记簿"中"借方金额"的和，所以在总计行中要为该字段选择累加函数 Sum，如图 8-75 所示。

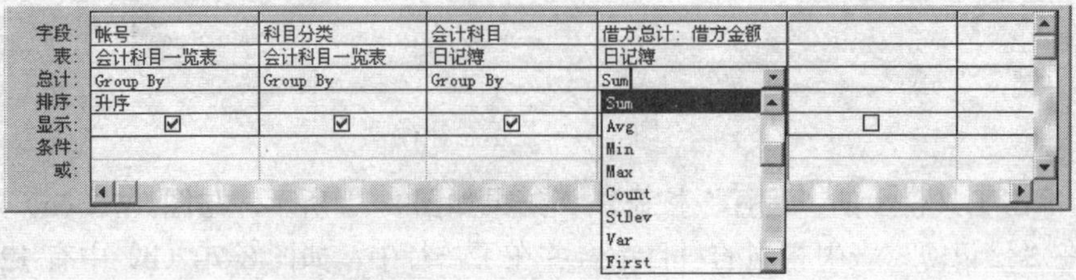

字段	帐号	科目分类	会计科目	借方总计: 借方金额			
表	会计科目一览表	会计科目一览表	日记簿	日记簿			
总计	Group By	Group By	Group By	Sum			
排序	升序			Sum			
显示	☑	☑	☑	Avg		☐	
条件				Min			
或				Max			
				Count			
				StDev			
				Var			
				First			

图 8-75   设置条件

依照和 1）～3）一样的方法建立"贷方总计:贷方金额"字段，总计行中仍然选择 Sum 函数。

（4）单击"文件"→"保存"命令，将查询命名为"会计科目统计"。单击工具栏上的"运行"按钮 ，结果如图 8-76 所示，分别列出每个科目的借方和贷方的总金额。

（5）设计字段计算各会计科目的借方余额和贷方余额。计算"借方余额"的方法是用"借方总计"字段值减去"贷方总计"字段值，如果这个差值大于 0 则显示该差值，如果小于或等于 0 则显示 0，计算"贷方余额"的方法类似。

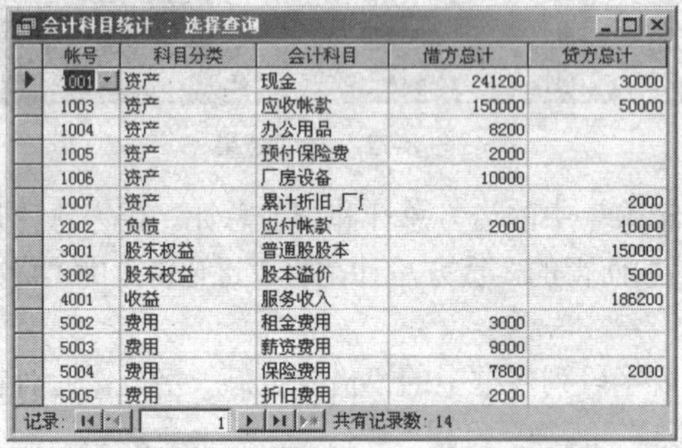

帐号	科目分类	会计科目	借方总计	贷方总计
1001	资产	现金	241200	30000
1003	资产	应收帐款	150000	50000
1004	资产	办公用品	8200	
1005	资产	预付保险费	2000	
1006	资产	厂房设备	10000	
1007	资产	累计折旧[厂]		2000
2002	负债	应付帐款	2000	10000
3001	股东权益	普通股股本		150000
3002	股东权益	股本溢价		5000
4001	收益	服务收入		186200
5002	费用	租金费用	3000	
5003	费用	薪资费用	9000	
5004	费用	保险费用	7800	2000
5005	费用	折旧费用	2000	

记录: ◄ ◄ 1 ► ►► ►* 共有记录数: 14

图 8-76   总计结果

（6）在"贷方总计"这一列的右边新增一列，方法是先在空白列的总计栏中选择 Expression，然后在这一列的第 1 行，输入如下内容（如图 8-77 所示）：

借方余额: IIf(Sum([日记簿]![借方金额]-[日记簿]![贷方金额])>0,Sum([日记簿]![借方金额]-[日记簿]![贷方金额]),0)

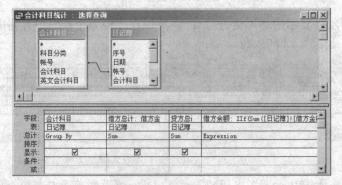

图 8-77   设置借方余额

注意：Iif 函数的格式是：Iif（t,a1,a2），即如果条件 t 成立，则返回值 a1，否则返回值 a2。这行内容中，"[日记簿]![借方金额]"指明了"日记簿"数据表的"借方金额"字段，而"Sum([日记簿]![借方金额]-[日记簿]![贷方金额])"则表示对"日记簿"数据表的"借方金额"减去"日记簿"数据表的"贷方金额"的结果进行累加。

（7）使用与上一步相同的方法设置"贷方余额"字段，填写的内容改为：

贷方余额: IIf(Sum([日记簿]![贷方金额] - [日记簿]![借方金额])>0, [日记簿]![贷方金额] - [日记簿]![借方金额],0)

设置完的最终结果如图 8-78 所示。

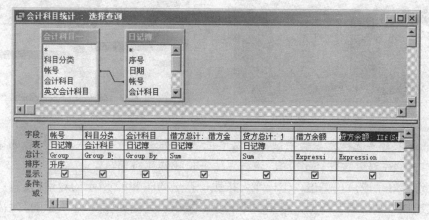

图 8-78　"会计科目统计"设计视图

（8）保存后，单击工具栏上的"运行"按钮，结果如图 8-79 所示。

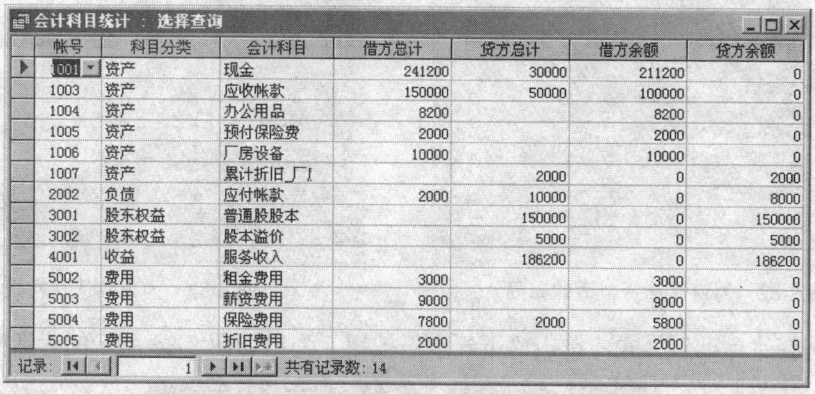

帐号	科目分类	会计科目	借方总计	贷方总计	借方余额	贷方余额
1001	资产	现金	241200	30000	211200	0
1003	资产	应收帐款	150000	50000	100000	0
1004	资产	办公用品	8200		8200	0
1005	资产	预付保险费	2000		2000	0
1006	资产	厂房设备	10000		10000	0
1007	资产	累计折旧－厂儿		2000	0	2000
2002	负债	应付帐款	2000	10000	0	8000
3001	股东权益	普通股股本		150000	0	150000
3002	股东权益	股本溢价		5000	0	5000
4001	收益	服务收入		186200	0	186200
5002	费用	租金费用	3000		3000	0
5003	费用	薪资费用	9000		9000	0
5004	费用	保险费用	7800	2000	5800	0
5005	费用	折旧费用	2000		2000	0

记录： 1 ▶ ▶ ▶* 共有记录数：14

图 8-79　会计科目统计结果

在统计结果中可以清楚地浏览各会计科目的借款总额、贷款总额及目前的借贷款情况，比如"股本溢价"目前的贷款总额为 5000，说明此时负债。

实验 4　设计工厂信息系统窗体

第一节　单表窗体向导——"产品信息"窗体

本节介绍如何使用窗体向导创建基于单表的窗体，创建的"产品信息"窗体以纵栏式美观地显示每条产品信息。操作步骤如下：

（1）打开"工厂信息管理"数据库，在数据库窗口中，单击"窗体"选项。双击"使用向导创建窗体"选项打开"窗体向导"对话框，如图 8-80 所示。

（2）在"表/查询"下拉列表框中选择"产品"表作为窗体数据来源。单击 > 按钮选定窗体中需要的字段：产品 ID、产品名称、单价和单位数量，如图 8-81 所示。

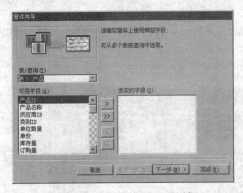

图 8-80 "窗体向导"对话框

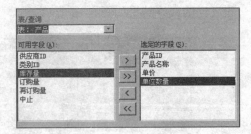

图 8-81 选择窗体中的字段

注意： 如果需要选择大多数字段，可以单击 >> 按钮移动所有的字段，然后选择不需要的字段，再单击"左移"按钮 < 删除。这种方法可使操作变得简单。

（3）选择好字段后，单击"下一步"按钮，弹出如图 8-82 所示的对话框。

（4）选择"纵栏表"类型，单击"下一步"按钮，弹出如图 8-83 所示的对话框。

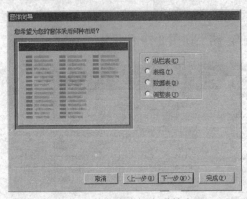

图 8-82 为窗体选择合适的布局

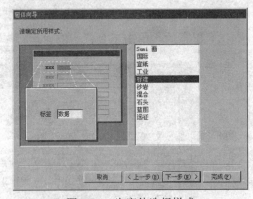

图 8-83 为窗体选择样式

（5）选择"标准"样式，单击"下一步"按钮，弹出如图 8-84 所示的对话框。

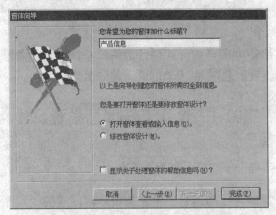

图 8-84 为窗体设置标题（"产品信息"）

（6）为窗体输入标题，这里采用 Access 默认的窗体名称。同时选择"打开窗体查看或输入信息"。单击"完成"按钮，最终生成的"产品信息"窗体如图 8-85 所示。

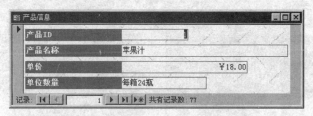

图 8-85　显示的"产品信息"视图

第二节　多表窗体向导——"供货商"窗体

在 Access 实际应用中，通常都是基于多表创建窗体，这样创建出的窗体能够显示数据库中各表之间的关系。本节将以"供应商"窗体为例介绍如何使用窗体向导基于多表来创建窗体。

（1）选择"供应商"及"产品"表作为数据源，并选择"供应商"表中的"供应商 ID"、"地址"、"电话"字段及"产品"表中的"产品 ID"、"产品名称"、"单价"和"供应商 ID"字段，结果如图 8-86 所示。

注意：如果选择不同表中名称相同的字段，Access 在显示时为了进行区分将字段所属表作为前缀，显示格式为：表名.字段名，如图 8-86 所示。

（2）单击"下一步"按钮，弹出如图 8-87 所示的对话框。

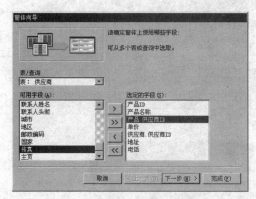

图 8-86　平面窗体视图示例

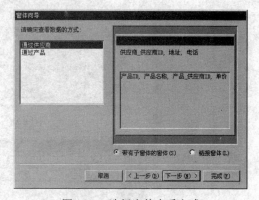

图 8-87　选择窗体查看方式

注意：子窗体是相对于主窗体而言的。通常子窗体中显示的记录是根据主窗体的某些记录或数据显示的。如图 8-87 右侧所示，产品子窗体被放置在窗体的下方，显示与供应商中数据相关的记录。

（3）选择查看数据的方式——通过供应商，同时选择"带有子窗体的窗体"单选按钮，然后单击"下一步"按钮，弹出如图 8-88 所示的对话框。

（4）选择"数据表"作为子窗体布局，单击"下一步"按钮弹出如图 8-89 所示的对话框。

（5）选择"标准"样式，单击"下一步"按钮弹出如图 8-90 所示的对话框。

（6）为窗体和子窗体指定标题，这里选择系统默认的标题，然后选择"打开窗体查看或输入信息"单选按钮，单击"完成"按钮，弹出如图 8-91 所示的设计结果。

注意：①单击图 8-90 中的"完成"按钮，则在数据库中同时创建两个窗体对象"供应商 1"和"产品 子窗体"（如图 8-92 所示），当对"产品子窗体"的数据和格式进行修改后,"供应商 1"窗体中也会自动更新成修改后的结果;②在图 8-90 中如果选择"链接窗体",则图 8-87 变为图 8-93 所示的对话框,按照以上(3)至(5)相同的操作得到最终设计结果如图 8-94 所示。

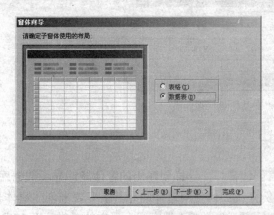

图 8-88　选择布局 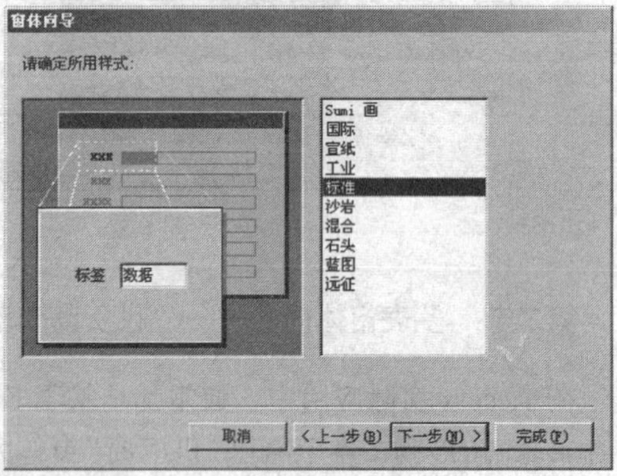　　　　　　　　　　　　　图 8-89　选择样式

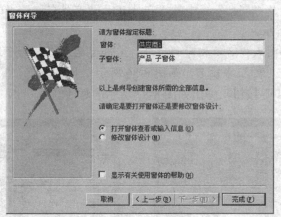

图 8-90　指定标题

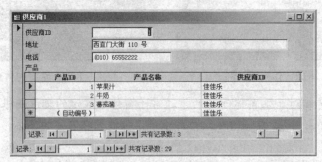

图 8-91　设计结果

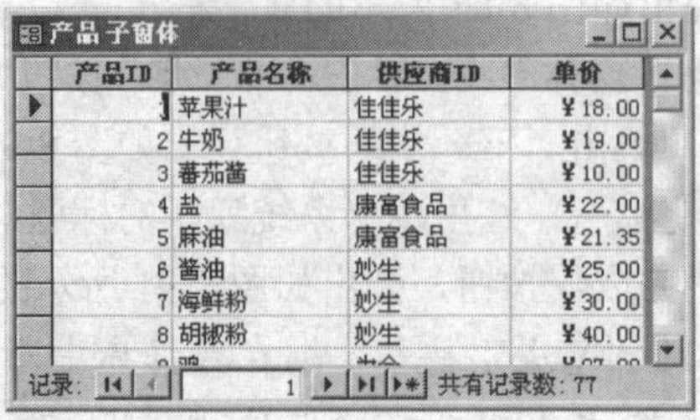

图 8-92　产品子窗体

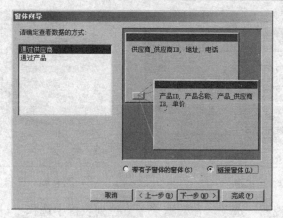

图 8-93　选择"链接窗体"

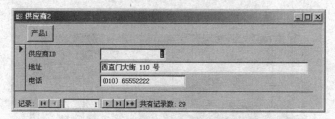

图 8-94　设计结果

第三节　设计视图——"日记"窗体

本节将以创建"日记"窗体为例来介绍如何使用设计视图来创建窗体，如图 8-95 和图 8-96 所示。"日记"窗体包括"索引"和"数据"两个选项卡，将数据表中的字段归类显示。这样在查看某个序号的相关数据时，就不用在一行一行地从数据表中寻找了，只要打开"日记"窗体，输入序号，这个序号下的所有信息都将显示在这一个窗体的两个选项卡中，切换时只需单击选项卡上面的标签，操作方便，实用性强。

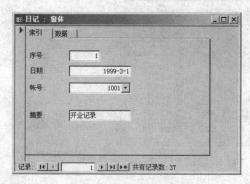

图 8-95　日记窗体页 1

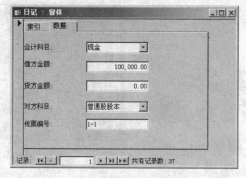

图 8-96　日记窗体页 2

本例基于"工厂信息管理"数据库中的"日记簿"表（如图 8-97 所示）进行设计。

1. 窗体基本结构

（1）打开"工厂信息管理"数据库，在数据库窗口中，单击"窗体"选项。

（2）单击"新建"按钮，弹出如图 8-98 所示的"新建窗体"对话框。

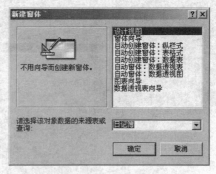

图 8-97　日记簿　　　　　　　　　　　图 8-98　选择"设计视图"

（3）选择"设计视图"选项，在数据来源下拉列表框中选择"日记簿"，单击"确定"按钮，系统弹出如图 8-99 所示的窗口。

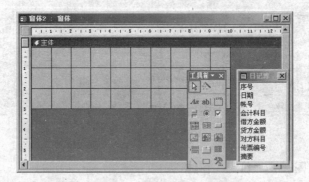

图 8-99　窗体设计窗口

（4）单击"工具箱"中的 （选项卡控件）按钮，将鼠标放置到窗体设计部分，这时光标变成 形状，在"主体"部分单击，出现如图 8-100 所示的包含两个选项卡"页 1"/"页 2"的窗体。用户可以拖动鼠标改变控件摆放位置。

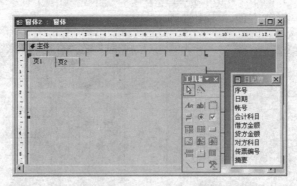

图 8-100　添加"选项卡控件"

注意：如果用鼠标移动，可以在该控件上微调光标的位置，当光标变成了一个黑色的小手状时 ，按住鼠标左键，移动鼠标拖动该控件到指定的位置释放即可。

（5）将光标移动到字段列表框中，单击"序号"字段，将其拖动至选项卡控件的"页 1"中，如图 8-101 所示。

按照这种方法，逐步将字段列表框中的"日期"、"账号"和"摘要"3 个字段拖动到"页 1"选项卡中，结果如图 8-102 所示。

（6）选择"页 2"选项卡，按照第（5）步操作，逐一将"会计科目"、"借方金额"、"贷方金额"、"对方科目"和"传票编号"5 个字段拖动到"页 2"选项卡中，结果如图 8-103 所示。

图 8-101　添加"序号"字段

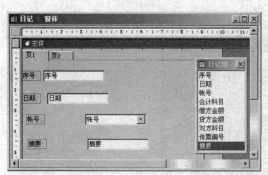

图 8-102　为"页 1"添加字段

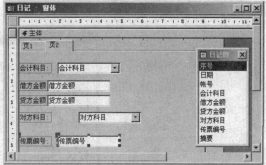

图 8-103　为"页 2"添加字段

（7）在"页 1"选项卡中，单击选中"序号"字段，按住 Shift 键的同时再单击"日期"、"账号"和"摘要"字段，这 4 个字段就会同时被选中。在被选中的任一字段上右击，选择"对齐"命令下的"靠左"对齐方式，使这 4 个字段统一向左对齐，如图 8-104 所示。

（8）按照第（7）步的方法，依次选中"序号"、"日期"、"账号"和"摘要"字段右侧的文本框，然后右击，选择"对齐"命令下的"靠右"对齐方式，如图 8-105 所示。

（9）设置完对齐方式后，改变字段右侧文本框的长宽。首先选中需要调整的字段文本框，将光标放置到需要调整的长/宽位置上，这时光标会变成两侧带有小箭头的形状 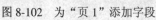，按住不放可任意变化其长/宽/高。设置后的"页 1"/"页 2"选项卡如图 8-106 和图 8-107 所示。

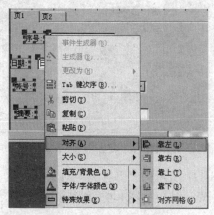

图 8-104　选择靠左对齐

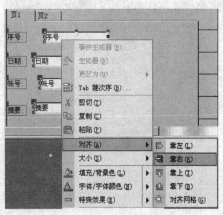

图 8-105　选择靠右对齐

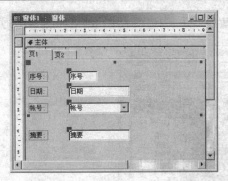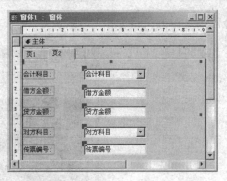

图 8-106　设置后的"页 1"选项卡　　　　　　图 8-107　设置后的"页 2"选项卡

2. 改变标签名称

（1）按照选项卡包含内容的不同为选项卡标签更名。在"页 1"选项卡处右击，单击"属性"命令，如图 8-108 所示。

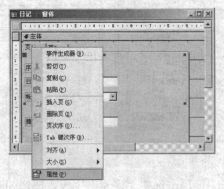

图 8-108　选择"页 1"属性

（2）弹出如图 8-109 所示的对话框，这个对话框包含了对"页 1"选项卡标签进行修改的所有内容。选中"其他"选项卡，在"名称"文本框中输入"索引"，关闭对话框后，就会在窗体中看到第一张选项卡标签名称由"页 1"变为了"索引"。

（3）按照步骤（2）中为标签重命名的方法，将窗体第二张"页 2"选项卡更名为"数据"，如图 8-110 所示。

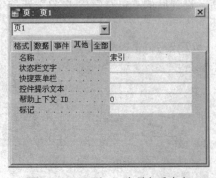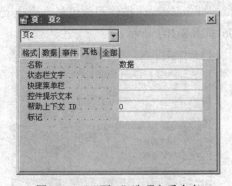

图 8-109　"页 1"选项卡重命名　　　　　　图 8-110　"页 2"选项卡重命名

（4）单击工具栏上的"保存"按钮，弹出图 8-111 所示的"另存为"对话框，在"窗体名称"文本框中输入"日记"，单击"确定"按钮，设计结果如图 8-95 和图 8-96 所示。

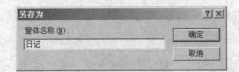

图 8-111 输入窗体名称

第四节 复杂窗体——公司信息系统

本节创建一个具有信息浏览功能的复杂窗体，窗体名为"公司信息系统"。

本例中窗体的对象是基于数据库中"部门"、"职工"和"项目清单"3个表的，利用 Access 的选项卡控件将3个信息窗体放在同一个窗体中，便于用户查找信息，结果如图 8-112、图 8-113 和图 8-114 所示。

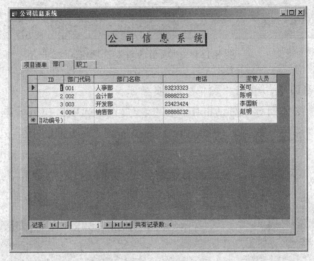

图 8-112 设置结果

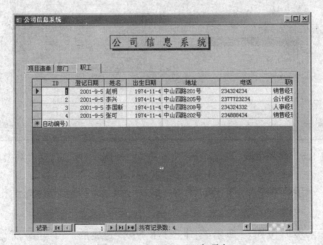

图 8-113 "职工"选项卡

1. 创建相关窗体

在设计"公司信息系统"窗体之前，需要先创建"部门"、"职工"和"项目清单"3个窗体，然后再利用子窗体控件将这3个窗体加载到"公司信息系统"的3个选项卡对应的页中。这里仅简单介绍利用窗体向导设计"部门"窗体的过程，"职工"和"项目清单"窗体同理可得。

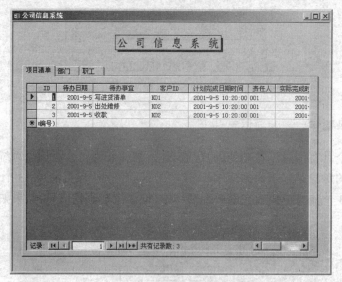

图 8-114　"项目清单"选项卡

（1）在数据库窗口中，单击"窗体"选项。

（2）在弹出的"窗体向导"对话框中，在"表/查询"选项下拉列表框中选择"表：部门"，然后单击 ≫ 按钮将"部门"数据表中的所有字段添加到"选定的字段"列表框中，如图 8-115 所示。

（3）单击"下一步"按钮，为创建的新窗体选择布局，本例选择"数据表"方式，如图 8-116 所示。

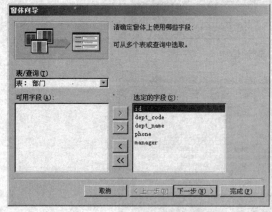

图 8-115　添加字段

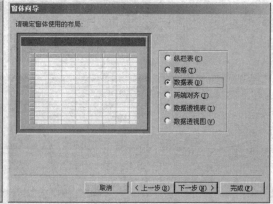

图 8-116　选择"数据表"布局方式

（4）单击"下一步"按钮，弹出如图 8-117 所示的选择样式的对话框，采用系统默认的"标准"样式。

（5）单击"下一步"按钮，弹出如图 8-118 所示的最后一个向导对话框，在"请为窗体指定标题"文本框中输入"部门"，同时选中"打开窗体查看或输入信息"单选按钮，单击"完成"按钮。

使用向导创建的"部门"窗体如图 8-119 所示。重复以上的步骤可以创建分别如图 8-120 和图 8-121 所示的"职工"窗体和"项目清单"窗体。

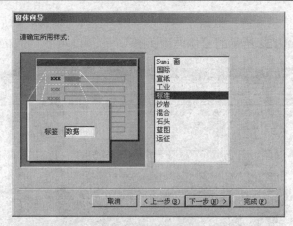

图 8-117 选择样式

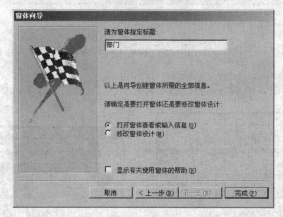

图 8-118 为窗体指定标题

图 8-119 "部门"窗体

图 8-120 "职工"窗体

图 8-121 "项目清单"窗体

2. 设计主窗体

下面介绍在设计视图中创建"公司信息系统"窗体的过程。

（1）回到"公司信息系统"数据库窗口，单击"窗体"对象，然后双击"在设计视图中创建窗体"，弹出如图 8-122 所示的窗体设计视图。

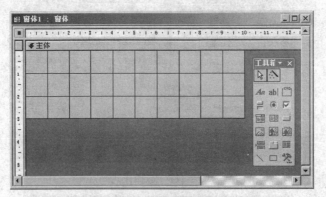

图 8-122　窗体设计视图

（2）向窗体中添加一个标签控件 *Aa*，输入控件的标题"公 司 信 息 系 统"，如图 8-123 所示。

选中该标签控件右击，在弹出的快捷菜单中单击"属性"命令，如图 8-124 所示。

图 8-123　输入标题

图 8-124　选择"属性"

系统弹出如图 8-125 所示的属性的对话框，在"格式"选项卡中，设置"字体"为"仿宋_GB2312"，"字体大小"为"16"，"特殊效果"为"阴影"，"字体粗细"为"加粗"。

标签控件属性设置完毕，效果如图 8-126 所示。

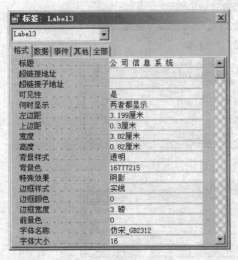

图 8-125　设置标签属性

图 8-126　标签设置效果

注意：在设置窗体和控件过程中，注意根据窗体和控件中内容的大小来改变窗体和控件的大小，使得窗体和控件看起来美观。

（3）向窗体中添加一个选项卡控件，并调整窗体和选项卡控件的大小和位置，如图 8-127 所示。

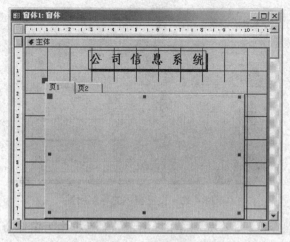

图 8-127　添加选项卡

直接添加选项卡控件后，默认情况下只含有两个页，而本例中需要设置含 3 个页的选项卡。选中选项卡控件，右击，弹出如图 8-128 所示的快捷菜单。单击"插入页"命令，则在选项卡中插入一页，变成含有 3 个页的选项卡，如图 8-129 所示。

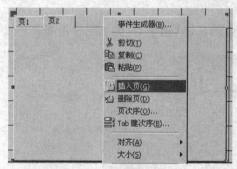

图 8-128　插入页

图 8-129　含 3 个页的选项卡

选中选项卡后右击，在弹出的如图 8-127 所示的快捷菜单中单击"属性"命令，打开属性设置对话框，如图 8-130 所示，在"全部"选项卡的"标题"文本框中输入"项目清单"。

分别打开"页 2"和"页 5"选项卡的属性设置对话框，如图 8-131 所示，分别将这两个页的标题设置为"部门"和"职工"。

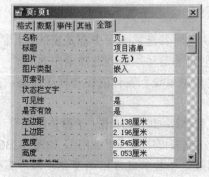

图 8-130　设置页标题

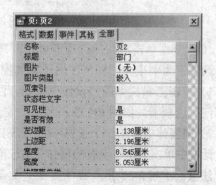

图 8-131　选择其他两个页

在如图 8-131 所示属性设置对话框的下拉列表框中选择"窗体",将"全部"选项卡中的"导航按钮"设为"否",如图 8-132 所示。

图 8-132　设置窗体的导航属性

单击工具栏上的保存按钮,在如图 8-133 所示的对话框中为窗体命名为"公司信息系统"。

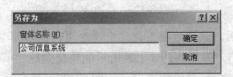

图 8-133　为窗体命名

这时单击工具栏上的窗体视图按钮,结果如图 8-134 所示。

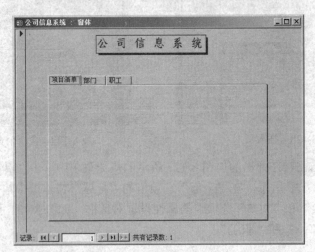

图 8-134　窗体结果

（4）分别单击不同的选项卡可以打开不同的页,此时各选项卡页中都是空的,下面以"部门"选项卡为例来介绍如何使用子窗体控件将前面创建的窗体加载到选项卡中。

1）单击工具栏上的"设计"按钮,回到"公司信息系统"窗体的设计视图状态,并选择"部门"选项卡,如图 8-135 所示。

2）向窗体中添加一个子窗体/子报表控件。在窗体添加时会弹出"子窗体向导"对话框。在对话框中单击"使用现有的窗体"单选按钮,然后在列表框中选择"部门",如图 8-136 所示。

注意：子窗体/子报表控件是一个复合控件,通过这个控件既可以向窗体中添加窗体,也可以添加报表。

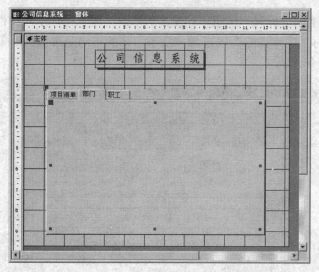

图 8-135　窗体设计视图

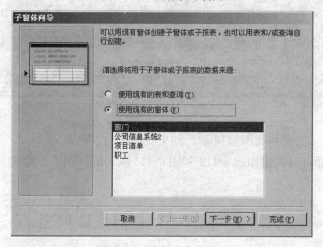

图 8-136　选择现有的窗体

3）单击"下一步"按钮，弹出如图 8-137 所示的对话框，指定子窗体的名称为"部门"，单击"完成"按钮，回到设计视图。

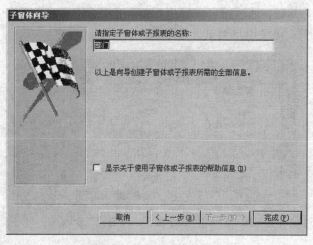

图 8-137　指定子窗体名称

4）单击工具栏上的"保存"按钮保存窗体的修改，调整窗体中各控件的大小和位置，并通过单击工具栏上的"窗体视图"按钮来观察窗体的布局是否适当、美观。最终得到窗体设计视图如图 8-138 所示。

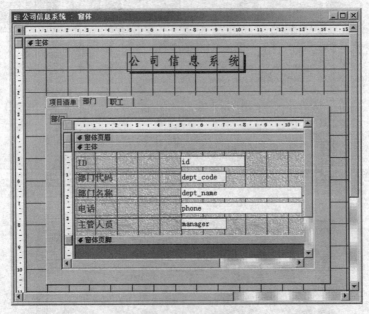

图 8-138　添加完成

5）单击工具栏上的窗体视图按钮，结果如图 8-112 所示。

重复以上的步骤可以创建如图 8-113 和图 8-114 所示的"职工"选项卡和"项目清单"选项卡。

实验 5　设计工厂信息系统报表

第一节　报表向导——季度销售报表

本节创建订单报表，该报表以"工厂信息管理"数据库中的"按季度汇总销售额"查询（如图 8-139 所示）为基础，通过报表向导将"按季度汇总销售额"查询中信息提取显示在如图 8-140 所示的报表上，可供用户浏览、打印。

发货日期	订单ID	小计
1996-07-10	10249	￥1,863.4
1996-07-11	10252	￥3,597.9
1996-07-12	10250	￥1,552.6
1996-07-15	10251	￥654.0
1996-07-15	10255	￥2,490.5
1996-07-16	10253	￥1,444.8
1996-07-16	10248	￥440.0
1996-07-17	10256	￥517.8
1996-07-22	10257	￥1,119.9
1996-07-23	10254	￥556.6

记录：　1　共有记录数：809

图 8-139　"按季度汇总销售额"查询

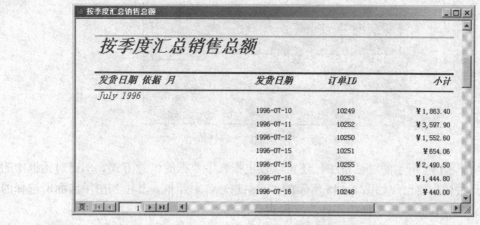

图 8-140　"按季度汇总销售总额"报表

具体操作步骤如下：

（1）打开"工厂信息管理"数据库，在数据库窗口中，单击"报表"选项。

（2）单击"新建"按钮，弹出"新建报表"对话框，选择列表框的第二项"报表向导"。

（3）单击"确定"按钮，弹出如图 8-141 所示的"报表向导"对话框，选取数据库中的"按季度汇总销售额"作为报表的数据来源，再从中选取"发货日期"、"订单 ID"、"小计"字段。

（4）单击"下一步"按钮，在弹出的对话框中双击"发货日期"，结果如图 8-142 所示。

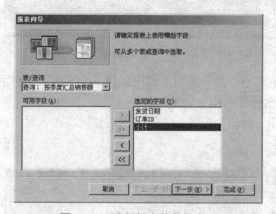
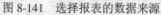

图 8-141　选择报表的数据来源

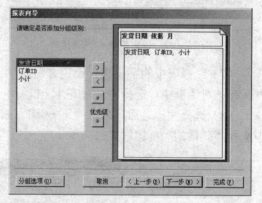

图 8-142　选择报表中字段的分组级别

在该对话框中，用户还可以设定分组字段的"分组间隔"属性。在如图 8-142 所示的对话框中，单击"分组选项"按钮，弹出如图 8-143 所示的对话框，对话框中列出全部分组字段，可以通过选取"分组间隔"下拉列表框中相应的选项设定分组的属性。根据字段数据类型的不同，"分组间隔"选项也不相同，下面是"分组间隔"中几种字段数据类型所对应的选项。

- 文本型：标准、首起字母、2 个起始字母、3 个起始字母、4 个起始字母和 5 个起始字母。
- 数字型：标准、10s、50s、100 s、500s、1000s、5000s 和 10000s。
- 日期型：标准、年、季、月、星期、日、小时和分钟。

提示："分组间隔"下拉列表框中的标准选项即表示将按整个字段进行分组。

（5）对字段分组设定之后，单击"下一步"按钮，弹出如图 8-144 所示的对话框。在该对话框中，选择"发货日期"作为报表记录排序字段。

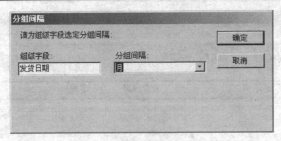

图 8-143 "分组间隔"对话框

（6）在图 8-144 所示的对话框中，还可以设定报表中数据的汇总方式。单击对话框中的"汇总选项"按钮，将出现如图 8-145 所示的"汇总选项"对话框，其中列出了前面所选择的可以进行汇总的字段，这里选择"小计"字段进行汇总。

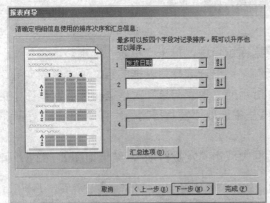

图 8-144 设定报表中记录排序

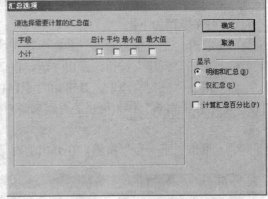

图 8-145 "汇总选项"对话框

（7）对报表中的字段进行设定之后，单击"下一步"按钮，弹出如图 8-146 所示的对话框。在该对话框中，选择"左对齐 1"布局，然后再选择"纵向"。

（8）选择完毕之后，单击"下一步"按钮，弹出如图 8-147 所示的对话框，在该对话框中选择"斜体的"标题样式。

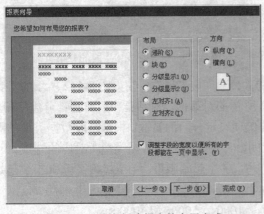

图 8-146 设定创建报表的布局方式

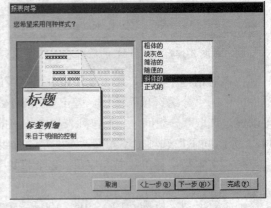

图 8-147 设定创建报表的标题样式

（9）选择完毕之后，单击"下一步"按钮，弹出如图 8-148 所示的对话框，接受系统默认的标题名称。

（10）选中"预览报表"单选按钮，单击"完成"按钮即可出现如图 8-140 所示的报表。

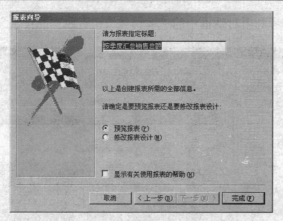

图 8-148　为报表指定标题

　　提示：使用报表向导还可以创建调用多个数据对象的报表，它是创建调用多表数据报表的最简捷、最快速的方法。由于"报表向导"可以为用户完成大部分基本操作，因此加快了创建报表的速度。

第二节　标签向导——创建客户报表

　　对于一个公司来说，常常需要向外发送大量统一规格的信件，而信封上的地址及书信内容都极为相似。因此 Access 提供了创建邮件标签的向导，它可以快速地为公司生成通信时所需的信封地址标签。图 8-149 所示为"客户"邮件标签，下面介绍具体设计步骤。

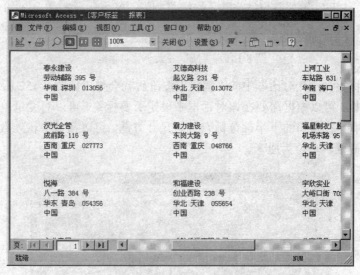

图 8-149　"客户"邮件标签

　　（1）打开"工厂信息管理"数据库，在数据库窗口中，单击"报表"选项。
　　（2）单击"新建"按钮，弹出"新建报表"对话框，选择列表框中的最后一项"标签向导"，并选择"客户"表作为标签中数据字段来源。
　　（3）单击"确定"按钮，系统将启动 Access 的"标签向导"功能，结果如图 8-150 所示，列出了系统所提供的标准标签型号及其所对应的尺寸大小。
　　用户还可以利用窗口中的"自定义"按钮来创建自己需要的标签。当单击"自定义"按钮之后，弹出如图 8-151 所示的"新标签大小"对话框。在该对话框中可以根据需要选取已经建立的自定义标签，或者利用对话框中的"编辑"按钮对原有的自定义标签进行修改。

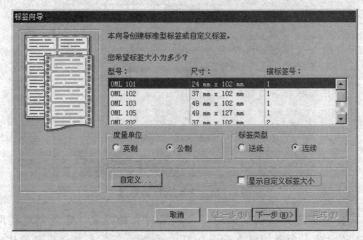

图 8-150　设置标签尺寸对话框

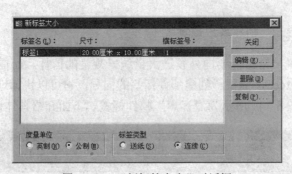

图 8-151　　"新标签大小"对话框

当单击"新标签大小"对话框中的"编辑"按钮后就会弹出如图 8-152 所示的设置标签布局及尺寸的对话框。可以根据需要在该对话框中设定所要标签，可以对度量单位、标签类型和标签方向进行选择。在窗口的下半部分标有一些尺寸方框，可以在其中输入数字。注意，在这里当采用公制的时候，单位为厘米。

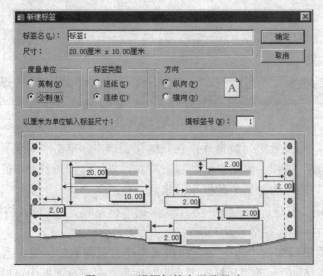

图 8-152　设置标签布局及尺寸

　　设置完毕之后，单击"确定"按钮返回"新标签大小"对话框。单击"新标签大小"对话框中的"关闭"按钮返回初始的向导窗口。注意，若勾选了图 8-150 中的"显示自定义标签大小"复选框，那么对话框中的列表框中只显示用户创建的标签。

　　提示： 在这里要提醒读者，创建自己的标签并不困难，但是在真正打印输出标签时，一定要检验设置是否存在问题，否则将会出现输出错误。

　　（4）选择标签型号 OML 102，单击"下一步"按钮，弹出如图 8-153 所示的对话框。在对话框中设定标签输出的文本外观，即对标签中文本进行字体设置，同时在对话框的左边有一个演示窗格，可以随时查看设置后文本的输出效果。

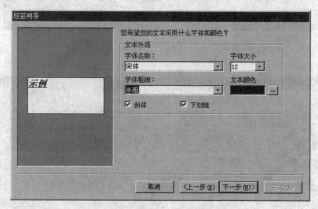

图 8-153　设定标签中文本字体

　　（5）单击"下一步"按钮，弹出如图 8-154 所示的对话框，向标签中添加字段：公司名称、联系人姓名、联系人头衔、地址、邮政编码、城市和国家。

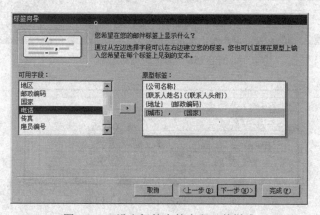

图 8-154　设定标签中的字段及其样式

　　提示： 在"原型标签"对话框中可以自由移动光标的位置，利用 Delete 键可以删除选取的字段，利用 Tab 键或下箭头键可以在对话框中进行换行操作。在"原型标签"对话框中还可以根据需要添加一些标点符号或文本。

　　（6）单击"下一步"按钮，弹出如图 8-155 所示的对话框，在该对话框中选择"公司名称"作为排序依据。

　　（7）选择完毕之后，单击"下一步"按钮，弹出如图 8-156 所示的对话框，在此接受系统默认的报表名称。

　　（8）选中"修改标签设计"单选按钮，单击"完成"按钮即可出现如图 8-157 所示的报表。

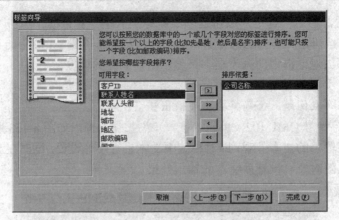

图 8-155　设置标签字段的排列顺序

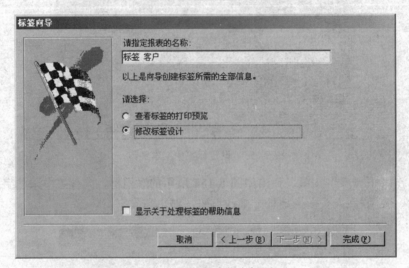

图 8-156　为报表指定标题

图 8-157　标签示例的设计内容

切换视图到"打印预览"视图中可以看到如图 8-149 所示的报表。可以看到标签分列排列
在页面中，用户可以通过"文件"菜单"页面设置"选项中有关列的选项来改变在页面中标签
排列的列数。

第三节　报表设计器——显示进销存系统报表

本节建立一个如图 8-158 所示的窗体，管理"工厂信息管理"数据库中的"订单"、"发货"
和"库存"3 个报表（如图 8-159、图 8-160 和图 8-161 所示）。这 3 个报表分别基于数据库中的
"订单"、"发货"和"库存"表（如图 8-162、图 8-163 和图 8-164 所示）创建，其中"订单"
数据表存储订单信息，包括订单的订单号、订单时间、产品号及订单的状态；"发货"数据表存

储订单的发货情况；而"库存"数据表存储产品的库存产品、库存量以及存放地点。

图 8-158　显示报表

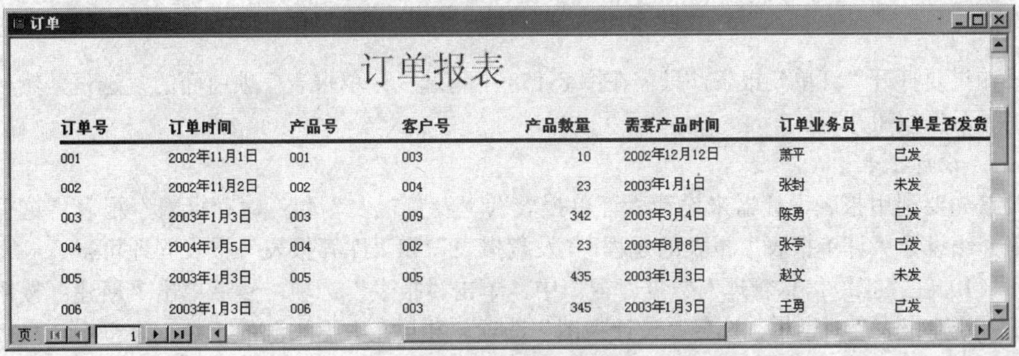

订单号	订单时间	产品号	客户号	产品数量	需要产品时间	订单业务员	订单是否发货
001	2002年11月1日	001	003	10	2002年12月12日	萧平	已发
002	2002年11月2日	002	004	23	2003年1月1日	张封	未发
003	2003年1月3日	003	009	342	2003年3月4日	陈勇	已发
004	2004年1月5日	004	002	23	2003年8月8日	张亭	已发
005	2003年1月3日	005	005	435	2003年1月3日	赵文	未发
006	2003年1月3日	006	003	345	2003年1月3日	王勇	已发

图 8-159　订单报表

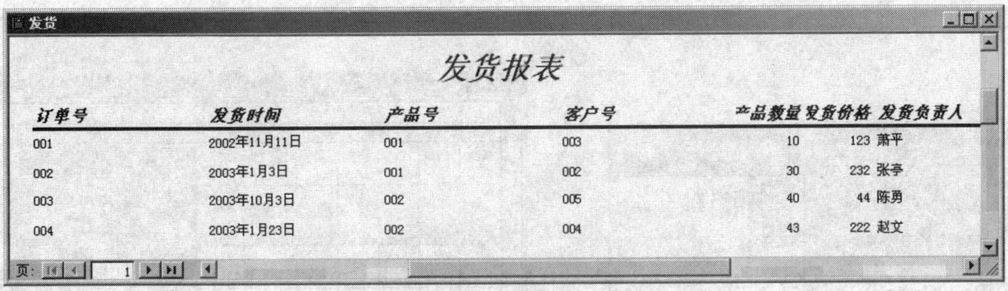

订单号	发货时间	产品号	客户号	产品数量	发货价格	发货负责人
001	2002年11月11日	001	003	10	123	萧平
002	2003年1月3日	001	002	30	232	张亭
003	2003年10月3日	002	005	40	44	陈勇
004	2003年1月23日	002	004	43	222	赵文

图 8-160　发货报表

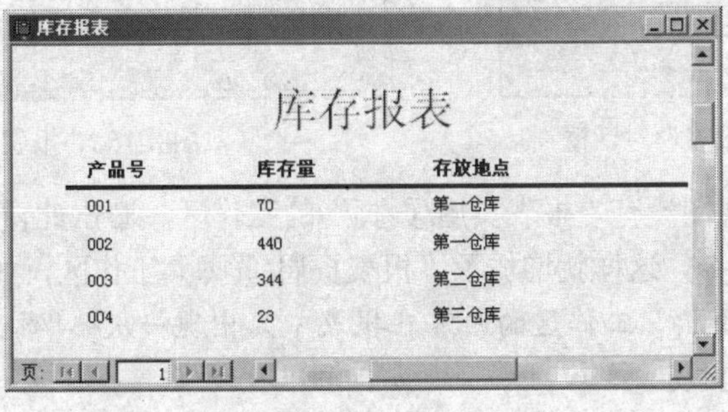

产品号	库存量	存放地点
001	70	第一仓库
002	440	第一仓库
003	344	第二仓库
004	23	第三仓库

图 8-161　库存报表

图 8-162   "订单"表

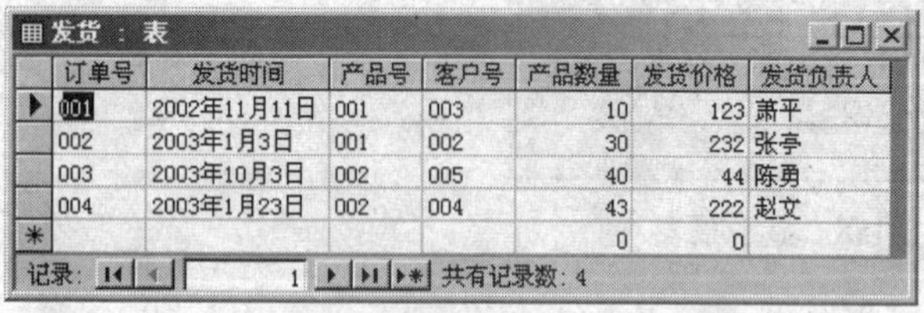

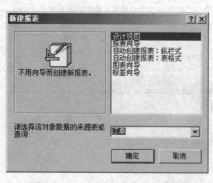

图 8-163   "发货"表

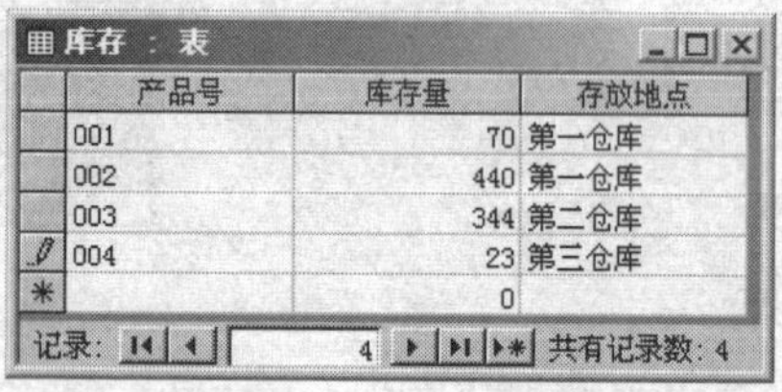

图 8-164   "库存"表

如果要打开"订单"报表，只需在图 8-158 中勾选"订单报表"项前面的复选框，然后单击"显示"按钮即可。

1. 设计报表

首先要利用报表设计器来设计"订单报表"、"发货报表"和"库存报表"报表。这里仅简单介绍设计"订单报表"报表的过程，"发货报表"和"库存报表"报表同理可得。

（1）在"工厂信息管理"数据库窗口中，单击"报表"选项，然后单击"新建"按钮，弹出"新建报表"对话框。选择"设计视图"选项，并且在数据来源的下拉列表框中选择"订单"，如图 8-164 所示。

（2）单击"确定"按钮，弹出如图 8-165 所示的设计视图窗口、"订单"表字段列表框和工具箱。

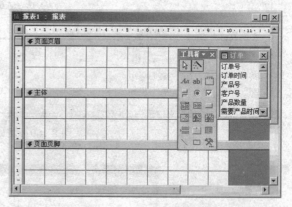

图 8-165   "新建报表"对话框

图 8-166   报表设计视图

（3）在这个设计视图没有"报表页眉/页脚"的工作区，右击此窗口，在弹出的菜单中单击"报表页眉/页脚"命令，这样就增加了"报表页眉/页脚"工作区，如图 8-167 所示。

注意："报表页眉/页脚"工作区的内容在报表中只出现一次；"页面页眉/页脚"工作区的内容在报表的每一页都出现。

（4）在"报表页眉"工作区中添加一个"标签"控件，输入"订单报表"，然后设置该标签的字体为"宋体"，字体大小为 24，如图 8-168 所示。

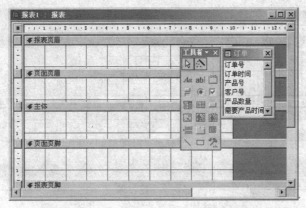

图 8-167 添加"报表页眉/页脚"工作区

（5）在"页面页眉"工作区中添加对应"订单"数据表中各字段的标签控件。添加的方法和步骤同步骤（4），其中标签控件的字体为"宋体"，字体大小为 9，添加完字段对应的标签控件后，再向工作区中添加一个直线控件，设置"边框宽度"为"2 磅"，结果如图 8-169 所示。

图 8-168 设置标签控件

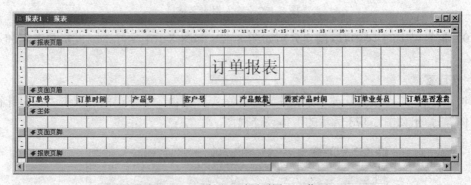

图 8-169 设置"页面页眉"工作区

（6）在"主体"工作区中添加对应"订单"数据表中各字段记录，添加的方法是将"订单"字段列表框中所有的字段拖至"主体"工作区中，并调整该工作区中的字段和"页面页眉"工作区中的标签控件对应，如图 8-170 所示。

（7）在"页面页脚"工作区中添加显示时间和页码的标签控件，添加的方法和步骤同步骤（4），其中标签控件的字体为"宋体"，字体大小为 9，如图 8-171 所示。

（8）单击工具栏上的"保存"按钮，弹出图 8-172 所示的"另存为"对话框，在"报表名称"文本框中输入"订单报表"，单击"确定"按钮即可得到图 8-159 所示结果。

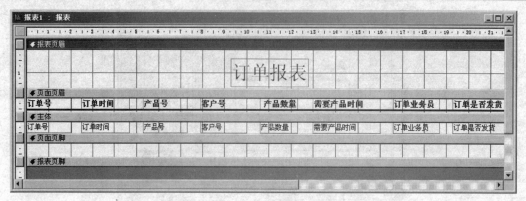

图 8-170　设置"主体"工作区

图 8-171　设置"页面页脚"工作区

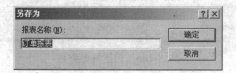

图 8-172　输入报表名称

（9）重复以上的步骤可以创建分别如图 8-160 和图 8-161 所示的"发货报表"和"库存报表"。

2. 设计窗体

（1）回到"工厂信息管理"数据库窗口，单击"窗体"对象，然后双击"在设计视图中创建窗体"，弹出如图 8-173 所示的窗体设计视图。

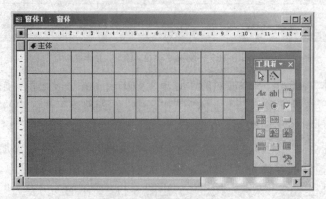

图 8-173　窗体设计视图

（2）向窗体中添加 3 个复选框控件，设置它们的"名称"属性分别为 chkDD、chkKC、chkFH，在文本框中分别输入控件的标题"订单报表"、"库存报表"和"发货报表"，如图 8-174 所示。

（3）向窗体添加 2 个命令按钮，如图 8-175 所示，分别是"显示"和"取消"命令按钮，将 2 个按钮的"名称"属性命名为 cmdShow 和 cmdCancel。

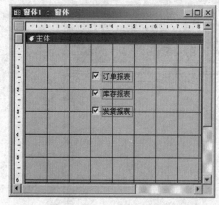

图 8-174　添加复选框

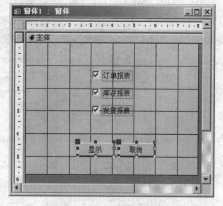

图 8-175　添加命令按钮

（4）单击工具栏上的"保存"按钮，弹出如图 8-176 所示的"另存为"对话框，在"窗体名称"中输入"报表显示"，单击"确定"按钮。

3．添加代码

"显示"按钮的功能是勾选上面的某个报表前的复选框时，单击"显示"按钮就可以打开相应的报表。以上完成了界面控件设置，如果要完成相应的功能则还要为按钮添加代码。

（1）右击"显示"按钮，单击其中的"事件生成器"命令，弹出如图 8-177 所示的"选择生成器"对话框。

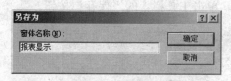

图 8-176　输入窗体名称

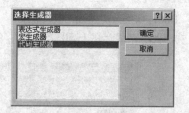

图 8-177　"选择生成器"对话框

（2）在"选择生成器"对话框中选择"代码生成器"选项，然后单击"确定"按钮，弹出如图 8-177 所示的 Microsoft Visual Basic 窗口。

（3）在光标处输入以下代码：

```
'*************************************
'本过程用于显示报表
'DoCmd.OpenReport 的作用是打开报表
'acViewPreview 参数用于打开报表的预览视图
'复选框的 value 属性等于-1 表示选中
'*************************************
    If chkDD.Value = -1 Then
        DoCmd.OpenReport "订单报表", acViewPreview
    End If
```

```
If chkKC.Value = -1 Then
    DoCmd.OpenReport "库存报表", acViewPreview
End If
If chkFH.Value = -1 Then
    DoCmd.OpenReport "发货报表", acViewPreview
End If
    DoCmd.Close acForm, "报表显示"
```

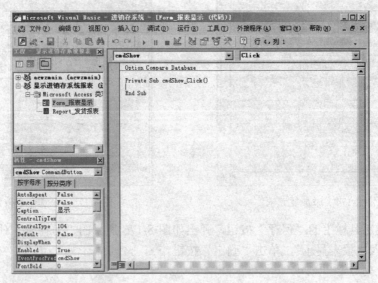

图 8-178　添加代码窗口

（4）用同样的方法为"取消"按钮添加代码，"取消"按钮的代码为：

```
'*******************
'本过程用于关闭窗口
'*******************

    DoCmd.Close acForm, "报表显示"
```

（5）设置完成后的代码窗口如图 8-179 所示，单击工具栏上的"保存"按钮。

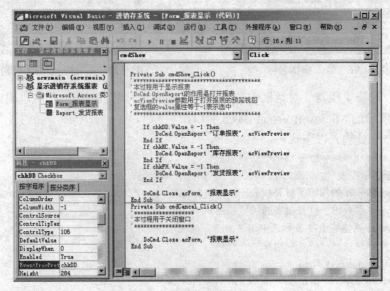

图 8-179　设置完按钮代码

（6）关闭 Microsoft Visual Basic 窗口回到窗体设计视图，此时即完成“报表显示”窗体的设计，单击工具栏上的“保存”按钮保存所做的修改。单击工具栏上的“窗体视图”按钮，将显示如图 8-158 所示的窗体结果。

勾选“订单报表”复选框，单击“显示”按钮，即可打开“订单报表”，如图 8-159 所示。使用相同的方法可以打开如图 8-160 和图 8-161 所示的“发货报表”和“库存报表”。

实验 6　设计工厂信息系统访问页

第一节　数据页向导——“产品库存”页

本节创建“产品库存”页，该页以“产品信息”数据表（如图 8-180 所示）为基础，通过页向导将“产品信息”表中相关的库存信息提取出来，生成如图 8-181 所示的页面，以供用户在网站上浏览。

产品信息 : 表

产品 ID	产品名称	类别 ID	供应商 ID	库存量	订货量	单价	再订购量	预订时间	提前时间
1-01Y	活动硬盘	YP-40	6523456	30	150	¥680.00	0	2月5日	5
1-02G	光驱	GQ-DVD	8232087	50	80	¥440.00	30	3月1日	
1-03R	软驱	RQ-UVG	6553289	30					
1-04C	电源	DY-LOP	8435866	40	30	¥80.00	20	2月18日	
1-11S	硬盘	JS-IBM	4930923	0	30	¥700.00	10	2月7日	
2-02G	光盘	VG-KEU	6738593	300	1000	¥20.00	500	2月4日	5
4-07A	机箱	RT-JHT	6843929	30	20	¥80.00		2月9日	
5-11C	网卡	NC-NEC	5940283	0	20	¥50.00		3月4日	

记录: 1 共有记录数: 8

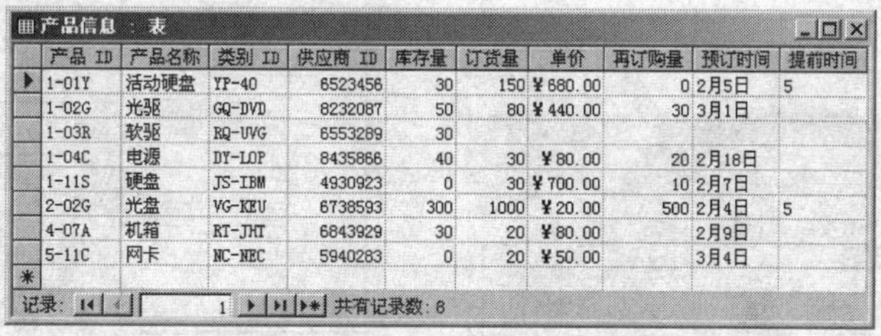

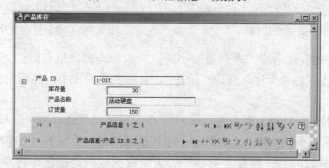

图 8-180　“产品信息”数据表

图 8-181　“产品库存”页

在该访问页中可以查看各产品的库存量及当前的订货量，具体操作步骤如下。

（1）在“工厂信息管理”数据库窗口中，单击“页”选项。

（2）单击“新建”按钮，弹出如图 8-182 所示“数据页向导”对话框中，在“表/查询”下拉列表框中选择“表：产品信息”，在“可用字段”列表框中选择“产品 ID”、“产品名称”、“库存量”和“订货量”字段，通过单击 > 按钮，将其逐一添加至“选定的字段”列表框下。

（3）单击“下一步”按钮，弹出如图 8-183 所示的对话框，在对话框左侧列出的字段中，选择“产品 ID”字段，单击 > 按钮，这时在对话框右侧的显示区中就能看到“产品 ID”被单独放置在其他字段上方，字体显示为蓝色，表示报表中的内容将按照“产品 ID”的不同而分组显示。

在图 8-184 所示对话框的左下方，有一个“分组选项”按钮，如果要另行设置分组间隔，可单击此按钮，弹出如图 8-185 所示的“分组间隔”对话框。在“分组间隔”下拉列表框中选择一种分组间隔方式，单击“确定”按钮，返回到图 8-183 所示的设置分组级别的对话框。

（4）单击"下一步"按钮，弹出确定排序次序和数据汇总情况的对话框，如图 8-185 所示。

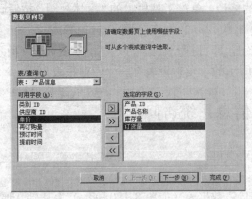

图 8-182　添加字段

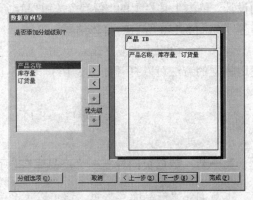

图 8-183　确定分组级别

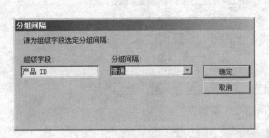

图 8-184　设置分组间隔

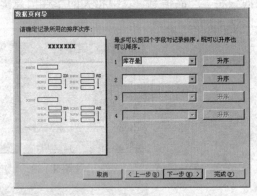

图 8-185　确定排序次序和汇总信息

在第 1 个下拉列表框选择"库存量"字段，同时单击列表框右侧的"升序"按钮，这时就会看到字段排序方式由"升序"变成"降序"，表示在数据页中产品将会按照"产品 ID"降序显示。

注意：在设定排序字段时，最多可以按照 4 个字段对记录进行排序。如果指定了多个排序字段，系统首先按第一个字段排序，当第一个字段值相同时，再按第二个字段排序，依此类推。

（5）完成上述操作后，"数据页向导"要求给数据页指定标题。将刚刚所创建的数据页名称指定为"产品库存"，并选中"打开数据页"项，如图 8-186 所示，单击"完成"按钮。

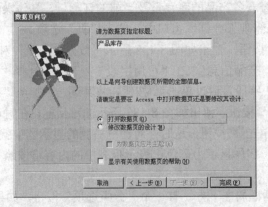

图 8-186　指定名称

（6）创建后的页如图 8-187 所示，在这张页中可以看到产品库存是以"产品 ID"分组显示出来的。在每一种产品下都会显示出相应产品的库存量、产品名称和订货量。

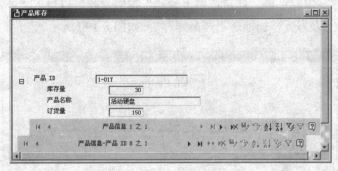

图 8-187　"产品库存"页

（7）单击工具栏上的"保存"按钮，弹出如图 8-188 所示的"另存为数据访问页"对话框，将页命名为"产品库存"并选择该页的保存路径，然后单击"保存"按钮。

图 8-188　保存页

第二节　数据页设计视图——修饰产品库存数据页

从图 8-187 中可以看出，使用向导创建的"产品库存"页不十分美观。本节将使用页设计视图在上一节的基础继续设计"产品库存"页，使之更加完美，设计后的页如图 8-189 所示。

图 8-189　"产品信息"页

（1）在"工厂信息管理"数据库窗口中，单击"页"选项。

（2）选择"产品库存"页，然后单击"设计"按钮，就可以进入"产品库存"页的设计视图，在视图中的上方为页添加标题"产品库存"，如图 8-190 所示。

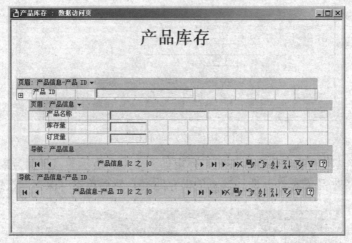

图 8-190　打开设计视图

（3）在打开设计视图的同时，窗口的右侧还会显示如图 8-191 所示的"字段列表"窗格，可以将其中的字段添加到设计视图中。

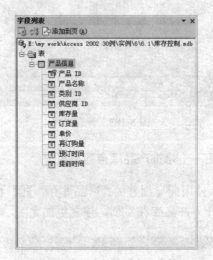

图 8-191　"字段列表"窗格

注意： 如果数据库中包含其他数据表，也可以选择其他数据表中的字段，前提是先建立两个表之间的连接。

（4）将"产品信息"数据表中的"单价"字段添加到设计视图中，方法是单击"单价"字段并将其拖动到设计视图中，添加后的效果如图 8-192 所示。

（5）添加了"单价"字段后，因为在设计视图中含有 2 个导航按钮组，显示重复。删除上方的导航按钮组，结果如图 8-193 所示。

（6）为"产品库存"页选择主题。单击"格式"→"主题"命令，弹出如图 8-194 所示的"主题"对话框。在对话框的左侧显示了 Access 提供的多种页主题，这里选择"边缘"主题，同时勾选对话框左侧下方的"鲜艳颜色"、"活动图形"和"背景图像"复选框。

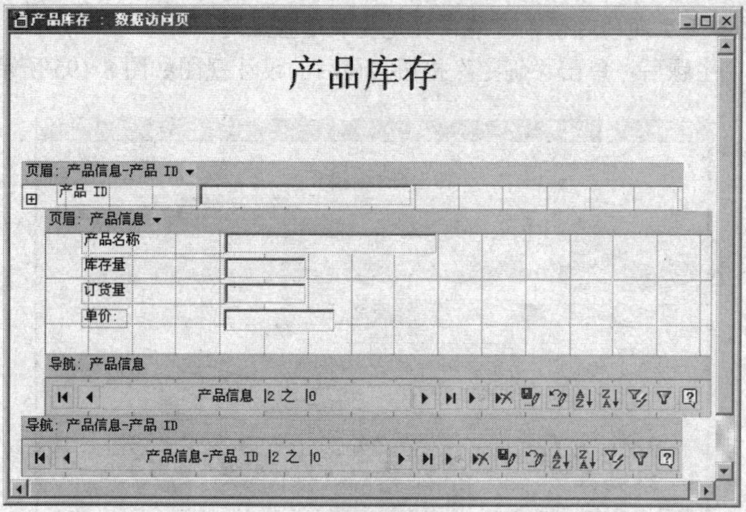

图 8-192　添加"单价"字段

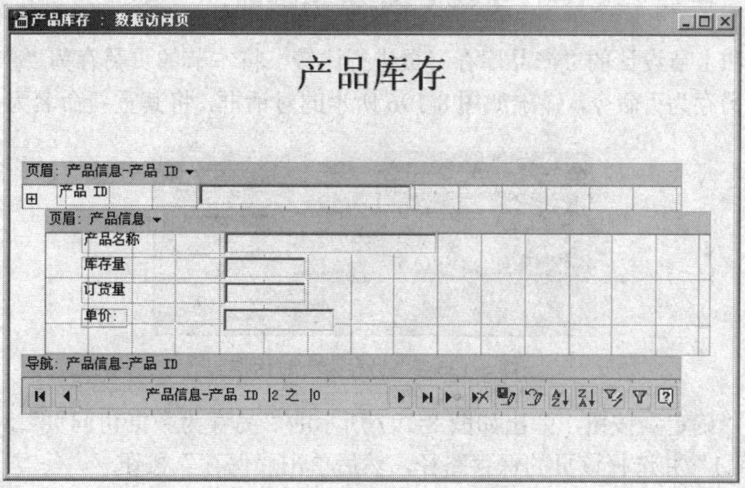

图 8-193　删除一个导航按钮

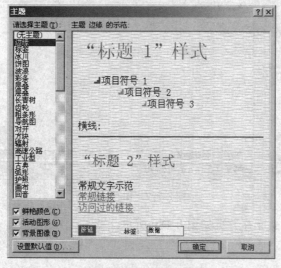

图 8-194　设置主题

注意： 在选择页主题的时候，可能需要先安装这些主题。

（7）选择完主题后，单击"确定"按钮，最后的设计视图如图 8-195 所示。

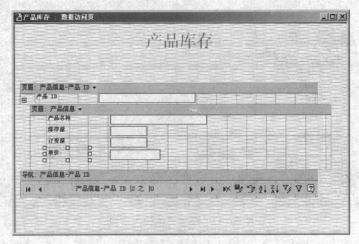

图 8-195　最终的设计视图

（8）为了和上节设计的"产品库存"页进行比较，将本节的页另存为"产品库存 1"，单击"文件"→"另存为"命令，弹出如图 8-196 所示的对话框，将其重新命名为"产品库存 1"。

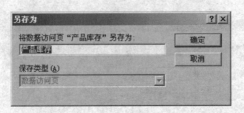

图 8-196　"另存为"对话框

（9）单击"确定"按钮，弹出如图 8-197 所示的"另存为数据访问页"对话框，为页命名为"产品库存 1"并选择该页的保存路径，然后单击"保存"按钮。

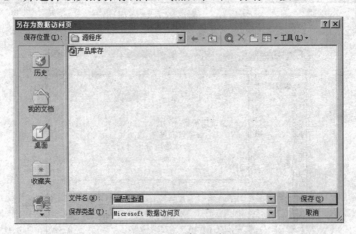

图 8-197　保存页

（10）最终的"产品库存"页如图 8-189 所示。

第三节　综合应用——管理产品信息

　　超链接是网络上的一种信息访问方式，超链接把网上的各种信息有机地连接到一起，使人们对网上的信息访问变得自然而轻松。在 Access 的窗体、报表和页上都可以添加超链接。

　　本节首先设计"产品信息"窗体，之后通过将"产品信息"报表和数据页绑定在该窗体上。设计的"产品信息"窗体如图 8-198 所示，单击"产品报表"和"产品数据页"超链接分别弹出如图 8-199 和图 8-189 所示的报表和数据页。

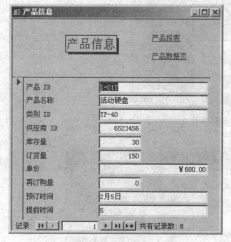

图 8-198　　"产品信息"窗体

图 8-199　　"产品信息"报表

1. 设计窗体

　　（1）打开"工厂信息管理"数据库，单击"窗体"选项。

　　（2）单击数据库对话框中的"新建"按钮，弹出如图 8-200 所示的"新建窗体"对话框。

　　（3）在"新建窗体"对话框中，选择"产品信息"数据表作为数据源，并选择"自动创建窗体：纵栏式"来创建窗体，单击"确定"按钮，弹出如图 8-201 所示的"产品信息"窗体。

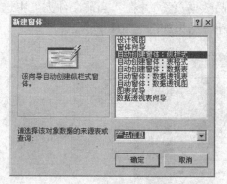

图 8-200　　"新建窗体"对话框

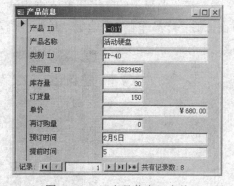

图 8-201　　"产品信息"窗体

　　（4）单击工具栏上的窗体"设计视图"按钮，打开"产品信息"的设计视图，在设计视图中展开"窗体页眉"工作区，在其中添加一个标签控件，命名为"产品信息"，字体大小设置为 16，并将"特殊效果"设置为"阴影"，结果如图 8-202 所示。

2. 设置超链接

　　（1）将光标定位在"窗体页眉"工作区，单击"插入"→"超链接"命令，弹出如图 8-203

所示的"插入超链接"对话框。

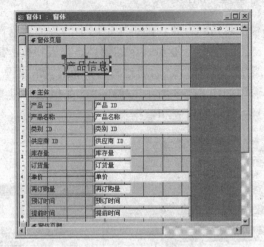

图 8-202　设置标签控件

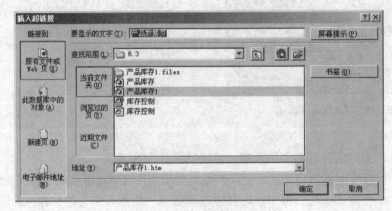

图 8-203　"插入超链接"对话框

（2）在"要显示的文字"文本框中输入"产品数据页"，并在"当前文件夹"中选择上一节设计的"产品库存 1"选项，单击"确定"按钮，结果如图 8-204 所示。

图 8-204　插入数据页超链接

（3）添加"产品报表"超链接，添加的方法一样，在如图 8-202 所示的"插入超链接"对话框中单击"链接到"栏中的"此数据库中的对象"选项，在"要显示的文字"文本框中输入"产品报表"，然后在"请在数据库中选择一个对象"列表框中首先单击报表的展开符号，然后选择"产品信息"报表，如图 8-205 所示。

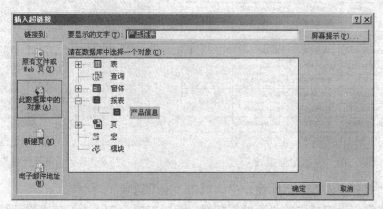

图 8-205 "插入超链接"对话框

（4）单击"确定"按钮，添加完超链接后的窗体设计视图如图 8-206 所示。

（5）单击工具栏上的"保存"按钮，弹出如图 8-207 所示的"另存为"对话框，将窗体命名为"产品信息"。

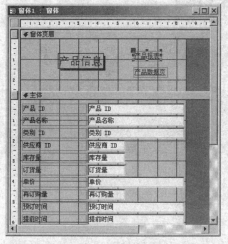

图 8-206 窗体设计结果

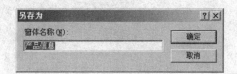

图 8-207 指定窗体名称

实验 7　设计工厂信息系统的宏

第一节　单个宏操作——打开报表

本节将以打开一个电脑配件报表来介绍如何设置一个简单的宏。当运行本节设计的宏时，弹出如图 8-208 所示的报表，该报表基于"打开报表"数据库中的"电脑配件"数据表，如图 8-209 所示。

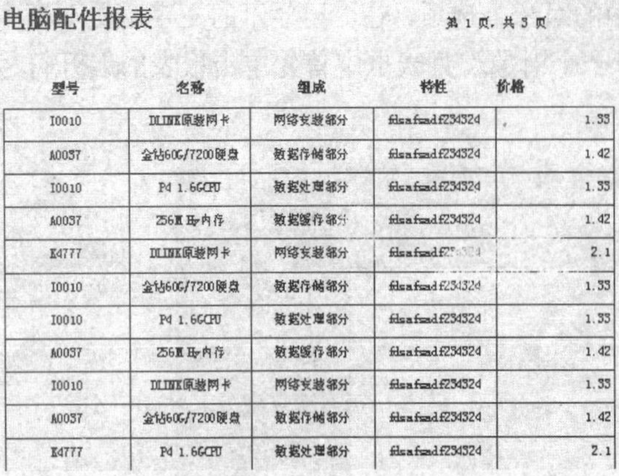

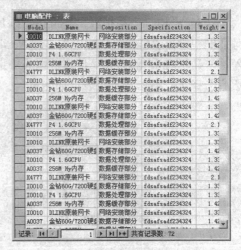

电脑配件报表

第 1 页，共 3 页

型号	名称	组成	特性	价格
I0010	DLINK原装网卡	网络安装部分	fdsafsadf234324	1.33
A0037	金钻60G/7200硬盘	数据存储部分	fdsafsadf234324	1.42
I0010	P4 1.6GCPU	数据处理部分	fdsafsadf234324	1.33
A0037	256M Hy内存	数据缓存部分	fdsafsadf234324	1.42
K4777	DLINK原装网卡	网络安装部分	fdsafsadf234324	2.1
I0010	金钻60G/7200硬盘	数据存储部分	fdsafsadf234324	1.33
I0010	P4 1.6GCPU	数据处理部分	fdsafsadf234324	1.33
A0037	256M Hy内存	数据缓存部分	fdsafsadf234324	1.42
I0010	DLINK原装网卡	网络安装部分	fdsafsadf234324	1.33
A0037	金钻60G/7200硬盘	数据存储部分	fdsafsadf234324	1.42
K4777	P4 1.6GCPU	数据处理部分	fdsafsadf234324	2.1

图 8-208 电脑配件报表

电脑配件 : 表

Model	Name	Composition	Specification	Weight
I0010	DLINK原装网卡	网络安装部分	fdsafsadf234324	1.33
A0037	金钻60G/7200硬盘	数据存储部分	fdsafsadf234324	1.42
I0010	P4 1.6GCPU	数据处理部分	fdsafsadf234324	1.33
A0037	256M Hy内存	数据缓存部分	fdsafsadf234324	1.42
K4777	DLINK原装网卡	网络安装部分	fdsafsadf234324	2.1
I0010	金钻60G/7200硬盘	数据存储部分	fdsafsadf234324	1.33
I0010	P4 1.6GCPU	数据处理部分	fdsafsadf234324	1.33
A0037	256M Hy内存	数据缓存部分	fdsafsadf234324	1.42
I0010	DLINK原装网卡	网络安装部分	fdsafsadf234324	1.33
A0037	金钻60G/7200硬盘	数据存储部分	fdsafsadf234324	1.42
K4777	P4 1.6GCPU	数据处理部分	fdsafsadf234324	2.1
I0010	256M Hy内存	数据缓存部分	fdsafsadf234324	1.33
I0010	DLINK原装网卡	网络安装部分	fdsafsadf234324	1.33
A0037	金钻60G/7200硬盘	数据存储部分	fdsafsadf234324	1.42
I0010	P4 1.6GCPU	数据处理部分	fdsafsadf234324	1.33
A0037	256M Hy内存	数据缓存部分	fdsafsadf234324	1.42
K4777	DLINK原装网卡	网络安装部分	fdsafsadf234324	2.1
I0010	金钻60G/7200硬盘	数据存储部分	fdsafsadf234324	1.33
I0010	P4 1.6GCPU	数据处理部分	fdsafsadf234324	1.33
A0037	256M Hy内存	数据缓存部分	fdsafsadf234324	1.42
I0010	DLINK原装网卡	网络安装部分	fdsafsadf234324	1.33
A0037	金钻60G/7200硬盘	数据存储部分	fdsafsadf234324	1.42

记录: 1 共有记录数: 72

图 8-209 “电脑配件”数据表

（1）在“打开报表”数据库窗口中，单击“宏”选项。

（2）单击数据库窗口中的“新建”按钮，弹出如图 8-210 所示的宏设计视图，在设计视图上方表格中含有“操作”和“注释”两列，在下方可以设置操作的参数，当没设定操作时不会显示操作参数设置区域。

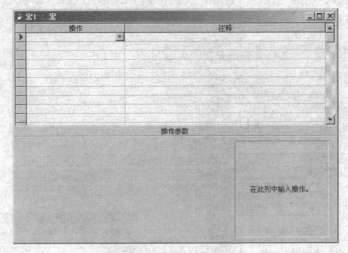

图 8-210 设计宏

（3）将光标定位到“操作”列下的单元格中，单击单元格右侧的下拉箭头，弹出如图 8-211 所示的下拉列表框。

（4）从宏操作下拉列表框中选择 OpenReport 项，表示打开一个报表，结果如图 8-212 所示。

从图 8-212 可以看出，OpenReport 操作包括的参数有：报表名称、视图、筛选名称、Where 条件和窗口模式。

（5）将“报表名称”参数设置为“配件报表”，选择“视图”参数为“打印预览”，如图 8-213 所示。

（6）单击工具栏上的“保存”按钮，将该宏命名为“打开报表”，如图 8-214 所示，然后单击“确定”按钮。

（7）保存完宏后，关闭宏设计视图返回数据库窗口，双击“打开报表”宏，则弹出如图

8-208 所示的电脑配件报表。

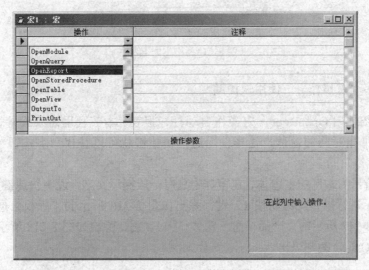

图 8-211 Access 的宏操作

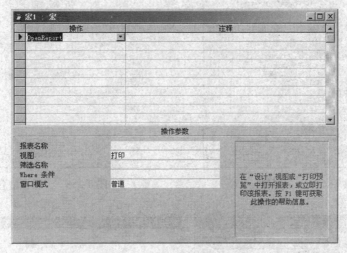

图 8-212 选择完 OpenReport 操作

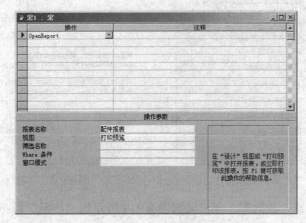

图 8-213 设置宏参数

图 8-214　指定宏名称

第二节　多个宏操作——使用快捷键

上一节介绍使用 OpenReport 宏操作自动打开报表，本节利用宏来设置快捷键，当按下某快捷键时，弹出对应的窗体，这样使用这些快捷键就可以替代命令按钮，省去了编写代码的艰辛。

图 8-215 所示为本例的主窗体，在窗体中只有一段提示文字，说明快捷键的设置情况。读者可以按照提示进行操作，比如按 F2 键，弹出如图 8-216 所示的"版权信息"窗体，按 F3 键，弹出如图 8-217 所示的"产品信息"窗体，按 F4 键，弹出如图 8-218 所示的"技术支持"窗体，按 Ctrl+Q 组合键则退出 Access。

图 8-215　主窗体

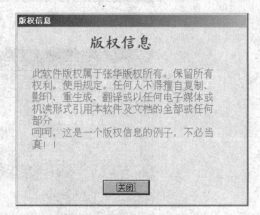

图 8-216　"版权信息"窗体

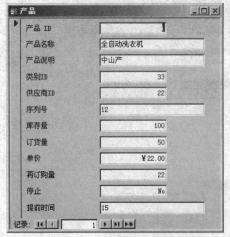

图 8-217　"产品信息"窗体

图 8-218　"技术支持"窗体

创建"使用快捷键"数据库，并设计如图 8-219 所示的"产品"数据表。

1. 设计窗体

首先要设计演示快捷键需要的 3 个窗体。

图 8-219　"产品"数据表

（1）在"使用快捷键"数据库窗口中的"表"对象中，选择"产品"数据表，打开工具栏上"新对象"按钮右侧的下拉菜单，如图 8-220 所示。

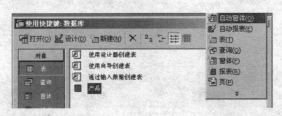

图 8-220　选择"自动窗体"

（2）单击"自动窗体"选项，弹出如图 8-221 所示的"产品"窗体，这个窗体仅作演示用。

（3）单击工具栏上的"保存"按钮，弹出如图 8-222 所示的"另存为"对话框，为窗体命名为"产品信息"，然后单击"确定"按钮。

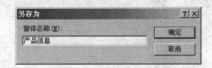

图 8-221　自动生成的窗体　　　　　　　　图 8-222　指定窗体名称

设计完"产品信息"窗体后，接着设计其他的 3 个窗体："主窗体"、"版权信息"和"技术支持"，分别如图 8-215、图 8-216 和图 8-218 所示。

2．设计宏

（1）返回数据库窗口，单击"对象"栏中的"宏"选项，单击数据库窗口中的"新建"按钮，弹出宏设计视图。

（2）单击"视图"→"宏名"命令（如图 8-223 所示），结果如图 8-224 所示。

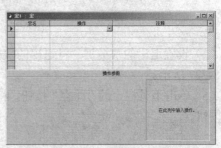

图 8-223　添加宏名　　　　　　　　　　图 8-224　添加了宏名的设计视图

（3）将打开"版权信息"窗体的快捷键设置为 F2。在设计视图中的"宏名"列的第一个单元格中输入"{F2}"，在"操作"列中选择 OpenForm 操作，在"注释"列中输入：打开"版权信息"窗体。在"操作参数"栏中的"窗体名称"下拉列表框中选择"版权信息"窗体，如图 8-225 所示。

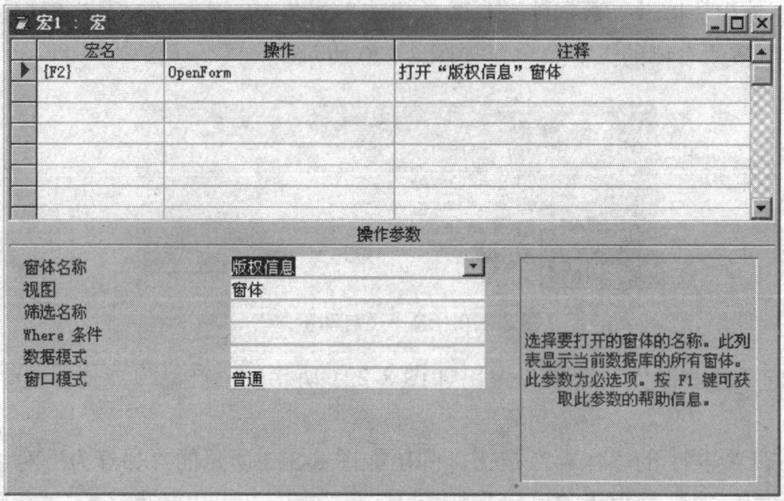

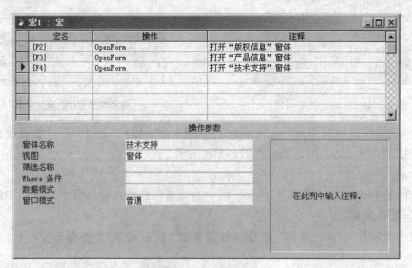

图 8-225　设置快捷键 F2

注意：设置快捷键时需要将快捷键用大括号"{}"括起来。

（4）依照步骤（3）将打开"产品信息"窗体的快捷键设为 F3 键，将打开"技术支持"窗体的快捷键设为 F4 键，结果如图 8-226 所示。

图 8-226　设置其他快捷键

（5）设置退出的快捷键，将退出的快捷键设置为组合键 Ctrl+Q，选择操作为 Quit，结果如图 8-227 所示。

（6）单击工具栏上的"保存"按钮，将该宏命名为 Autokeys，如图 8-228 所示，单击"确定"按钮。

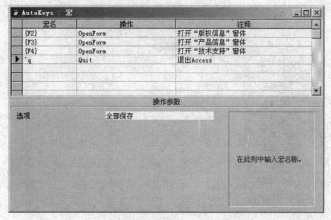

图 8-227　设置退出快捷键

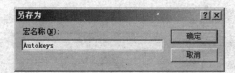

图 8-228　指定宏名称

实验 8　设计工厂信息系统的模块

第一节　VBA 语法 1——计算面积

本节使用 VBA 语言来编写一个计算面积的例子，VBA（Visual Basic for Application）是 Microsoft Office 系列软件的内置编程语言，VBA 的语法与独立运行的 Visual Basic 编程语言互相兼容，它使得在 Microsoft Office 系列应用程序中快速开发应用程序更加容易，且可以完成特殊的、复杂的操作。

在如图 8-229 所示的窗体中，输入半径（如这里输入"12"），单击"计算"按钮，则在"面积"文本框中显示半径为 12 的圆面积为 452.16。

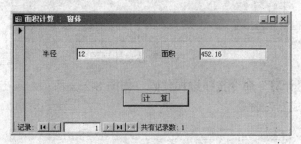

图 8-229　计算面积

（1）打开"计算面积"数据库窗口，单击"对象"栏下的"窗体"选项，如图 8-230 所示。

（2）双击"在设计视图中创建窗体"选项，打开如图 8-231 所示的窗体设计视图。

（3）利用窗体设计方法，向窗体中添加 2 个文本框控件和一个命令按钮控件，如图 8-232 所示，一个文本框显示半径（名称为 Text1），一个文本框显示面积（名称为 Text3），命令按钮（名称为 Command0）实现计算功能。

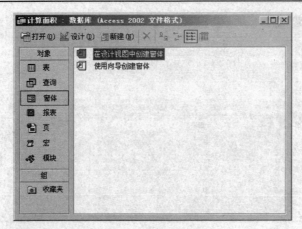

图 8-230 数据库窗口

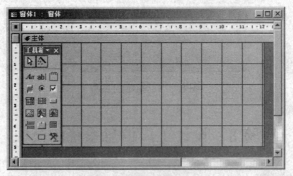

图 8-231 窗体设计视图

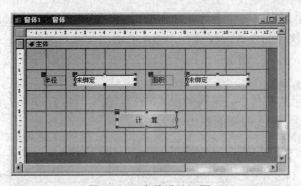

图 8-232 窗体设计视图

（4）下面来为"计算"命令按钮添加代码，如图 8-233 所示，右击按钮，在弹出的下拉菜单中单击"事件生成器"命令。

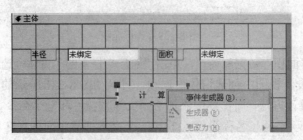

图 8-233 选择"事件生成器"

（5）在打开如图 8-234 所示的"选择生成器"对话框
中有 3 个选项：表达式生成器、宏生成器和代码生成器，
这里选择"代码生成器"选项，然后单击"确定"按钮。

（6）此时打开如图 8-235 所示的 VBE（Visual Basic
Editor）窗口，VBE 界面由主窗口、工程资源管理器窗口、
属性窗口和代码窗口组成。通过主窗口的"视图"菜单可
以显示其他的窗口，这些窗口包括：对象窗口、对象浏览

图 8-234　　"选择生成器"对话框

器窗口、立即窗口、本地窗口和监视窗口，通过这些窗口可以方便用户开发 VBA 应用程序。

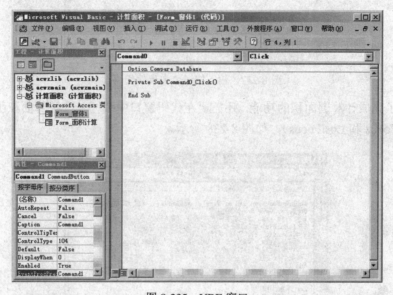

图 8-235　　VBE 窗口

注意：VBE 继承了 VB 编辑器的众多功能，如自动显示快速信息、快捷的上下文关联帮
助以及快速访问子过程等功能。在如图 8-235 所示的代码窗口中输入命令时，VBA 编辑器自
动显示关键字列表供用户参考和选择，如图 8-236 所示。

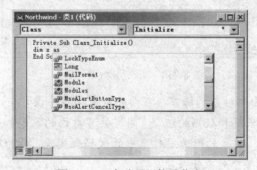

图 8-236　　自动显示快速信息

（7）将鼠标定位在代码窗口中，在代码窗口中输入以下代码，如图 8-237 所示。

```
Dim myR As Single
myR = Me.Text1
Me.Text3 = a(myR)        '调用函数并传递参数
```

以上的代码将读取"半径"文本框中的半径数值，然后将该数值传递到函数中来计算面
积，并将面积数值显示到"面积"文本框中。

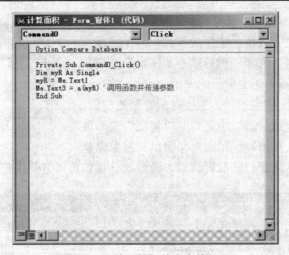

图 8-237   输入按钮单击事件代码

（8）为了完成计算圆面积的功能，还需要在代码窗口中编写一个计算面积函数（a）和两个事件（GetFocus 和 LostFocus），如图 8-238 所示。

图 8-238   完成功能代码编写

    注意：VBA 是一种面向对象的语言，在面向对象的程序设计中，对象的概念是对现实世界中对象的模型化，它是代码和数据的组合，同样具有自己的状态和行为。对象的状态用数据来表示，称为对象的属性；对象的行为用对象中的代码来实现，称为对象的方法。对象的事件是一种特定的操作，它在某个对象上发生。

    例如这里提到的 GetFocus 事件和 LostFocus 事件分别表示当执行该操作时得到焦点和失去焦点。

    （9）关闭 VBE 窗口，返回数据库窗口，单击工具栏上的"保存"按钮，弹出如图 8-239 所示的"另存为"对话框，将窗体命名为"面积计算"。

    （10）打开"面积计算"窗体，输入半径（如这里输入 15），单击"计算"按钮，则在"面积"文本框中显示半径为 15 的圆面积为 706.5，如图 8-240 所示。

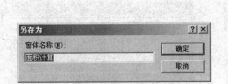

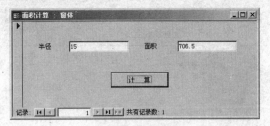

图 8-239　指定窗体名称　　　　　　　　　图 8-240　计算面积

第二节　VBA 语法 2——设计计算器

首先实现一个常用的计算器通用的功能（包括加、减、乘、除、清除、删除等），然后通过子窗体的形式将这个计算器放到文本框所在的窗体里，通过截获文本框获得和失去焦点事件来显示和隐藏计算器，并通过坐标的计算将计算器刚好放置在文本框的下面，然后编写程序来实现将计算结果返回给文本框的功能，最后再实现不用鼠标直接用键盘也能使用计算器的功能，而整个计算器的界面和风格采用了前面讲过 XP 风格界面的通用模块程序。需要实现的程序效果如图 8-241 所示。

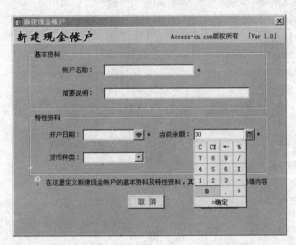

图 8-241　带计算器功能的文本框的效果

在这个程序中，只要你把光标移到需要弹出计算器的文本框上，计算器就会自动弹出，这时你可以使用鼠标或键盘来直接操纵这个计算器，计算完毕后按"确定"按钮把数据传回给文本框。而当光标移到其他文本框时，这个计算器就会自动消失，并不妨碍操作者的视线。具体设计步骤如下：

（1）新建数据库，命名为 calc.mdb，导入相关模块，如图 8-242 所示。

（2）新建一个窗体，窗体的名字为 Calc，设置窗体的一些基本属性，由于这个窗体主要作为子窗体使用，所以窗体标题可以不设置。然后在窗体上添加 11 个标签，其名称分别为 lblDecimal, lblNum0，…，lblNum9，标题分别为 0，…，9。

（3）添加标签后的窗体样式如图 8-243 所示。

（4）添加"+"、"-"、"×"、"/" 4 个标签，再设置它们的属性。

（5）添加两个文本框，名称分别为 txtSum 和 txtResult，设置它们的属性，这两个文本框主要用来存储一些中间结果。

（6）最后再添加"="、"C"、"CE"、"←"几个标签，设置它们的属性。

图 8-242　导入模块

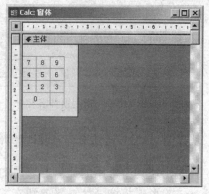

图 8-243　添加标签后的窗体样式

编写计算函数模块的具体步骤如下：

（1）现在来加入一些代码，首先添加一些窗体变量，代码如下：

```
Dim strOpFirst    As String                '存储第一个操作符
Dim strOpSecond   As String                '存储第二个操作符
Dim blnDecimalFlag As Boolean              '存储小数标志
Dim intNumOps    As Integer
Dim strLastInput As String                 '存储最后的输入
Dim strOpFlag As String                    '存储操作标志
Dim strTmpResult As String                 '存储临时计算结果
```

（2）用它来保存一些中间结果和一些标志，然后再创建一个子过程 ResetCalc，它用来复位计算器，代码如下：

```
Private Sub ResetCalc()                    '初始化标志及临时变量
    blnDecimalFlag = False
    intNumOps = 0
    strLastInput = "NONE"
    strOpFlag = " "
End Sub
```

（3）创建一个子过程 NumClick，如下所示：

```
Private Sub NumClick(ctl As Control)       '处理所有数字键的单击事件
    Dim strTemp As String
    If strLastInput <> "NUMS" Then         '如果输入的不是数字，则加小数点且设置小数点标志
        Me!txtResult.Value = "."
        blnDecimalFlag = False
    End If
    If blnDecimalFlag Then
        Me!txtResult.Value = Me!txtResult.Value + ctl.CAPTION
    Else
        strTemp = Me!txtResult
        strTemp = Left(strTemp, InStr(strTemp, ".") - 1)
        strTemp = strTemp + ctl.CAPTION + "."
        Me!txtResult.Value = strTemp
    End If

    If strLastInput = "NEG" Then
```

```
            Me!txtResult.Value = "-" & Me!txtResult.Value
        End If
        Me.Parent.Controls(Me.Parent.Calc.Tag).Value = Me!txtResult.Value
        strLastInput = "NUMS"
        txtFocus.SetFocus
End Sub
```

（4）再创建一个子程序，如下所示：

```
Private Sub OpClick(ctl As Control)
        strTmpResult = Me!txtResult.Value
        Dim strTemp As String
      If ctl.Name = "lblBackSpace" Then
        strTemp = Me!txtResult
        If strTemp <> "" Then
          If Right(strTemp, 1) = "." Then
                strTemp = Left(strTemp, Len(strTemp) - 2)
          Else
                strTemp = Left(strTemp, Len(strTemp) - 1)
          End If
          Me!txtResult.Value = strTemp
        End If
        Me.Parent.Controls(Me.Parent.Calc.Tag).Value = Me!txtResult.Value
        txtFocus.SetFocus
        Exit Sub
      End If
      If strLastInput = "NUMS" Then
            intNumOps = intNumOps + 1
      End If
      Select Case intNumOps
          Case 0
                If ctl.CAPTION = "-" And strLastInput <> "NEG" Then
                    Me!txtResult.Value = "-" & Me!txtResult.Value
                    strLastInput = "NEG"
                End If
          Case 1
                strOpFirst = Me!txtResult.Value
                If ctl.CAPTION = "-" And strLastInput <> "NUMS" And strOpFlag <> "=" Then
                    Me!txtResult.Value = "-"
                    strLastInput = "NEG"
                End If
          Case 2
                strOpSecond = strTmpResult
                Select Case strOpFlag
                    Case "+"
                        strOpFirst = Val(strOpFirst) + Val(strOpSecond)
                    Case "-"
                        strOpFirst = strOpFirst - strOpSecond
                    Case "X"
                        strOpFirst = strOpFirst * strOpSecond
                    Case "/"
```

```
                    If strOpSecond = 0 Then
                        MsgBox "计算器不能执行除以 0", vbCritical, "计算器"
                    Else
                        strOpFirst = strOpFirst / strOpSecond
                    End If
                Case "="
                    strOpFirst = strOpSecond
                Case "%"
                    strOpFirst = strOpFirst * strOpSecond
            End Select
            Me!txtResult.Value = strOpFirst
            Me.Parent.Controls(Me.Parent.Calc.Tag).Value = strOpFirst
            Me.txtSum = Me.txtResult
            intNumOps = 1
    End Select
    If strLastInput <> "NEG" Then
        strLastInput = "OPS"
        strOpFlag = ctl.CAPTION
    End If
    txtFocus.SetFocus
    If ctl.Name = "lblOpOk" Then
        If Trim(Me.Parent.ActiveControl.Name) <> Trim(Me.Parent.Calc.Tag) Then
            Me.Parent.Controls(Me.Parent.Calc.Tag).SetFocus
        End If
        Me.Parent.Controls("calc").Visible = False
    End If
End Sub
```

（5）在打开事件中调用模块中的通用界面设置程序，如下所示：

```
Private Sub Form_Open(Cancel As Integer)
gprocInitXpStyle Me
End Sub
```

（6）设置每个数字键单击的事件，由于在这里用标签来代替了按钮。由于标签不能拥有焦点，所以不能使用 NumClick Me.ActiveControl 这样的代码，而只能使用 NumClick lblNum0、NumClick lblNum1 等。

```
Private Sub lblNum0_Click()
    NumClick lblNum0
End Sub

Private Sub lblNum1_Click()
    NumClick lblNum1
End Sub

Private Sub lblNum2_Click()
    NumClick lblNum2
End Sub

Private Sub lblNum3_Click()
    NumClick lblNum3
```

```
End Sub

Private Sub lblNum4_Click()
    NumClick lblNum4
End Sub

Private Sub lblNum5_Click()
    NumClick lblNum5
End Sub

Private Sub lblNum6_Click()
    NumClick lblNum6
End Sub

Private Sub lblNum7_Click()
    NumClick lblNum7
End Sub

Private Sub lblNum8_Click()
    NumClick lblNum8
End Sub

Private Sub lblNum9_Click()
    NumClick lblNum9
End Sub
```

（7）为加、减、乘、除运算符加上事件，它们都是调用前面提到的 OpClick 函数，如下所示：

```
Private Sub lblOpPlus_Click()
    OpClick lblOpPlus
End Sub

Private Sub lblOpSubtract_Click()
    OpClick lblOpSubtract
End Sub

Private Sub lblOpMultiply_Click()
    OpClick lblOpMultiply
End Sub

Private Sub lblOpDivide_Click()
    OpClick lblOpDivide
End Sub

Private Sub lblOpOk_Click()
    OpClick lblOpOk
End Sub
```

（8）为"取消"、"删除"和"小数点"项加上事件，同样也使用了前面提到的 OpClick 函数，如下所示：

```
Private Sub lblBackSpace_Click()
```

```
        OpClick lblBackSpace
    End Sub
    Private Sub lblCancel_Click()
        Me!txtResult.Value = "0."
        Me.Parent.Controls(Me.Parent.Calc.Tag).Value = 0
        strOpFirst = 0
        strOpSecond = 0
        Me.txtSum = ""
        ResetCalc
        txtFocus.SetFocus
    End Sub
    Private Sub lblCancelEntry_Click()
        Me!txtResult.Value = "0."
        Me.Parent.Controls(Me.Parent.Calc.Tag).Value = 0
        blnDecimalFlag = False
        strLastInput = "CE"
        txtFocus.SetFocus
    End Sub
    Private Sub lblclose_Click()
        Dolbl.Close
    End Sub
    Private Sub lblDecimal_Click()
        If strLastInput = "NEG" Then
            Me!txtResult.Value = "-0."
        ElseIf strLastInput <> "NUMS" Then
            Me!txtResult.Value = "0."
        End If
        blnDecimalFlag = True
        strLastInput = "NUMS"
        txtFocus.SetFocus
    End Sub
```

（9）现在程序基本完成了，但为了使计算器弹出后，不用鼠标，直接用键盘也能操作，需要对键盘的事件进行一些控制，设置窗体的键盘预览为真：

```
    Private Sub Form_KeyPress(keyascii As Integer)
    Dim ch As String
        ch = Chr$(keyascii)
        Select Case ch
            Case "0"
                NumClick Me.Controls("lblNum" & ch)
            Case "1"
                NumClick Me.Controls("lblNum" & ch)
            Case "2"
                NumClick Me.Controls("lblNum" & ch)
            Case "3"
                NumClick Me.Controls("lblNum" & ch)
            Case "4"
                NumClick Me.Controls("lblNum" & ch)
            Case "5"
```

```
                NumClick Me.Controls("lblNum" & ch)
            Case "6"
                NumClick Me.Controls("lblNum" & ch)
            Case "7"
                NumClick Me.Controls("lblNum" & ch)
            Case "8"
                NumClick Me.Controls("lblNum" & ch)
            Case "9"
                NumClick Me.Controls("lblNum" & ch)
            Case "*", "x", "X"
                OpClick Me.Controls("lblOpMultiply")
            Case "+"
                OpClick Me.Controls("lblOpPlus")
            Case vbCrLf, vbCr, "="
                OpClick Me.Controls("lblOpOk")
            Case "-"
                OpClick Me.Controls("lblOpSubtract")
            Case "."
                lblDecimal_Click
            Case "/"
                OpClick Me.Controls("lblOpDivide")
            Case "C", "c"
                lblCancel_Click
        End Select

        keyascii = 0
End Sub
```

在文本框窗体中使用计算器，具体操作步骤如下：

（1）新建一个窗体，在窗体上放置一个文本框。

（2）在窗体里放置一个子窗体，子窗体的来源为 Calc，子窗体的名称也为 Calc，另增加一个按钮，按钮按下去即弹出计算器。

（3）在按钮事件里输入如下代码：

```
Private Sub cmdCalc1_Click()
On Error Resume Next
    If Calc.Visible = False Then
        Calc.Left = ctl.Left
        Calc.Top = ctl.Top + ctl.Height + 40
        Calc.Tag = ctl.Name
        Calc.Visible = True
        Calc.SetFocus
    Else
        Calc.Visible = False
    End If
End Sub
```

（4）在文本框的获得焦点事件中输入如下代码：

```
Private Sub txtAmt_GotFocus()
cmdCalc1_Click '调用显示计算器的事件
End Sub
```

（5）在其他可获点焦点的控件的 GotFocus 事件中输入如下代码：

```
Private Sub txtNote_GotFocus()
HideCtl Me.ActiveControl
End Sub
```

即及时隐藏计算器，以免影响用户输入。

习题八

1．试根据实验 3 第二节设计雇员奖金交叉表查询。

2．试根据实验 4 第四节设计货物进销存功能窗体。

3．试根据本章小型数据库系统设计过程设计一个图书管理系统，该系统应具备基本的图书、读者信息管理功能，以及图书借阅、归还功能等。

参考文献

[1] 华天科技. 无师自通：Access 2003 入门与应用篇. 北京：人民邮电出版社，2007.

[2] 维斯卡斯. Microsoft Access 应用大全. 北京：世界图书出版公司，2007.

[3] 詹可军，李桉. 二级 Access：全国计算机等级考试上机考试题库. 北京：电子工业出版社. 2008.

[4] 郑小玲，王学军，王立国. Access 项目开发实用案例. 北京：科学出版社，2006.

[5] 冯静哲. Access 数据库应用基础与实训教程. 北京：清华大学出版社，2006.

[6] 姚普选. 数据库原理及应用（Access）. 2 版. 北京：清华大学出版社，2006.

[7] 李禹生，廖明潮. Access 数据库技术. 北京：北京交通大学出版社，2006.

[8] 解圣庆. Access 2003 数据库教程. 北京：清华大学出版社，2006.

www.waterpub.com.cn

出版精品教材　服务高校师生

以普通高等教育"十一五"国家级规划教材为龙头带动精品教材建设

普通高等院校"十一五"国家级规划教材

21世纪高职高专创新精品规划教材

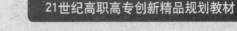

21世纪高职高专规划教材

21世纪高职高专新概念规划教材

21世纪中等职业教育规划教材

21世纪高职高专教学做一体化规划教材

软件职业技术学院"十一五"规划教材

21世纪高职高专案例教程系列